坡地别墅价值论

THE VALUE OF SLOPE VILLA

李华彪 著

WRITTEN BY HUABIAO LI

中国建筑工业出版社

图书在版编目（CIP）数据

坡地别墅价值论 / 李华彪著. — 北京 ：中国建筑工业出版社，2014.5
ISBN 978-7-112-16812-5

Ⅰ. ①坡… Ⅱ. ①李… Ⅲ. ①别墅-价值-研究 Ⅳ. ①TU241.1

中国版本图书馆CIP数据核字(2014)第093720号

责任编辑：杜一鸣

封面设计：杜一鸣

责任校对：张　颖　关　健

坡地别墅价值论

李华彪　著

*

中国建筑工业出版社出版、发行（北京西郊百万庄）

各地新华书店、建筑书店经销

北京晋兴抒和文化传播有限公司制版

北京云浩印刷有限责任公司印刷

*

开本：880×1230毫米　1/16　印张：$14\frac{1}{2}$　字数：360千字

2014年5月第一版　2014年11月第二次印刷

定价：39.00元

ISBN 978-7-112-16812-5

(25599)

序

记得那是一个夏天，我因为血糖高，住在新华医院，吴林奎先生和李华彪校友来看我。

在交流中，吴先生告诉我，华彪最近在《上海城市发展》上发表了一篇文章，题目叫“探讨在房地产开发活动中建筑师所担任的角色”，是关于坡地别墅项目的建筑规划设计经验，以及在开发建设过程中经验教训的总结。

由于我当时正在总结自己的设计成果集，就鼓励道：华彪，你可以写一本书，就叫坡地别墅价值论，不仅阐述在规划建筑设计方向的体会，更要从价值方面多探讨。

这样，一是为了提升在坡地别墅规划建筑设计的理论水平；二是探索坡地别墅在建设过程中的经验教训和体会；更是把坡地别墅的价值何在同大家分享。

据我所知，国内外在山地建筑设计等方面已有一定的研究，但就有市场价值的山地别墅研究而言，确切地说是坡地别墅价值研究方面几乎没有。

这一方面的研究同作者的经历有很大的关系，作者大学毕业后，在江苏镇江市规划局从事了十年的规划设计和管理工作，然后两年在新加坡任现场工程师，主管建筑施工现场中的设计工作，接着，又在上海浦东面积达 6 平方公里的惠南新城开发实践达七个年头，基本参与了新城建设的全部过程，所以作者对完成这个理论总结已经具备了必要条件。

全书共八章，从坡地别墅市场价格、购房者追求坡地别墅的欲望，以及国内外有价值坡地别墅考察分析这三个方面说明为什么要探索坡地别墅价值，并阐明坡地别墅主要包括三个方面的价值，接着探讨影响坡地别墅价值的人为因素和自然因素，以及影响坡地别墅价值的自然因素的工程技术保障，同时在坡地别墅与坡地的形态结合、景观特点、交通特点等三个方面进行价值提升探索。文中“这样可以提升坡地别墅价值”多达几十处，最后还把坡地别墅的价值理论运用于平地别墅。其他内容还是让大家自己来体会，这里不再多言。

希望华彪校友的坡地别墅价值理论和实践的研究成果得到大家的喜欢。

戴复东

2014 年春

前　言

笔者独立完成了许多坡地别墅规划建筑设计项目，并有幸参与从项目的前期洽谈到规划设计、建筑设计、景观设计方案阶段的编制以及完成施工图的绘制，直至坡地别墅的施工建设完成一系列过程。通过这样的活动，发现了坡地别墅的一般规律，特别是坡地别墅所具有的价值规律。

坡地别墅规划与建筑设计的特殊性以及坡地别墅的核心价值就是其不可复制的坡地环境和基地人文资源，并且坡地别墅在其整个营造过程中还综合吸取了传统的建筑学、结构学、地质学、地理学、生态学、水文学、社会学、心理学以及视觉艺术等学科的研究成果，在客观上形成了一个较为完整的综合学科价值体系。

探讨坡地别墅的意义何在？它有什么特殊的价值？当人们拥有坡地别墅时意味着什么？我们又将如何打造坡地别墅，并使其所具价值最大化？出于现实的迫切性，笔者通过对以上所述领域有一定研究成果的人士进行各学科专项论述探讨，进行多学科整合，并结合自身的实践，既有明确的理论指导思想，又有具体的价值设计原理和方法，以及在具体项目上的价值实现和可操作性探讨。由此形成坡地别墅价值的见解，以期对于此类项目规划建筑设计和开发建设，以及其价值的确定具有现实的指导意义。

国内坡地以及坡地别墅的价值远未彰显，为此，笔者萌发了总结坡地别墅价值理论和实践的想法，提出坡地别墅的用地特征是坡地别墅存在和发展的重要因素；人为因素产生的坡地选址价值是核心价值中的核心；自然因素产生的坡地选址价值是核心价值的保证；坡地别墅与坡地的形态关系是价值的再创造；坡地别墅的景观和交通设计是价值的再升华；坡地别墅影响价值因素的工程技术保障也是坡地别墅价值的保障，以及坡地别墅价值原理在平地别墅设计中的应用等观点。并对以上观点多次进行实践论证。

谨以此书献给：有志于进入规划、建筑设计行列的学子们，如果你有针对性地去学习坡地别墅规划建筑设计原理将事半功倍；致力于坡地别墅规划建筑设计的工作者，一个注重坡地别墅价值设计的规划建筑设计作品肯定受欢迎，那么你可能更成功；准备或正在开发建设坡地别墅的投资者，只有了解如何提升坡地别墅所具价值的投资者才会获得更多的回报；热心于坡地别墅的兴趣者，不管你从事何种职业，只要你准备买别墅、或者准备装修别墅，那你将会从本书中受益。希望得到建筑界、规划界、包括与之有关的学术界以及房地产开发界的专家、学者批评指正。

李华彪

2014 年初于上海

目　　录

第一章　坡地别墅市场价值考察

第一节 坡地别墅概念

山，地壳上升地区经受河流切割而成，一般指高度较大，坡度较陡的高地，自上而下分为山顶、山坡和山麓三部分。按相对高度区分，一般认为超过1000米为高山，在1000～350米之间的为中山或称山体，350米以下为低山，如主峰低于150米就难以形成山麓景观，通常称为丘陵。

坡地，即有倾斜地形，及地面呈现有一定倾斜的地方。因此可以认为凡是有可见高度差的地块都属于坡地，广泛地存在于各种高度的山区和丘陵地带。

别墅，《辞源》中别墅是指本宅以外供游玩、休闲的园林房屋，也称“别业”、“别馆”。《简明大不列颠全书》中的别墅“villa”“house”包括住宅、园林和附属建筑的乡间庄园，但是 “house”，也还指可以供住宿用的别墅形态的宾馆（如武夷山庄）。

坡地别墅，特指在坡地基地环境上建造的别墅。

第二节 坡地别墅的价值

为什么要研究和探索坡地别墅呢？这是因为它有着巨大的价值。凭直觉，通常会认为价值在于：时下在城市生活惯了的人，对田园生活充满向往（见图1—1、1—2），如因武夷山坡地而使武夷山庄屋面、内部结构、庭院以及周边有层叠错落的感觉，它具坡型，与坡型山体有机结合再创自然、野趣。这样的居住环境已经是人们非常向往的了，如果是更低密度的别墅，那当然更好。

图1—1 错落的屋顶和山体结合

图1—2 错落的屋顶和浩瀚自然的融合

随着城市现代化的加快，各类居住用房的设计建造水平普遍得到了空前的提高，但就居住的舒适性和功能性之最优者当属别墅。别墅筑于平地，不如坡地。坡地别墅有别于普通平地别墅的价值主要包括以下三个方面：

价值一，坡地别墅的原生态自然环境。坡地通常都位于浅山地区，项目周边青山环抱，坐落在千亩森林之中，区域内更可能有各种自然及人工水系；

价值二，坡地别墅的唯一性。缘于自然地貌的独特性，使得别墅园区的建筑、园林以及道路的设计和建造必须因地制宜，进行个性化特色设计。因此难以千篇一律地复制而彰显出其价值。

价值三，坡地别墅带来独特的坡地居住文化。中国传统文化中认为山中乃神仙居所，坡地以及其附着物的起伏韵律也带来文化感。

但坡地别墅的价值并不止于此。任何建筑都依附于土地。就土地资源而言，城市建设用地越来越稀缺，耕地的减少和城市用地的增加这一对矛盾在今后也将更加突出。而坡地大多是城市建设以及农林用途的“废弃”之地，而且面积巨大，因而获得土地的成本必然也相对低。党的十八大提出的改革方向中要改革集体土地制度，为合法地商业利用这类土地在政策上开创了前提条件。所以就国情现状而言，在难以被用作其他用途的坡地建造低密度住宅——别墅可谓理想的选择。如何变“废”为“宝”，以提高国民的居住水准，坡地别墅土地利用将是一个重要的命题，有着巨大价值。

第三节　坡地别墅的价值结论来源

结论来源一：市场价格调查。据市场调查，南京中山陵之中的坡地别墅、镇江十里长山之中的坡地别墅以及苏州灵山之中的坡地别墅，其市场价格比同地段的平地别墅高出近一倍，甚至比起城市中心地段的别墅价值还高，上海的佘山大型坡地别墅群中，坡地别墅的价值比平地别墅的价格要高出一倍以上，其市场价值可见一斑。

结论来源二：市场需求调查。购房者向往自然的心声为坡地别墅迎来了市场，虽然需要在规划设计理论和工作者上花更多的功夫，同时，施工难度也相应增大，但这种作品却因此更能获得消费者的青睐。因为这能为购房者提供健康自然且独一无二的生活居住环境，也能给开发商带来高额利润。

结论来源三：国内外有关坡地别墅建筑实践概况。存在就有其合理性，人类从未停止过对坡地山林建筑的实践活动。首先列举些国外的例子：

1. 赖特的流水别墅就是典型的坡地别墅，也是坡地别墅的杰出代表。为后来的建筑师提供了更多的灵感，也将这种建筑类型的设计艺术提升到一个新水平。流水别墅（FALLING WALTER）坐落于宾夕法尼亚州匹兹堡（PITTSBURGH）郊区熊奔溪畔，1933 年匹兹堡百货公司老板埃德加.考夫曼（EDGAR.KAUFUMAN）买下了熊奔溪这块领地，次年考夫曼请来了大名鼎鼎的现代主义建筑师弗兰克.劳埃德.赖特（FRANK.LIOYD.WRIGHT），请他为这片绿洲设计一座周末别墅，本来考夫曼希望在熊奔溪瀑布的对面建造别墅，而赖特则作出了将整个别墅放置在瀑布上的设计，并且成功地将考夫曼说服了，1936 年开始至 1939

图 1—3 流水别墅

年完成使用，在考夫曼委托赖特设计居所的这年，未来住宅的概念在美国形成了狂热。流水别墅建成后即名扬四海，1963 年即赖特去世后的第四年，考夫曼决定将流水别墅贡献给政府，永远供人参观（见图 1—3）。

业主考夫曼这样评价流水别墅：流水别墅的美依然像它所配合的自然那样新鲜，它曾是一所绝妙的栖身之处，但又不仅如此，它是一件艺术品，超越了一般含义，住宅和基地在一起构成了一个人类希望的与自然对等和融合的形象，这是一件人类自身所做的作品，不是一个人为另一个所做的，它是一笔公众财富，而不是私人应当拥有的珍品。

赖特则这样评价，这座建筑是由环境激起灵感而构思的新例子，借助于钢筋的力量，乃得其所而逐其形。

为什么如此小小的一栋别墅会带来如此的影响呢？这就是坡地别墅价值的体现。我认为主要包括以下三点：

首先，熊奔溪的原生态森林和溪流提高了流水别墅独特的自然环境优越性。

其次，建筑与坡地的组合形态最为精彩。流水别墅共 3 层，面积约 380 平方米，室外平台面积有 300 平方米（见图 1—4）。

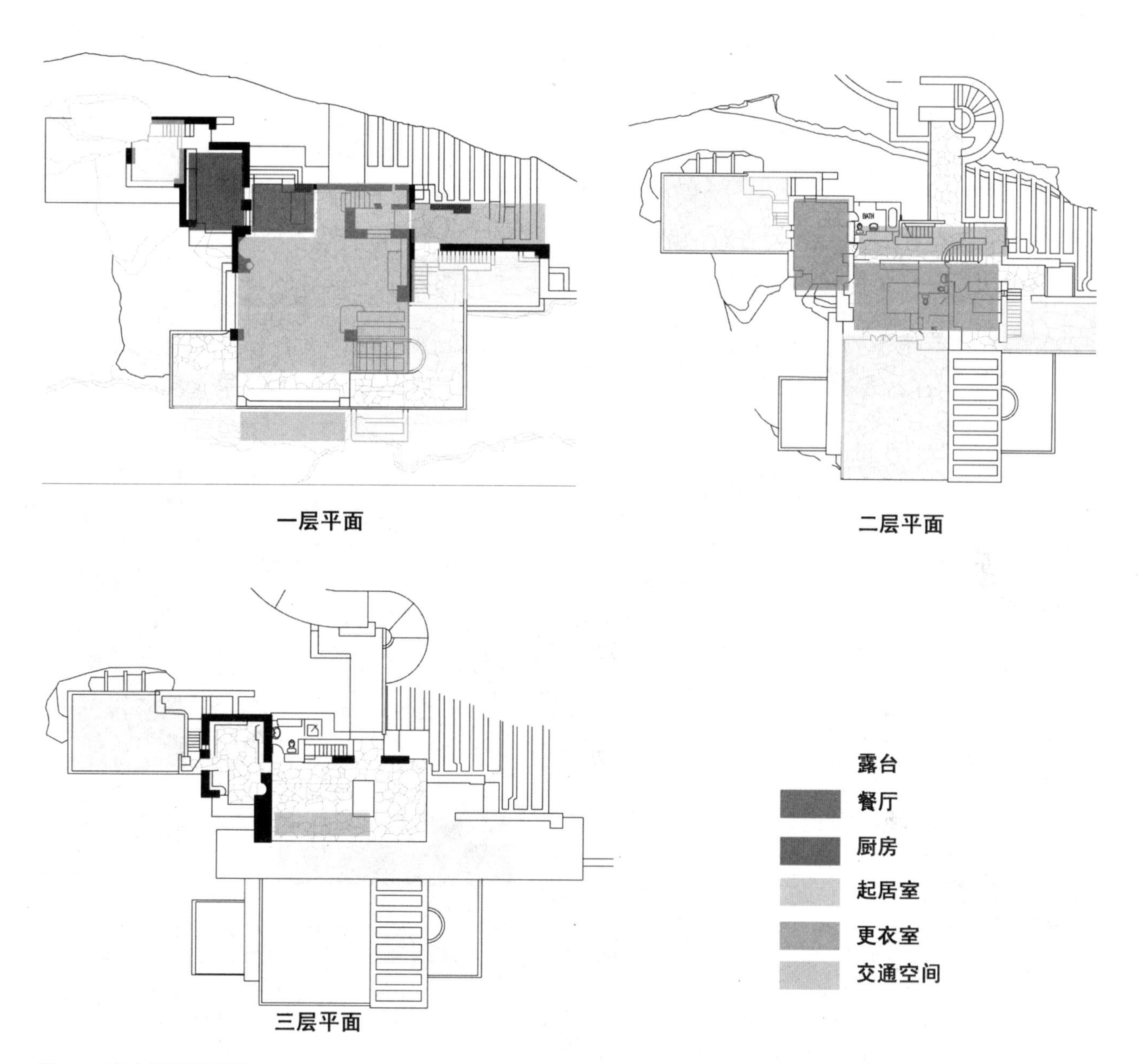

图 1—4 流水别墅平面图

每一层都有较大的钢筋混凝土阳台或露台。支承在墙和柱墩之上，一边与山石连接（见图 1—5），另外几边悬伸在空中，各层平台大小和形状都不同，向不同方向远远近近地伸入周围的山林环境中，特别是沿溪流方向的两层巨大的阳台，其中，一层沿溪流方向展开，而二层阳台向溪流方向悬伸（见图 1—6）。

再次，由于溪流低层标高与二层平台标高相差 7 米（见图 1—7），所以这里建筑与环境之间采用走廊、桥、平的契合（见图 1—8 至 1—9）。

建筑与山体完美地结合，与空间完美地融合，与树木和溪流巧妙地搭配，就仿佛是从山林坡地中生长出来的。

图 1—5 柱墩与山石连接

图 1—6 一层与二层阳台向外悬伸

图 1—7 建筑与环境的关系

图 1—8 建筑与环境的关系

图 1—9 建筑与环境的关系

第三，与室外舒展空间所不同的是紧凑的室内空间，主要的一层几乎是一个完整的起居室大房间，二层是卧室、室外露台，三层也是卧室。这是赖特关于住宅功能的观念，他认为，住宅要合理安排起居室、卧室、餐厅厨房、浴厕和书房（见图 1—4 至 1—6），使之方便日常生活，所以，室内设计要紧凑。同时他还认为，住宅也要增强家庭的凝聚力。他在起居室壁炉前保留了天然巨石，身处其中，会感到洞天山堂的气氛。推开室内玻璃门，经过悬挂楼梯拾阶而下，循声问源，可临瀑布。这种境界早已经超越了业主的预想（见图 1—10 至 1—12）。

图 1—10 流水别墅室内

图 1—11 流水别墅室内

图 1—12 流水别墅室内

图 1—13 别墅入口实景照片

图 1—14 别墅客厅外休息平台实景照片

本来默默无闻的熊奔溪，就是以一栋优雅别致的坡地私人度假别墅而受建筑界乃至世人的瞩目。值得一提的是，家具陈设本来就是考夫曼公司推销的大众业务之一，他每个月要去纽约一趟，考察新型的居所和家居。毫无疑问，考夫曼兴起建造别墅的念头以及赖特能够轻易说服他采用大胆的现代设计，并不是一时随性，而是他在深思熟虑地计划着兼具表现自我和实现商业前途的事业。也因此，赖特在此项目上能够充分施展其建筑创作天赋，其中，包括建筑外部造型、内部装修（含家具）以及室外环境进行整体设计，打造了旷世之作——流水别墅。

这样的建筑和坡地的结合非常完美，但是，这个坡地别墅并不是好的“风水”宝地，不好的根本也是因为流水，流水不应该穿过坡地别墅，带来了噪声、潮湿等问题。所以，考夫曼最后捐出流水别墅另外选择“吉宅”，也许有这个原因吧。

2. 享有“钟表王国”之称，更有“世界花园”美称的瑞士，就是一个坡地、山地之国。那里坡地上的一幢幢别墅，就像是一开始就与土地一起生长出来的，向世人展示出宛如仙境的人居风光，别墅边上的树与草、景与物，围篱着人间难得的居住胜地。这样的土地，这样的人居环境，连音乐也非常空灵、美妙，“班得瑞” 就是一群生活在瑞士的音乐精灵(见 图 1—13、 1—14)。

3. 阿尔卑斯山下的坡地别墅（见图 1—15、1—16）。层层叠叠的坡地别墅倚山而建，不管是远看还是通过其眺望阿尔卑斯山，都是那么的自然、浩瀚。

图 1—15 远看阿尔卑斯山上的坡地别墅实景照片

图 1—16 通过阿尔卑斯山的坡地别墅看阿尔卑斯山的实景照片

4. 英国的坡地建筑也是享有美誉，如著名的温莎城堡，为此，作者专门赴英考察坡地别墅（见图1—17至1—19）。

图1—17作者考察英国某坡地上的城堡

图1—18作者考察英国某坡地上的城堡

图1—19 英国城堡

英国北部的湖区小镇——温得米尔镇（WINDERMERE），笔者在考察坡地建筑时发现其很有特色。如图1—20，汽车停在别墅北部屋顶入口屋顶面上（和社区道路相平），而图1—21中，汽车停在别墅南部地下层层入口的底层面上（和社区道路相平）。当我从社区道路走进时，其入口门牌号和信箱醒目可见，门牌号处有下楼梯的别墅入口，在入口停车场停着三辆轿车，几乎和屋顶持平（见图1—20）。当我走到其南侧的社区道路时，发现其地下室层面与社区道路持平，路边还停着两辆轿车（见图1—21）。

图1—20 坡地别墅顶部

图1—21 坡地别墅底部

图 1—22 透过层层叠叠坡地景观看坡地别墅的南立面

这是一户院落面积较大的坡地别墅，除建筑像长在坡地上外，其宽大的院落也有不同标高、不同院落层层分布，好让人羡慕（见图 1—22）。

5. 日本著名的温泉之乡——大分县别府山城。整个山城到处烟雾腾腾，仿佛建在火山堆上（见图 1—23、1—24）。

图 1—23 大分县别府山城

图 1—24 大分县别府某别墅

坡地别墅的精髓就在于其不可复制的环境与人文之美。无论是美国的西雅图坡地别墅（比尔盖茨的大屋），或是欧洲的阿尔卑斯山坡地别墅，还是北欧丹麦坡地别墅，以及赖特的流水别墅。总之，以上是国外坡地别墅的一些典型代表。在国内这样的建筑也很多，在此也举几例：

（1）庐山牯岭别墅区（见图 1—25）、浙江莫干山、河南鸡公山都有很多坡地别墅。另外还有收藏建筑艺术的“长城脚下的公社”，这个公社，车程距北京首都机场一小时 15 分钟，距市中心一小时，直通八达岭高速，距八达岭私人飞机场十五分钟，共有 42 栋别墅，占地 8 平方公里。是 SOHO 中国约请 12 位来自亚洲的青年建筑师设计，每栋 250～500 平方米面积不等，进行了坡地别墅的营造活动。

（2）南方某半山海景别墅（见图 1—26），这是一个保持原山形望海的坡地别墅项目单体。图 1—26 是单独坡地别墅速写，这是一个南入口的坡地别墅，室外楼梯和一层平台清晰可见，建筑和坡地的整合一目了然。

图 1—25 庐山牯岭别墅区

图 1—26 南方某半山海景别墅

图 1—27 深圳某别墅区设计草图

(3) 深圳某项目（见图 1—27 至 1—29），这是一个再创山形望海的坡地别墅项目组合。

(4) 南方某项目（见图 1—30，1—31），这是藏在半山的坡地别墅项目。图 1—30 是整体鸟瞰效果图。一排退层的坡地建筑倚山而建，另一排低层的坡地建筑又临山而建，两排建筑还围合中央公共景观和活动中心。

图 1—28 深圳某别墅区设计草图

图 1—29 深圳某别墅区设计草图

图 1—30 南方某坡地别墅项目鸟瞰图

图 1—31 该项目单独坡地别墅实景照片

图 1—32 别墅南侧地下平面与水平面持平

(5) 江苏省镇江市十里长山某项目（见图 1—31）。这是一个山脚下的坡地项目效果图，这里有十里长山生态文化园以及米芾国家书法公园基地环境资源。整个建筑采用了 4 个景观平台，即通地下室的亲水平台、一层平台、地面景观花园平台以及北侧的车库景观平台。这 4 个景观平台不仅可以观赏水景，而且可以观赏山景。建筑的地下室与坡地插入式结合，但地下室有一面全采光，虽然不计算容积率，但也是别墅的一个重要活动室（包括连接景观水面平台）。至景观水面有两个流线可以到达，一个是从室内地下室出入，另一个是从景观花园下一层景观踏步。整个建筑为四房，其中，一层为起居室、餐厅、厨房、两个车库以及工人房，二层为三个卧室，三层为一个主卧室。

从图 1—32 中可以看出，该别墅设计的地下层与水体持平，亲水景的一层与泊岸持平，可眺望山体景观。图 1—33 是通过北侧道路看坡地别墅的北侧效果图，图中入口大门和入口景观以及南侧水景均可一览无余。图 1—34 和 1—35 是通过北侧道路看坡地别墅的北侧的照片。

图 1—33 别墅北侧一层平面与道路持平

图 1—34 是刚才分析的坡地别墅的北立面，两层高度的主入口大方气派，二层的平台可以眺望十里长山景观，大门左侧为起居室圆形旋转楼梯，建筑右侧为两个车库的大型活动平台，当然也可以眺望十里长山景观，3 层楼的体量，2 层楼的效果，以及外立面的简欧风格，显得尺度恰当、造型别致、材质怡人、色彩协调。

图 1—34 坡地别墅的北立面

图 1—35 从另外一个角度看北立面

图 1—36 南侧的景观平台，虽未完工，但美感可期

图 1—37 建设中的坡地别墅

图 1—38 基本完工的别墅与十里长山

图 1—37、图 1—38 是作者 2012 年和 2013 年现场工作时拍摄的建设过程中的坡地别墅和眺望十里长山景观实景照片，在不同阶段中水底、驳岸、别墅的平台以及远处的山体一目了然。

从图 1—39 至 1—42 可以看出，虽然工程尚未完工，其坡地别墅的挡土墙一目了然，预留的整体景观绿地以及单体院落景观空间已经可以看见，别致的造型组合坡地景观以及眺望的十里长山景观，是一幅幅美丽的画面。

图 1—39 别墅与水系

图 1—40 别墅绿地景观

图 1—41 别墅与道路

图 1—42 别墅群

（6） 江苏省镇江市恒顺学府路项目（见图 1—43），是一个山脚下的坡地别墅区项目联排别墅透视效果图，图中侧面的踏步清晰可见，这是一个典型的坡地连体别墅居住区。

（7） 图 1—44 至 1—46 是作者在近期建成的另外一个坡地别墅项目，从图 1—44 和 1—45 可以看出，建筑空间结构和外立面装饰已有改变，虽有坡地别墅的感觉，但仍有不足之处，好在图 1—46 中可以看出，通过景观水面看十里长山景观，中间和左侧的景观以及右侧的部分别墅屋顶还是相当优美的。

图 1—43 典型的坡地连体别墅

图 1—44 典型的独栋坡地别墅效果图

图 1—45 典型的坡地别墅实景照片

图 1—46 坡地别墅与山水环境

(8) 西部某城市坡地别墅项目（见图 1—47）这是一个山脚下面水的坡地别墅项目。图 1—47 是整个项目的鸟瞰图，组团结合道路是从坡地伸展出来，水面中的会所是点睛之笔，下侧的堤坝既保证项目的水面高度，同时在洪水期，也将多余的水排出去。

(9) 江苏省镇江高等专科学校项目（见图 1—48、图 1—49），这是一个山脚下坡地别墅项目。

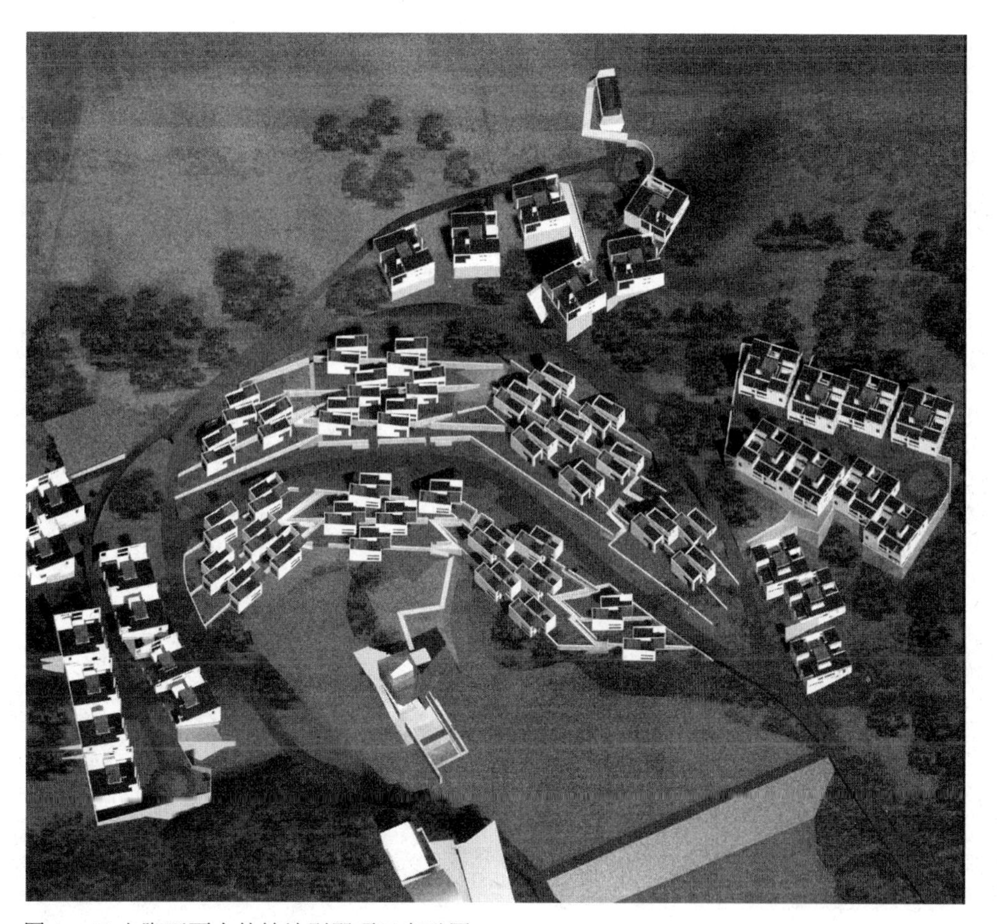

图 1—47 山脚下面水的坡地别墅项目鸟瞰图

图 1—48 山脚下坡地别墅项目局部鸟瞰图

图 1—49 主体建筑透视图，可以看到坡地和建筑的结合关系

第四节 国内外有关坡地别墅理论研究

在瑞士有专门从事山地住宅设计和研究的“2000 小组”和“工作室 5”等设计事务所。

英国有针对山地和私人别墅的专门研究，但大都是在西方文化背景下对此种居住形式的设计研究，且少有对此类工程价值研究的详细理论。

国内对坡地别墅实例介绍较多，对其设计的研究和探讨也相当深入的是:重庆大学城市科技学院的山地建筑研究所，在山地城市和建筑设计方面也有一定研究。

卢济威教授所著的《山地建筑设计》的出版标志我国在山地建筑设计领域的研究已走向成熟。但在坡地别墅价值的理论探讨方面仍有可以挖掘的空间，应进行深化研究。

第二章　影响坡地别墅价值的因素分析

影响坡地别墅价值的因素很多，主要包括人为因素和自然因素两大部分，人为因素主要涉及城市总体规划和人的文化观念以及哲学观，而自然因素则涉及地质、坡形、坡度、气候、水文和绿化生态系统等方面。

第一节 坡地别墅的人为影响价值因素

（一）　城市总体规划的功能布局因素

城市总体规划将影响城市中方方面面的建设活动，当然也包括坡地别墅的开发建设，特别是城市的功能布局，例如，居住、商业中心、园区（包括高科技园区以及生态园区）的功能布局。以江苏省镇江某项目为例（见图2—1），该目位于江苏镇江市城市主城区内，其东侧为扬溧高速公路，望镇江丹徒生态新城中心区，西北侧紧依十里长山生态风景区，南抵长香路。该地块往北约5公里为镇江市新行政中心，往北约15公里为镇江市老城城市中心，总用地为80公顷。

主要设计目标为：

充分发挥地域优势，精心布局，合理规划，将该居住区规划成为结构清晰、功能完备、文化内涵浓厚的新型现代化居住空间。

整体居住形象由以下三个具体目标来实现：

宁静祥和的自然居住方式：峰峦如聚、溪流如叙，山水是环境的灵魂，创造人文景观与自然山水的和谐对话，增强我们对自然、对时空美好的感受，一种自然、健康的生活聚落应成为当地新时代的新生活典范。

完备的技术与艺术相交融的居住文化：游赏嬉戏沉吟哲思，人的活动是住区的生命。创建多层次的人居活动网络，予人以社区的关怀。协调技术功能与精神愉悦、生活安全的关系，是营造人文精神的基石。

有机、清晰、丰富的规划框架：互相关连，如丝如缕。营造整体性的空间框架，系统性地融合自然、人文景观结构，规划结构和道路格局，层次丰富且结构清晰的架构衍生出对家园的认知概念。

主要设计理念为：

尊重自然生态、营造宁静秀美的家园：在日益注意“环境保护”和“可持续发展”的今日世界，中国传统文化中“天人合一”、“此生唯得一亩三分地，借庐山脚下”的思想随时代变迁作出了更新的诠释。住区设计为新型都市生活塑造出一个古往今来的文人家园。

尊重历史文脉，弘扬名城文化：山清水秀的十里长山、人杰地灵的镇江丹徒，自古以来，许多达官显贵和文人墨客与这方水土有直接的关联。弘扬地域所蕴含的浓郁文化积淀，使一个新建居住社区具有自然的文化气质，是住区设计的重要目标之一。

烘托宁静氛围，引领休闲生活：本住区以“闲适”为主要特色，营造幽雅宁静的氛围。以居者的休闲生活为线索，通过会所、休闲步道、景观等多种多样的手法，营造安逸闲适的室内外活动场所，引领居者体味新理念生活的特有情趣。

规划有序空间、建构景观序列：严整有序的规划结构的实体以建筑群为依托，虚空间以水系、绿化系统为主线，两者相互渗透、相互复合，形成了清晰的空间结构层次和丰富的环境层次。具有完整的系统性和明确的可识别性，以及良好的可达性。

协调人车关系、梳理交通网络：本区交通格局以车行为主要交通方式，住区内主路和支路人车混行，并设置连续畅通的步行道系统以通达景观空间或公共场所，住区主路呈环状复合型道路网络。

生活融入山水，彰显建筑品格：良好的基地景观环境、物候条件和舒缓起伏的地形地势为建筑形态的雕塑奠定了良好的基础，结合居者对住所外观体势的品质要求，精心雕琢建筑单体风格，使空间相互渗透，形体有所穿插，景观有机结合。单体不仅追求体量关系、美感，也对细部进行细致地刻画，力图形成适应本住区的典雅多致的建筑风格。

建构分区格局，强化群落风貌：依托道路骨架，将本住区分解为联排、双联滨水、独立别墅依山傍水，以及依山和傍水等各个社区。各区自成一体而又相互渗透、相互联结，形成丰富又清晰的功能分区格局。本规划追求整体风貌为主，但每一组团又具有独特的气质。同时，注重每一户的均好性与组团感、群落感，从绿化、景观、庭院的角度关怀居者的生活。

图 2—1 为十里长山下坡地别墅整体鸟瞰图，图中右下为扬溧高速，左下为长香路城市主干道，项目的主入口就设在此，项目内部道路和水体景观一目了然，西北处的十里长山依稀可见。

图 2—1 鸟瞰图

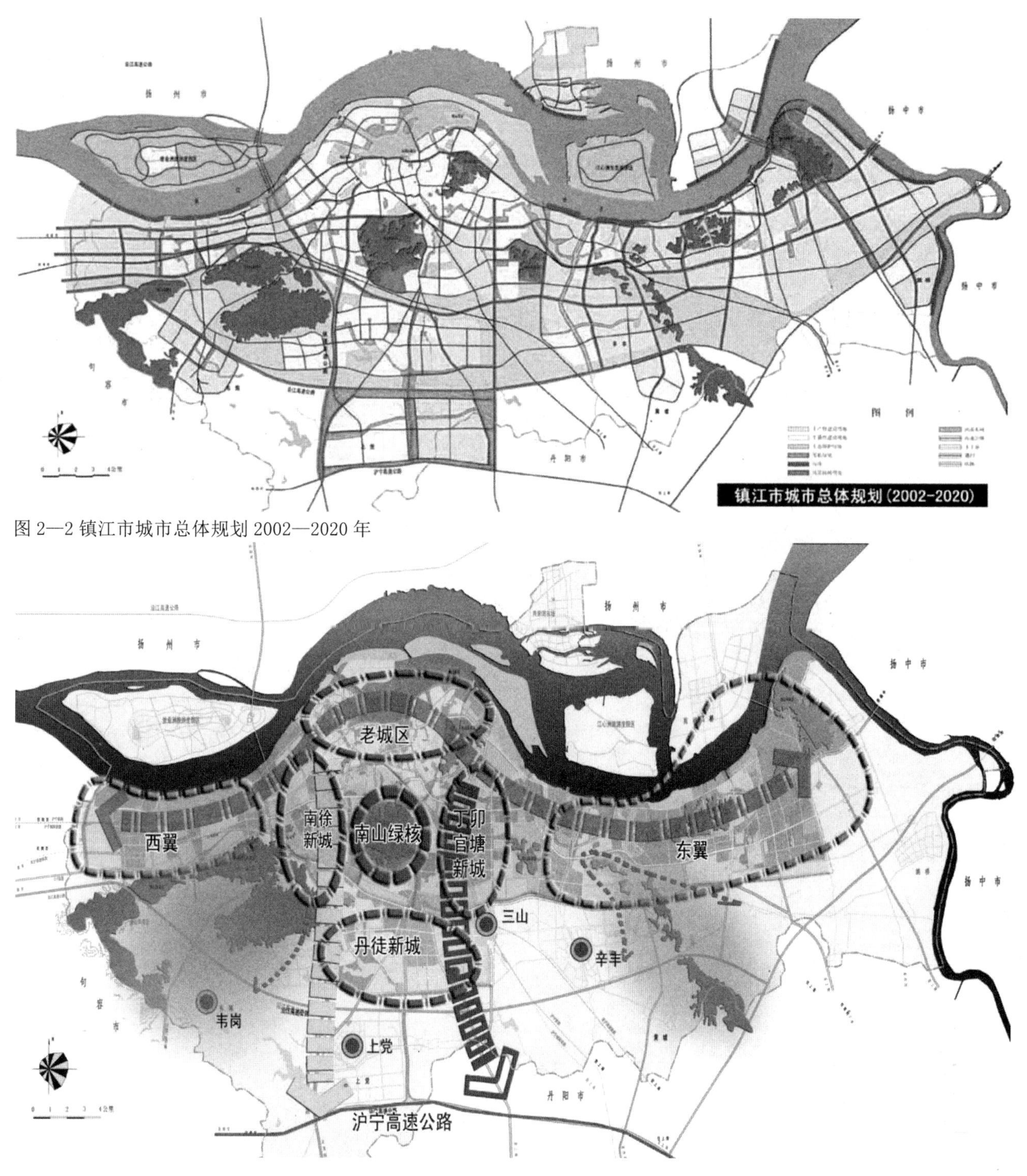

图 2—2 镇江市城市总体规划 2002—2020 年

图 2—3 镇江市规划现状以及总体规划五大功能组团

镇江市北面是长江，虽有金山焦山和北固山临江而立，也有金山“白蛇传奇文化”、焦山的“佛教文化”以及北固山的“三国”文化，但用地多为长江冲积而成，地势较平，长江水不清且急，以及借鉴每年的防洪抢险，故此地不是高档别墅的理想场所。东部有谏壁化工区，虽经过符合规定的化工治理，但毕竟是化工基地集聚区，以及不远处的大港港口建设。而西部是高资开发区，亦多为建材和船舶工业所在地。很显然，东部和西部都有不同程度的污染，也不是高档别墅的好居所。而其中部是十几平方公里的南山国家森林公园，再向东南是镇江市的主导风向的风口保护区以及南部新建的丹徒生态新城（见图 2—4）。

图 2—4 表明生态新城中生态居住区、行政商贸区和工业区之间的关系，以及该项目在生态住宅区中的位置。所以，从大的区位态势和城市功能布局来看，镇江的城市南部适合业主所提出的高档别墅区建设。

其次，对项目基地周边大环境进行再分析，特别是长三角区域规划分析。该地块往南、往北三公里是扬溧高速闸道口，五公里处是沪宁高速闸道口，这些都保证可以在半小时内到达南京，两个小时内到达上海或者杭州。该地块往北约 3 公里是京沪城际列车车站，通过城际列车至南京只需一刻钟，至上海也仅需 45 分钟。因此，从整个长三角区域规划来看（见图 2—5、2—6），该地块高档别墅的开发具有区域优势。从镇江市丹徒十里长山生态园总体规划来看，该地块高档别墅的开发也具有区位优势。该地块是开发高档别墅的理想之地。

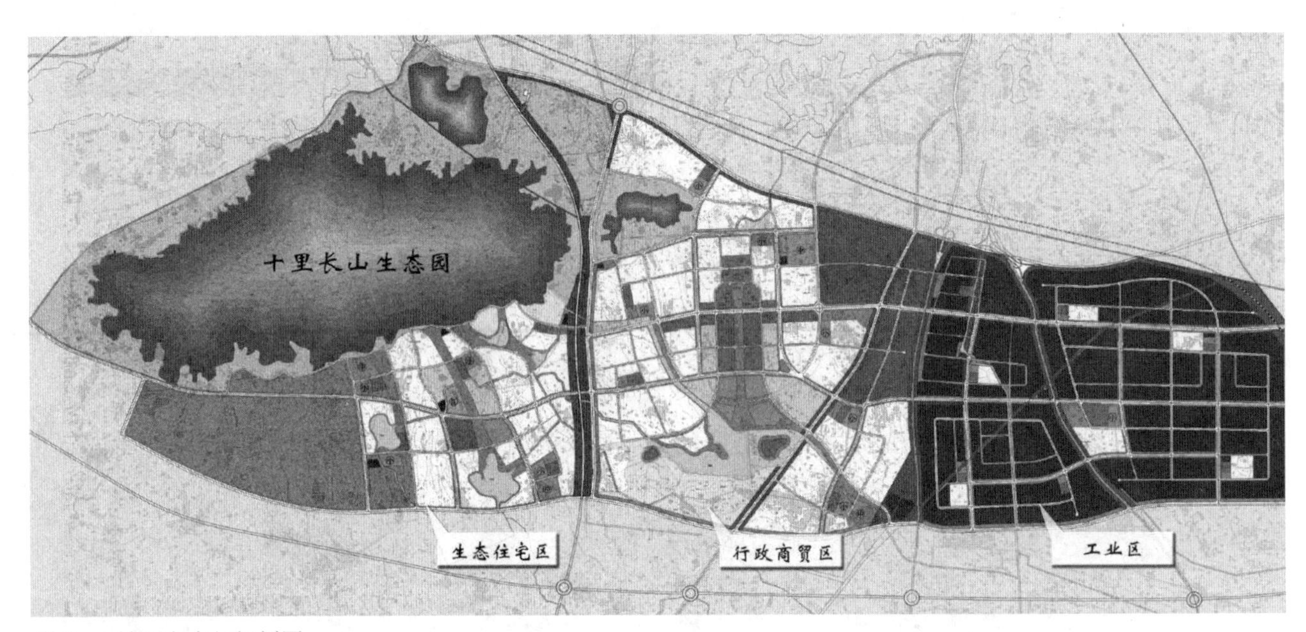

图 2—4 镇江市南部规划图

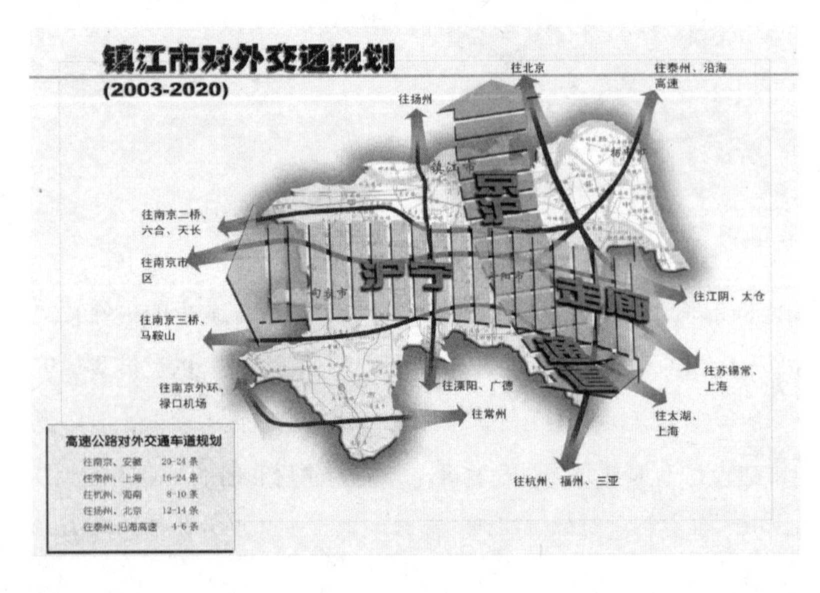

图 2—5 镇江市对外交通规划图（2003—2020 年）

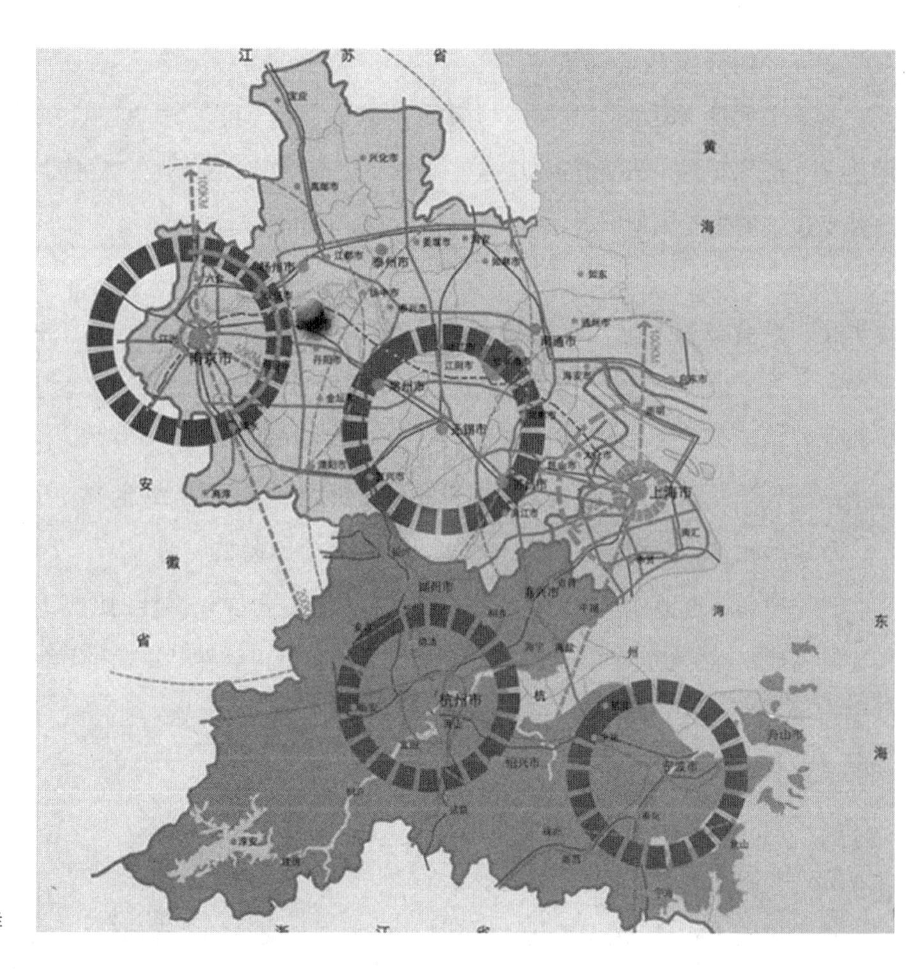

图 2—6 镇江周边城市群

镇江市所开发的楼盘中，有两至三个楼盘，其品质可以和该项目相媲美。但它们所具备的开发规模和所处的基地位置和地势则不可相提并论。由于位于十里长山生态园的东南山麓，除了东南坡坡向外，还有山麓坡地作为该项目的核心地段价值竞争力。

以上分析证实，业主方的判断是正确的，决定该地块做高档别墅楼盘是可行的。

对总体规划功能的分析，其价值极其重大，如果区域功能不理想，即使规划布局再好也有小家子气，这里研究的是项目选址价值，这是坡地别墅宏观价值核心中的核心，这关系到项目的成败。如果这个高档别墅项目处在工业区内，或者商业区内，又或者在老城区内，其宏观价值当然不同，这是显而易见的。

（二）　项目“地段”资源价值因素

在充分认识城市总体规划后，选址即确立项目的“地段”，将是一个重要环节。

一般来说，房地产开发的市场价值主要是“地段”资源的价值因素，别墅房地产开发的市场价值主要也是“地段”资源价值因素，坡地别墅房地产开发的市场价值最主要的还是“地段”资源价值因素。这里所指的“地段”资源是指除了和市中心的地段距离以外，包括地段的交通道路和基础设施，以及一般的城市配套建设，重点是包括基地所处地段是否有具有价值的山、湖等不可再生的优美自然环境资源以及不可多得的人文历史资源等。

（三） 土地开发政策因素

在确定项目“地段”的同时，土地开发政策因素不可忽视，这里，一是指土地性质（如农耕地、森林用地、宅基地等）；二是指当时国家有关的反对或限制以及鼓励和支持的房地产用地政策，因为这也是坡地别墅建设的重要用地因素，对其价值的影响毋庸再叙。

（四） 建筑体量和城市的景观因素

一般零散的坡地区域不宜建体量较大的建筑，如大片的高层、多层居住区或是大型公建，而适宜建可以隐藏在山林中，体量较小的坡地宾馆、坡地休闲中心或是坡地会所，这主要是注重城市的重要景点的视线通廊和控制。例如，贝聿铭先生在设计香山饭店时，就用竹竿的移动来确定建筑所在的位置和高度。为此，很多城市特别是山林城市，编制了城市视线走廊控制规划。

综上所述，坡地别墅宜建在城市的生态园区内，处在生态性的山脉环境中；坡地别墅宜建在城郊结合部，既离城市有一定距离，但也不宜太远；坡地别墅应处在城市的主导风向风口保护区域有效范围内（避开城市工业区，特别是具有一定污染的工业区的位置）；坡地别墅所处环境最好有一定的历史人文项目和现实文化基础。

（五） 崇尚自然的东方文化观

在中国的上古神话中，“山”常常被当作人与神交往的“天梯”，具有无限神秘性。《淮南子·地形训》中有云：“昆仑之丘，或上倍之，是谓凉风之山，登之而不死；或上倍之，是谓悬圃，登之乃灵，能使风雨；或上倍之，及维上天，登之及神，是谓太帝之居”。在这里，人们认为只要上了昆仑山脉的一倍高，即为凉风之山，就可长生不死，再上凉风之山一倍高度，则可达悬圃，此时已可臻于“灵”的境界，能呼风唤雨；而再上一倍高度，则已登天，达到“神”的境界。俨然形成了一条由昆仑山、凉风之山、悬圃和天所搭成的“上天梯”。

出于对“天”的敬仰、崇拜，人们自然也就对可以成为通天的“天梯”——山地充满了向往，于是，古人选择与高山峻岭互为一体作为安身、敬神之处就显得顺理成章。图 2—7 为宝华山道观，江苏句容远眺宝华山顶同群山之间的关系也使得群山山峦有了文化感，有了灵气。

我们可以参考宝华山道观和王屋山道观（图 2—7 至 2—9）以及意大利某古堡（图 2—10 至 2—11），它们都显示出不同文化中对于山的理解共性。

这里是中原大地的突起高山，传说中的华夏之源、女娲炼丹以及道教文化之塔（图 2—9），当我们坐约一个小时的索道爬升几千米至山顶时，不禁感叹并赋诗曰：中华大地浩气存，女娲补天仙丹炉，寻根问祖今安在，王屋山顶黄帝台。

图 2—7 宝华山道观

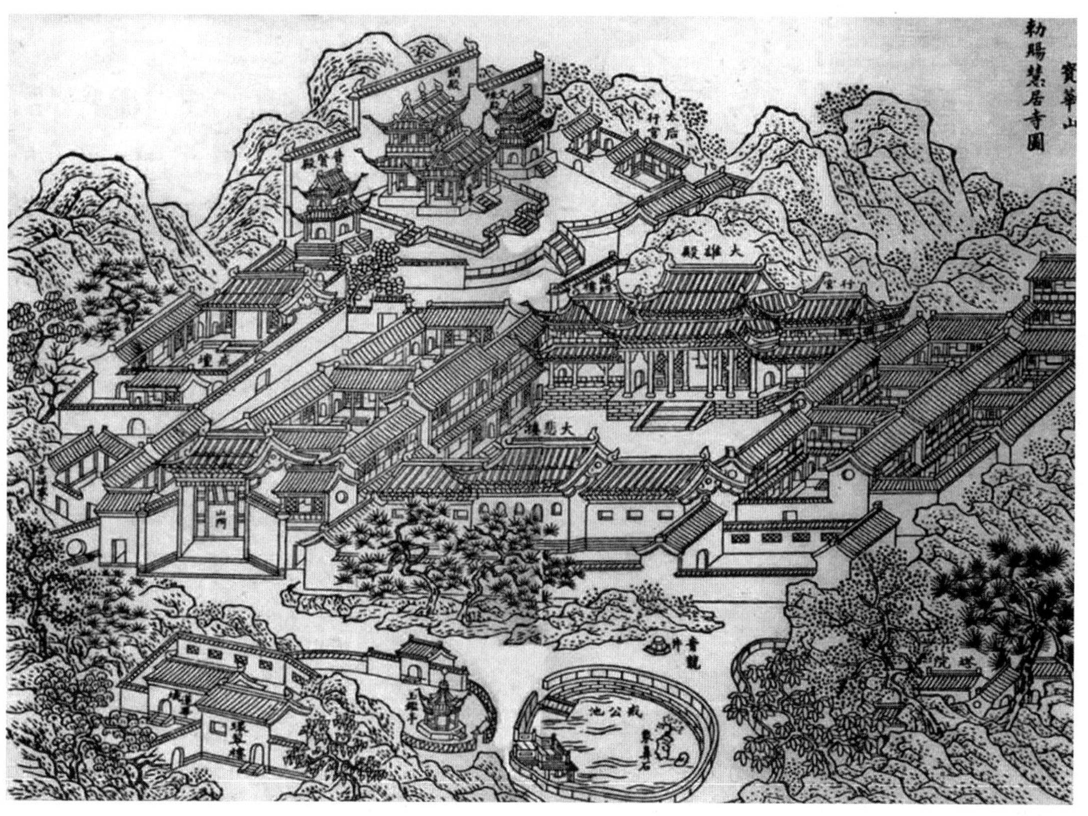

图 2—8 宝华山顶局部轴测图

图 2—9 河南济源王屋山顶道观

图 2—10 意大利一个古堡远眺

图 2—11 古堡近景

以上建筑以“别墅式”的建筑体量为主。在坡地上化整为零，设计“别墅式”的体量是一个恰当的选择。这样的阐述并不是想说明一般居住者均要住在这种地方，而是由这种文化的成分，和图腾的归属感所决定。

孔子曰：“仁者乐山，智者乐水，”提示的是“人”与“山”之间的有趣关系——即人与山应该是朋友关系，人可以学以“山”的“生财而无私为…… 万物以成、百姓以食……”而不应该与之反目，试图驾驭它、征服它。

在东方人的思维里，“自然”是种极其神秘的东西，它高高在上，不得不令人产生敬畏的感情。人在自然中所处的地位是从属的、次要的，所能做的只是去理解自然、接近自然。于是，在对待“坡地”的问题上，东方人的出发点是对自然环境的充分尊重，表现较多的是对坡地的因借、利用，不主张过多采取人为改变的手段。

（六）　“天人合一”哲学观

《周易》和《黄帝内经》告诉我们天地人的道理和“天人合一”的中华传统哲学观。天有天道，天之道，在于始万物；地有地道，地之道，在于生万物；人不仅有人之道，而且人之道的作用就在于成万物。天即自然的代表，所谓“天人合一”有两层意义，一是天人一致，宇宙自然是大天地，人只是一个小天地，自然法则在人身上都会有所体现；二是天人相印，或者是天人相通，人和自然在本质上是相通的。天和人存在层级的矛盾，人类活动的一切起点均指向终点。所以《黄帝内经》中说“法与阴阳，和于术数”，就是说，千百年来天的顺序没有变，永远是东西南北，四季的更替顺序没有变，永远是春夏秋冬，就特定的时空而言，所以变的只是人的心，我们应该按照自然界的变化规律而起居生活，而居所的理想选址是北有靠山，南有水系或道路，中为居之所。所以，一般而言，就坡地别墅的场所大环境而言，山的东南坡向为最佳居家场所。这一选择从科学上讲，顺应了避北侧寒风，迎南向阳光的道理。

所以，人本身是“天人合一”的一种表现形式；人所居住的场所也应是“天人合一”的同一种表现形式，这种场所“春生、夏长、秋收、冬藏”，进行“四气调神”，当然生机活泼，精神焕发，进而健康长寿。

第二节 坡地别墅的自然因素

（一） 地质

首先，是基地以及其周边地质分析。如上所述。一般有价值的坡地别墅所在地北靠有山，这里一般是指高山，但靠山千万不可以居所在的山，真要那样的话，又就物极必反了，倒成了一种不好的场地环境格局。科学的解释是要避免泥石流等灾害。“靠”山的重点在一个靠字。山的形态要笼罩着居所，又要和居所保持着一段合适的距离，好像居所正倚靠在山形的环抱里，是为一个靠字。所以，先要对其周边（主要是北部）山体的地质作必要的地质灾害评估。

其次是其基地内地质，因为其决定了基地的承载力和居住建筑的稳定性，它对坡地别墅的安全至关重要。例如，在湿陷性黄土地区，土层受水膨胀并失去收缩的性能，会导致建筑的损坏；在沼泽地区，地表经常处于水饱和状态，地承载力极低；在具有可溶性岩石（如石灰岩、盐岩、石膏等）或发生大规模采矿的地区，溶洞和因开矿而形成的地下采空区会使建筑物渗水甚至塌陷。为了避免地质因素对建筑的不良影响，我们一方面应对山坡基地进行详细的地质勘察，根据山地环境的地质构造，谨慎选择基地位置；另一方面应精心选择建筑的结构形式和工程加固措施，以减弱和弥补地质条件的不足。当然，以上工作主要将依靠地质学、结构学专业人员，建筑设计人员可以在允许的选择范围内，结合建筑的接地形态、功能组织、景观设计，作出适当的处理。

什么样的地质不适合坡地别墅建设？什么样的地质通过改造可以建设坡地别墅？什么样的地质最适合建设坡地别墅？为此，笔者通过和地质学家吴林奎先生的对话（见第八章），我认为他对于这个问题的解释具有一定的参考价值。

（二） 坡度

首先是基地周边坡度分析。主要对其周边（一般把西北部）山体的坡度作安全坡度分析。例如，美国加利福尼亚州的 Pacifica 镇便按照坡度规定每块土地应有一定的比例留为空地，不许人为改动，以求保持山地的原有地形。一般可用坡地的坡度在 10%以下，如平均坡度为 10%，则每块土地的保留安全面积应达 32%，而当平均坡度为 40%以上时，则为不应利用的土地。

坡度不仅在工程经济方面影响着坡地建筑，在某种程度上，它还是影响山地环境生态稳定的主要因素。坡度越大，山地区域的地质稳定性越差，水土流失的可能性也越大，容易引发崩塌、侵蚀、径流量增加等不良后果。因此在坡地建筑中，开发密度的大小常需依照地形坡度而定。

其次是基地内的坡地坡度分析，地形坡度对于坡地建筑而言是个极其重要的影响因素。从理论上讲，山地建筑可以生存于各种坡度的地形条件中，只是其难易程度不同。有资料显示，在坡度大于 5%的地形上建设道路、给水工程和供热工程时，工程技术费用比平原地区明显增加。仅从道路长度看，在平均坡度为 5%的地形时路长为 1，而在 5%～10%地形条件下，每增加一个百分点，道路长度增加 1.2 倍。

表 2—1 坡度与山地建筑的生存关系

类别	坡度	建筑场地布置及设计基本特征
平坡地	3%以下	基本上是平地，道路及房屋可自由布置，但须注意排水
缓坡地	3%～10%	建筑区内车道可以纵横自由布置，不需要梯级，建筑群布置不受地形的约束
中坡地	10%～25%	建筑区内须调梯级，车道不宜垂直等高线布置，建筑群布置受一定限制
陡坡地	25%～50%	建筑区内车道须与等高线成较小锐角，建筑群布置与设计受到较大的限制
急坡地	50%～100%	车道须曲折盘旋而上，梯道须与等高线成斜角布置，建筑设计需作特殊处理
悬崖坡地	100%以上	车道及梯道布置极困难，修建房屋工程费用大

我们这里研究的坡地别墅的坡度一般在 3%～10%之间，以缓坡地为主，辅以 10%～25%之间的中坡地。当然，对坡地别墅来说，地形因素并非仅是不利因素。有时，地形的起伏往往能为人们带来特殊的便利，使坡地别墅具有平地别墅所没有的价值优势。例如，利用地形坡度，我们可以使坡地建筑具有“多层面”，灵活组织功能流线，并可在满足建筑规范的前提下增加住宅建筑的层数，而不必增设电梯；或者依托地形的天然坡度，设置剧场、影院的观众厅，使建筑功能空间与坡地空间相契合。此外，坡地地形还常常是坡地建筑具有独特艺术感染力的根本因素。

这里，通过对每个具体项目的研究，针对周边山地与基地的坡度安全关系应该提出具体建议，以及提出基地内理想坡度的建议。

（三）　气候

在山地区域，气候的变化一方面体现了一定地理经纬度的大气特征，另一方面还表现了各个不同地域的小气候特征。其中，大气特征的产生主要与地球表面的大气环流或宏观地形有关，其影响的范围有限，但是常常体现了一定的特殊性，具有鲜明的地方特征。显然，由于大气特征多与地球本身的运行规律及天体辐射有关，具有相当的普遍性，我们将不对之作深入探讨，这里主要把注意力集中于对微观小气候的研究。

对于山地微观气候的影响因素及其典型表现，Abbott（英）曾依据大不列颠的实际情况，作过概括的分析，当然，他的分析图仅仅罗列了海拔高度对气候变化的影响，并没有包括对其他地理要素的陈述。我们知道，组成山地微观地理环境的地理因子包括山体形势、海拔高度、坡地方位及山地地貌，它们与日照、温度、温度、风状况及降雨等气象因素相互作用，形成了具有不同特征的小气候特征。

山体形势（大山脉的走向、总体高度和长度）

高大的山脉能在很大程度上影响大气的流场和大系统的天气过程，使山脉两边的气候迥然不同。例如，像秦岭那样东西走向的山脉，能隔阻南北气团的交换，或改变气流通过秦岭山脉以后的性质，使秦岭南北两面的气候差异较大，成为我国气候的分界线。山脉总体愈高、愈长，阻隔作用愈大，对山脉两边气候的影响也愈大。距离阻隔的山脉愈近，所受影响愈大。

海拔高度

地方海拔高度对气候的影响，主要体现在温度方面。一般来说，海拔高度每升高 100 米所降低的温度可与纬度向北推移 1° 相近似（北半球），即温度随海拔的升高而降低。由于温度的降低，相应来说，高海拔地区的相对温度会减小，雨量会增加，风速也较快。

坡地方向（坡向）

坡地方位不同，其接受太阳辐射、日照长短都不相同，其温度差异也很大。例如，对位于北半球的地区来说，南坡所受的日照显然要比北坡充分，其平均温度也较高。而在南半球，则情况正好相反。此外，由于各个地区在各个季节的主导风向一定，坡向不同，其所受风的影响也不相同。

山地地貌（坡度、山位、地肌）

地形（坡度、山位）、地肌不同，向山坡基地接受辐射、日照的程度就会有所不同，其地表的水分保有量和蒸发量各不相同，通风和昼夜空气径流的状况也有较大的差异。

为了深入地揭示山地微观小气候的典型表现，我们结合气象因素，逐一分析山地的气候状况。

1. 日照

日照，是坡地别墅规划总平面设计所需要的。除了会所中的影剧院、大型商场以外，其他类型的居住类坡地别墅在进行布局时总要考虑尽可能多地享受日照。在坡地环境中，由于坡度、坡向和基地的海拔高度不同，每块山块基地的日照时间和允许日照间距有很大差异。太阳光线要到达山坡基地，不仅要避免被周边遮蔽，还要保证不被坡地本身、当地的辐射云雾所遮蔽。

a. 建筑阴影

由于地形的隆起，坡地建筑的阴影长度与平地建筑会有所不同，而且，其差异的大小直接取决于山坡基地的坡度陡缓。例如，相对于我们所处的北半球来说，南坡建筑物的阴影会缩短，而北坡则会增长，坡度越陡，其缩短或增长的长度越多。山地建筑阴影长度的变化，直接决定了各山地建筑单体间的日照允许间距，对建筑群体的布局会产生较大的影响。简单而言，与平地建筑相比，南坡的建筑间距可以适当缩小，层数可适当加多，建筑用地也较节约。而北坡建筑的情况正好相反。

b. 基地可照时间

不同的纬度地带，各个坡向的山坡基地，其日照时间年变化存在着一定的规律。了解其中的规律，对于我们合理地计算山地建筑的可照时间、有效利用各种山坡基地是非常重要的。在下面的分析中，我们以北纬 40° 纬度的山地地带为例，分别对各种坡向山坡基地的日照时间做分析：

南坡

在南坡，日照时间（晴天）的年变化特点是：当坡度小于纬度时，夏至的可照时间最长，冬至最短，年变化趋势与水平面上相同；当坡度大于纬度时，春分和秋分的可照时间最长，夏至或冬至最短，呈双峰型变化。

东南坡（西南坡）

东南坡上午（下午）受太阳照射的情形同西南坡下午（上午）受太阳照射的情形相似，所以，我们只要讨论东南坡的情形，就可以类推西南坡的日照情况。

东南坡上的可照时间年变化趋势是：当坡度小时与水平面上相同，即夏至最长，冬至最短。而当坡度大时，夏至最短，且坡度愈大，这种与水平面上变化相反的趋势愈明显，但随着纬度升度，便逐渐转为水平面上的年变化趋势一致，只是年振幅比水平面上的大为减小。

东坡和西坡

东坡和西坡每天的可照时间，不论夏半年或冬半年都随着坡度增大而迅速减少，但其年变化的趋势在任何纬度上和任何坡度下都基本上和水平面上相同，即夏半年可照时间随着向夏至的接近而增加，冬半年随着太阳向冬至接近而减少且纬度愈高，可照时间的年变化愈大。

东北坡（西北坡）以及北坡在坡地别墅价值中一般不考虑，即使有这样的建筑坡向：一是建设公共绿化，二是建设公建或其他非居住建筑。

综合以上的分析，我们可以看出，由于坡向方向、坡度的不同，基地的可照时间有较大的差异。就坡向而言，南坡、东南（西南）坡的可照时间相对较长，东坡和西坡次之，北坡和东北（西北）坡的可照时间相对较短，甚至没有；就坡度而言，坡度越缓，可照时间相对越长，坡度越陡，可照时间相对较短。

2. 风状况

在山地，气流运动受地形的影响很大，通过对基本坡地地形的分析，我们可以掌握风向和风速的一些基本变化规律。此外，局地环流、地形逆温也是山地环境所特有的二种气候现象。山地风状况的变化，对于山地建筑及其群体的选址、布局有直接的影响。

a. 基本流场

当气流通过山地时，由于受到地形阻碍的影响，气流场就要发生变化。对一般范围不大的小地形来说，当气流通过阻碍它运行的小山时，我们可以把山地归纳为以下几个区域，即迎风坡区、顺风坡区、背风坡区、涡风区、高压风区和越山风区。

b. 山地风状况基本流场的特点

如迎风坡区和顺风坡区有利于扩散，越山风区扩散尚好，但背风坡区则风速小，有倒卷涡流，不利于扩散。

了解了大气气流的规律，我们在进行建筑群体或单体布置的时候，可采取不同的平面布置方式和高度组合，使各个建筑单体布置的时候，可采取不同的平面布置方式和高度组合，使各个别墅单体都能获得良好的自然通风。例如，在迎风坡区和背风坡区，由于风向与山体等高线垂直，我们可使建筑平行或斜交于等高线，并在坡面处理上采取前低后高（迎风坡面）或前高后低（背风坡面）的形式；而在顺风坡区，则可使建筑单体与山体等高线垂直或斜交，充分迎取“绕山风”或“兜山风”。

很显然，就坡地别墅而言，我们遇到的一般是有利于扩散的迎风坡区。这也是生态绿色建筑的主要伏笔之一。

（四） 水文

在生态系统中，“水循环”的起始来源于自然界的降水或冰雪深化，它们到达地面以后，一部分被地表吸收，形成下渗，一部分被蒸发，另一部分则会充填地表小沟和洼地，或溢出洼和小沟，形成地表径流。其中下渗的水分部分被土壤和植被所截流，部分形成地下径流和壤中流。不合适的地表径流、地下径流或壤中流，都有可能对山地建筑构成影响。例如，集中的、激增的地表径流会引发山洪，过量的地下径流会导致滑坡的产生。这样的分析，对决定该地块的最终使用、有限使用以及改造使用等方面将产生很大的影响，必须加以分析。

为了避免水文对山地建筑的不利影响，我们应对基地区域的排水路径、排水方式进行合理的引导和组织，并采取积极的水土保持措施，从根本上加强对山地环境的水文控制。当然，坡地建筑的水文处理还应该兼顾自然地形与建筑形态的结合，合理地利用山地冲沟，组织群体建筑的布局。

这样的分析，对于决定该地块的最终使用、有限使用和改造使用等方面将产生很大的影响，而必须进行分析。

为此，笔者通过和水文学家巫黎明先生的对话（见第八章），我认为他对于这个问题的解释具有一定的参考价值。

（五） 植被

在坡地环境中，植被状况是山地生态环境的直接反映，它的表现是山地景观的主体内容。

作为坡地生态系统的组成元素，植被分布与组合体现了生态环境的差异，它们对坡地建筑的影响是隐性的，常常通过生态系统的整体调控作用，对坡地建筑的生存环境起着影响作用。

从坡地景观组织的角度来看，植被又是极其生动的景观客体，它们常常决定了山地景观的基调。因此，根据景观体验的需要，我们应在建筑群体布局、空间组织上对地肌要素采取适当的取舍，对有较高景观价值的露头岩、植物等加以保留，并把它们有机地组织到建筑中去。

（六） 动物

在坡地环境中，动物状况也是坡地生态环境的直接反映，它的表现是该坡地区域适宜生存的主体内容，这里动物主要是地面爬行和飞行两大类，如果某地地面爬行动物活跃，而且鸟语喳喳，一般情况下这里应适宜居住，但如果这里不见动物，甚至是鸟不生蛋的地方，则要特别注意基地的生存合理性，当然，从科学角度应请有关动物专家作科学的评判和放射性检测才是。

附件　如何定性定量地进行此类项目的现状分析

所谓定性定量，即除区域位置和基底地面照片外，对坡向、坡度、高程、洪水、地质、水体和保留领地、高压线等内部因素以及生态、噪声、滑坡、主导风向等外部因素作分析，此为定性；再用间隔 15°线，即从 0°、7.5°、15°……进行填充和叠加，此为定量。

1. 区域位置 城市中的大功能位置以及城市小功能分区中的位置（见图 2—12）
2. 基地内地面环境照片（见图 2—13）

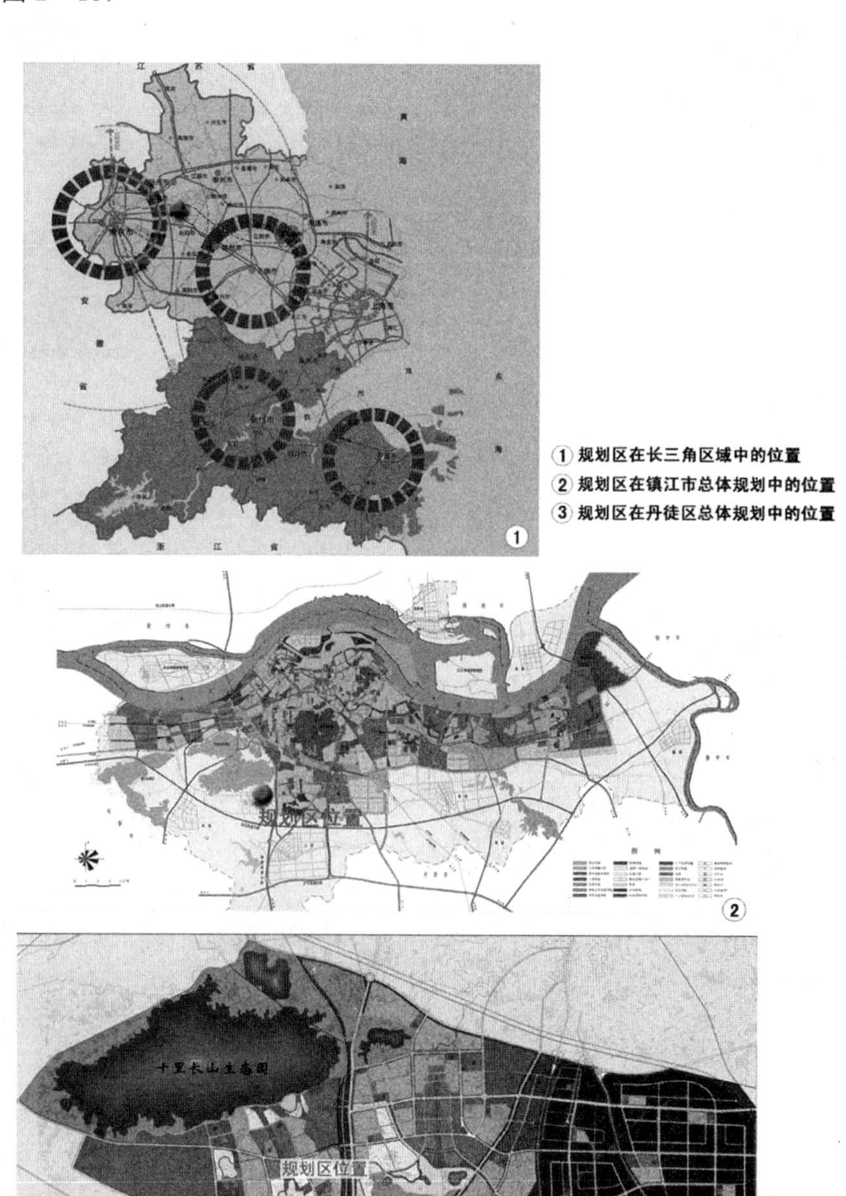

图 2—12 项目位置分析图

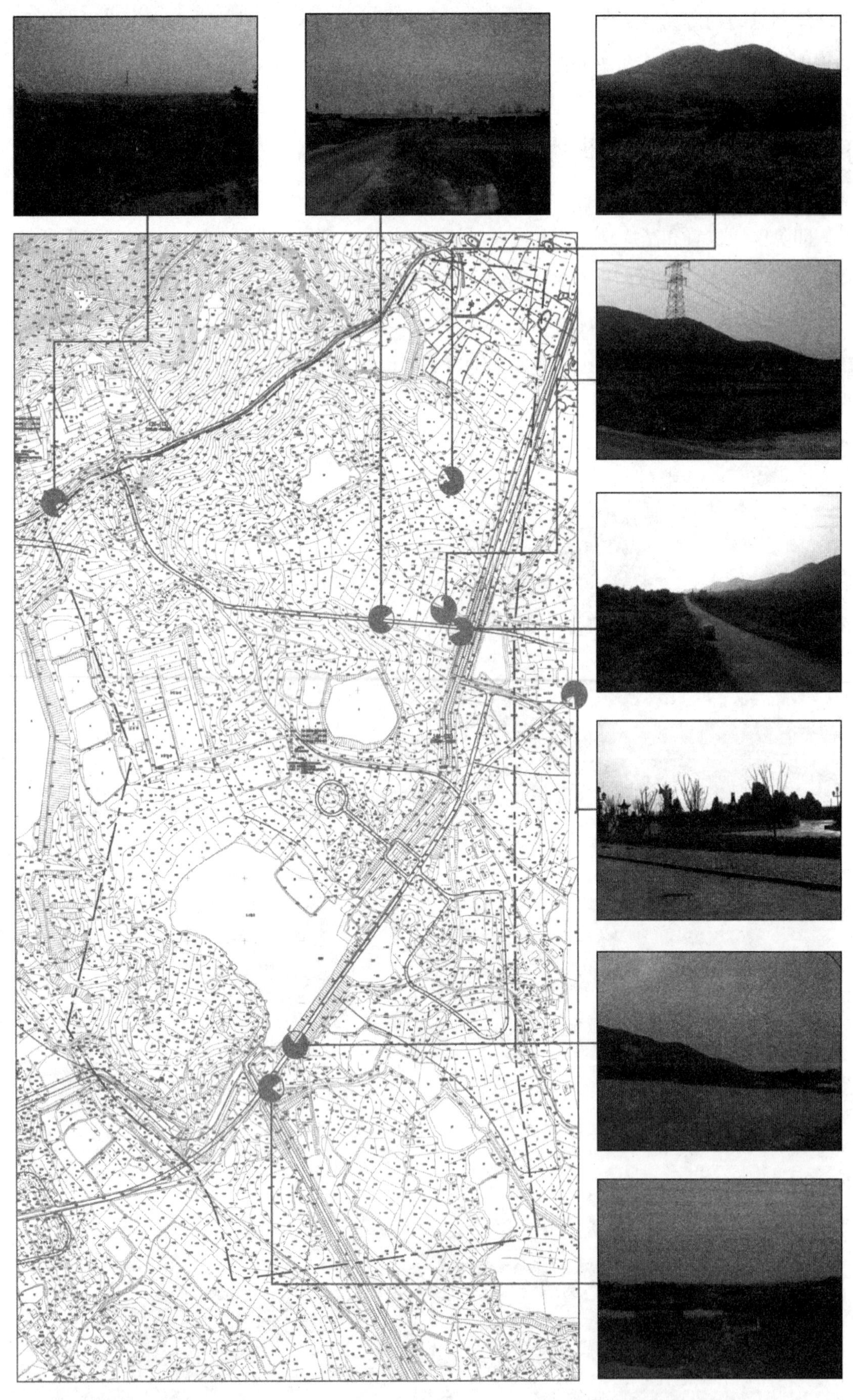

图 2—13 项目基地内环境分析图

3. 基地山林水体、高压线、高程、坡度、坡向、山洪、溶洞、地质以及主导风向、噪声、离山体距离、生态和基地内部外部因素叠加等等（见图 2—14 至 2—28）。

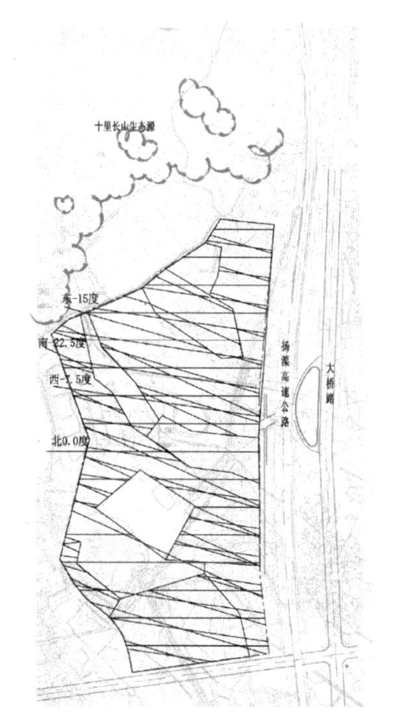

图 2—14 坡向分析

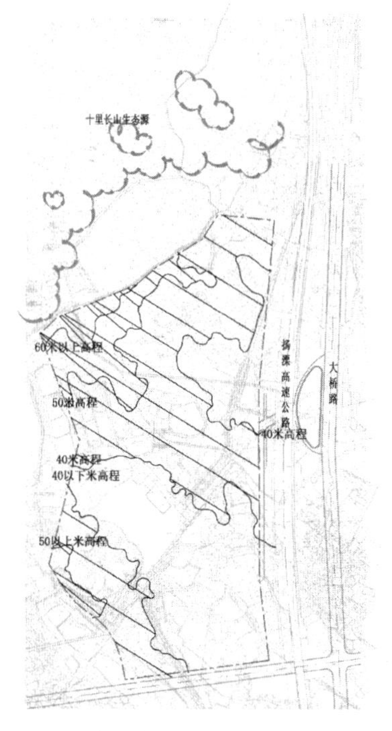

图 2—15 高程分析

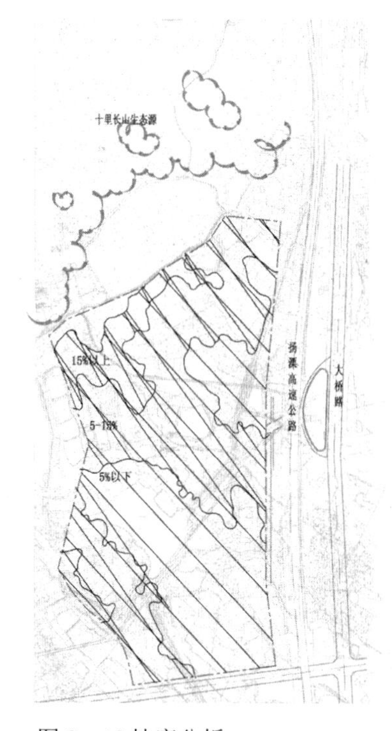

图 2—16 坡度分析

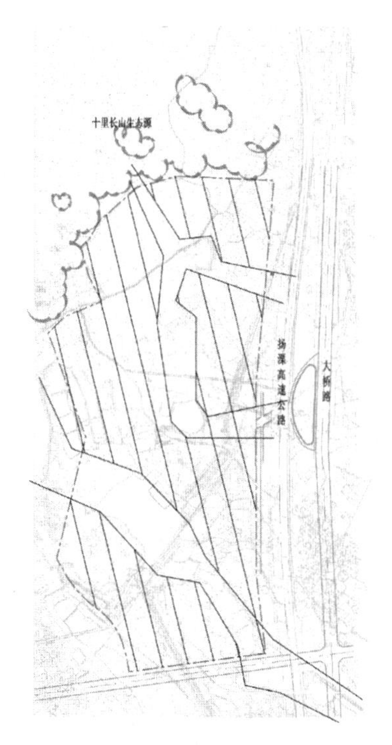

图 2—17 洪水排放范围分析

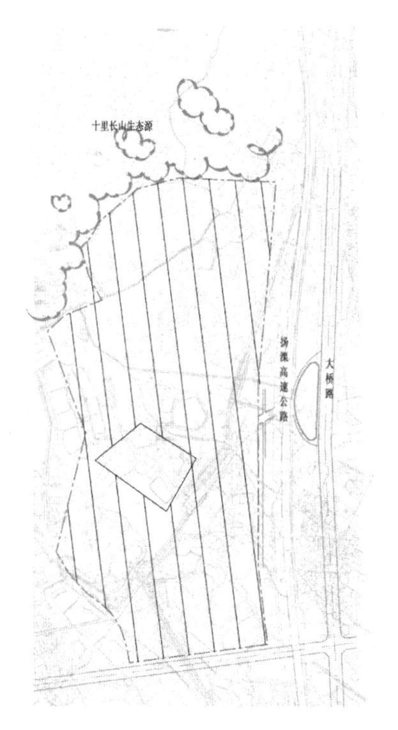

图 2—18 溶洞避让范围分析

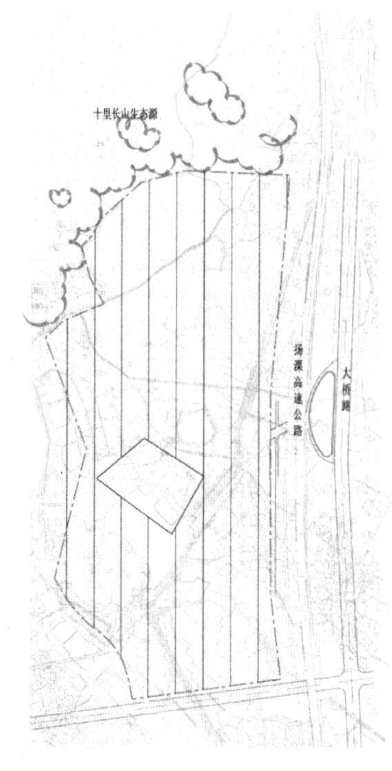

图 2—19 地质可建设用地分析

图 2—20 山林水体影响范围分析

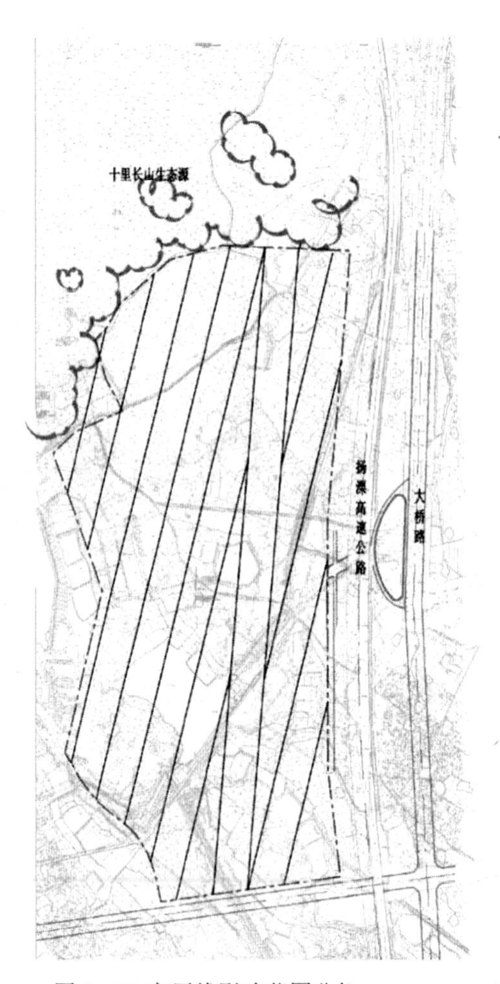

图 2—21 高压线影响范围分析

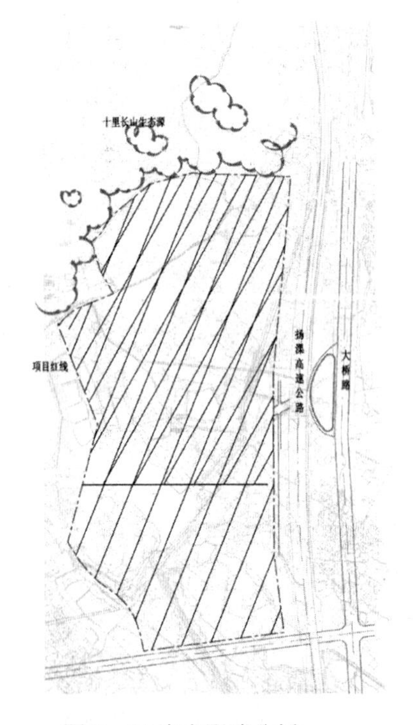

图 2—22 生态影响分析

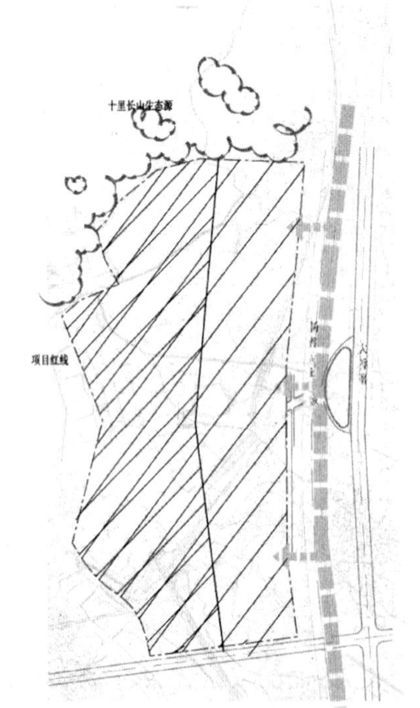

图 2—23 噪声影响分析

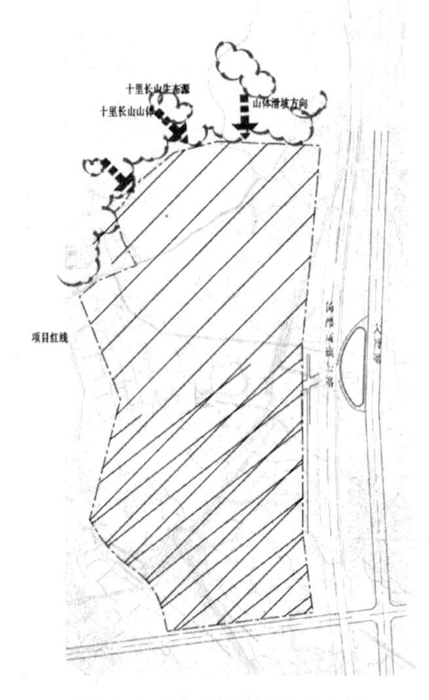

图 2—24 安全距离影响分析

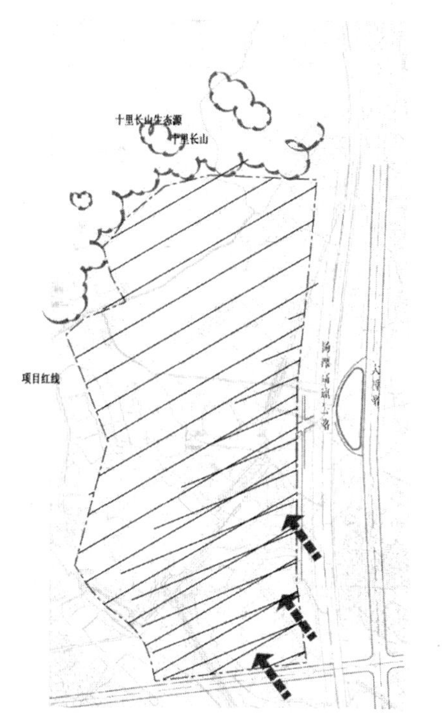

图 2—25 主导风向影响分析

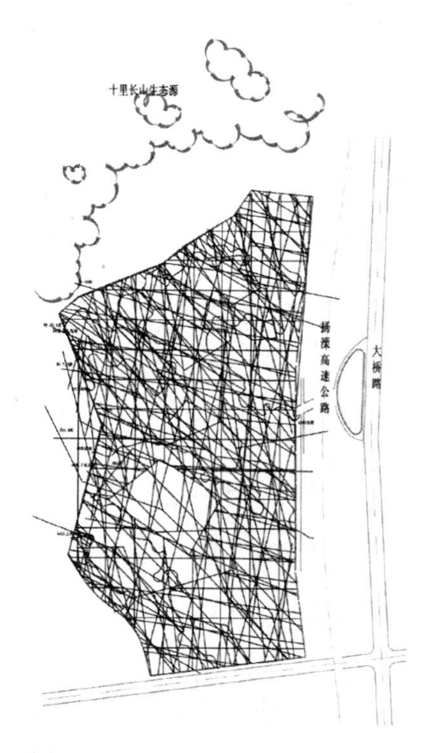

图 2—26 基地内部分析合成图

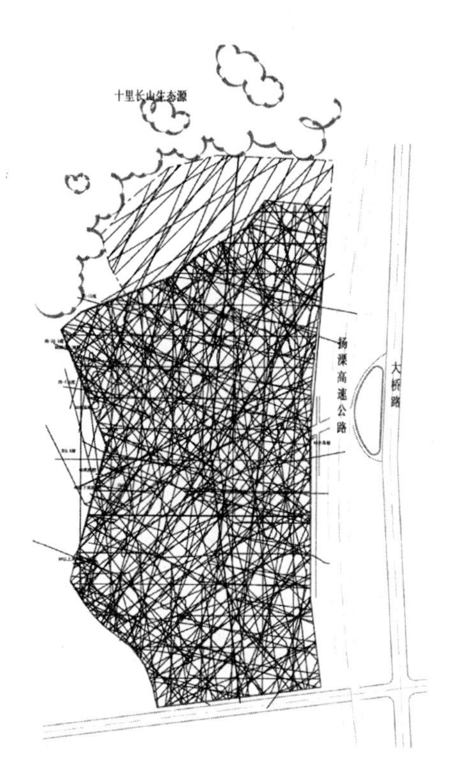

图 2—27 基地内外分析合成图

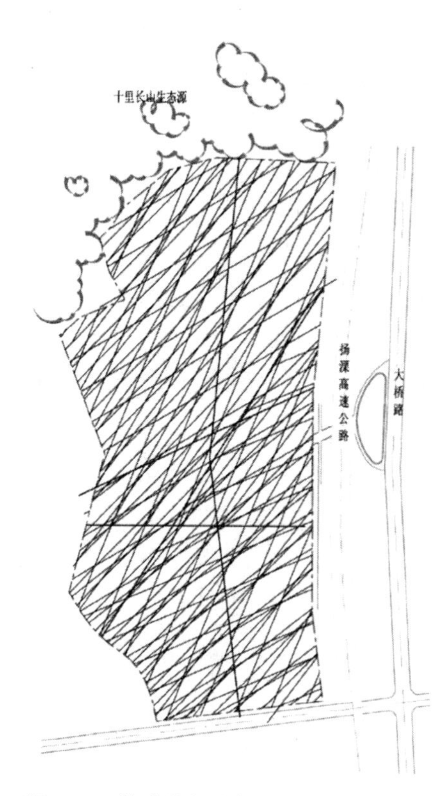

图 2—28 基地外部分析合成图

通过以上几个方面的分析，并且将几个方面的要素叠加起来，就可以发现地块的可用性、不可用性、包括地块的等级均一目了然，这对于下一步总体规划，特别是建筑的布局特别重要。

第三章　坡地别墅与坡地形态结合

前面已述坡地别墅价值存在时，遇到的几个方面的因素:坡地别墅的用地特征是坡地别墅存在和发展的重要因素；人为因素产生的坡地选址是价值的核心；自然因素产生的坡地选址是核心价值的保证。坡地别墅与坡地的形态关系设计则是探索和提升坡地别墅所具有的价值，即是其价值的再创造。

坡地别墅与坡地形态结合的价值设计，我认为基本原则为“四要”和“四不要”。即要显山露水、要依山就势、要错落有致、要视线景观最优化；不要随意伐木、不要大量挖填土、不要做太高的挡土墙、不要轴线主导的几何形布局。

坡地别墅与坡地形态结合设计，主要包括其总体空间组合形态设计和单体别墅与坡地形态的结合设计，以及建筑通风和地能对坡地别墅影响的价值设计。前者主要体现坡地内在肌理价值设计以及揭示出坡地别墅“魂”的市场价值，而后者主要探索单体价值与坡地形态的价值提升设计。

第一节　坡地别墅的总体空间组合的形态价值

项目在总体空间组合时，都有自身特有的总体空间形态组合价值，称之为主题或者“魂”的东西，在开发商看来这就是卖点，这就是价值。每个项目的“魂”是不一样的，但只有抓住项目的“魂”，项目才会在不断深化设计和开发建设过程中更加清晰、更具价值。这种“魂”往往从点睛之处的项目名称上得到体现。如：例 1. 半山半城型总体布局的“魂”(如图 3—1)。这是一个建在半山腰的项目，上半部分的建筑仿佛依山而筑，而下半部分的建筑则有飞龙探水之势。中间设计出椭圆形的公共活动空间，犹如一颗珍珠镶在其中，故曰“二龙戏珠”。

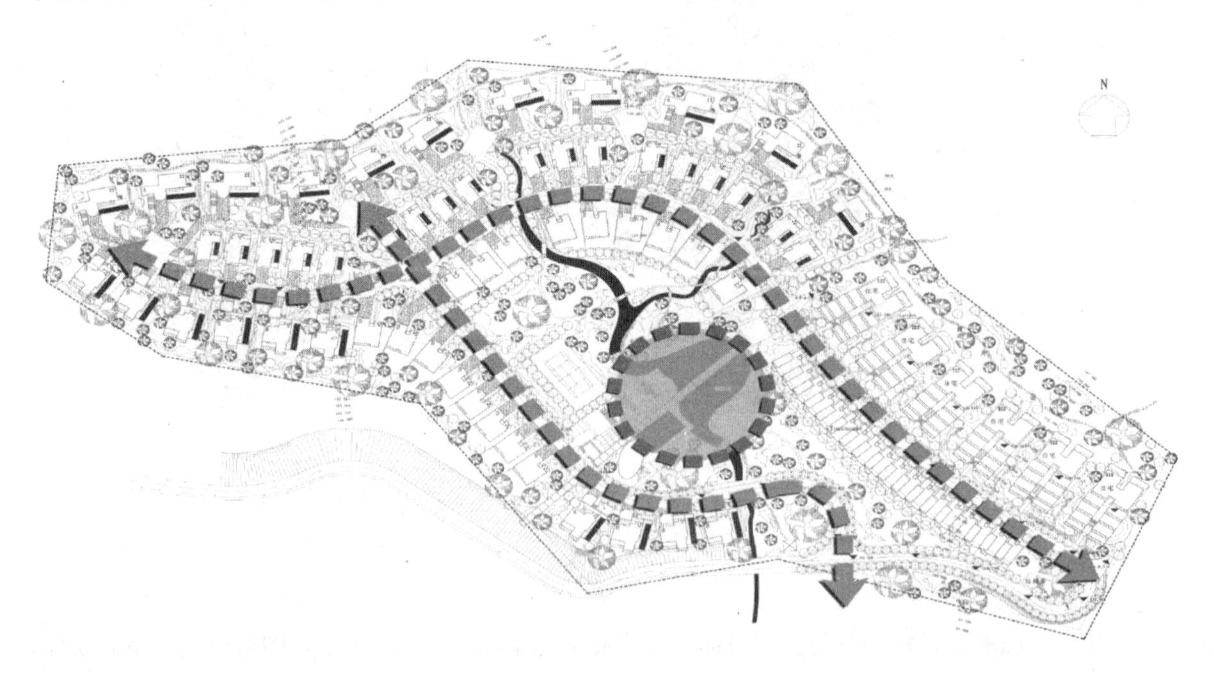

图 3—1 南方某城市半山坡地别墅项目“魂”的平面示图

例 2. 山下的院子型总体布局的“魂”（如图 3—2），这是江苏某城市花果山下的院子“魂”的平面示意如图，在花果山下，临水而建的项目，每户坡地别墅有自己的私家庭院，而每组坡地别墅又围合成公共活动空间，视为大院子，故曰“花果山下的院子”。以中国传统院落文化突出项目的魂。

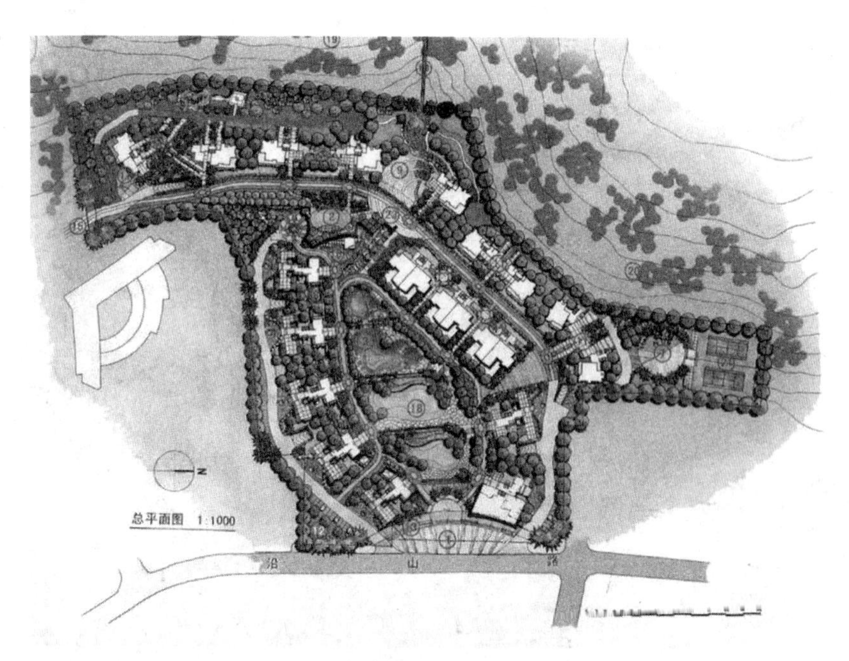

图 3—2 院子型总体布局的“魂”示意图

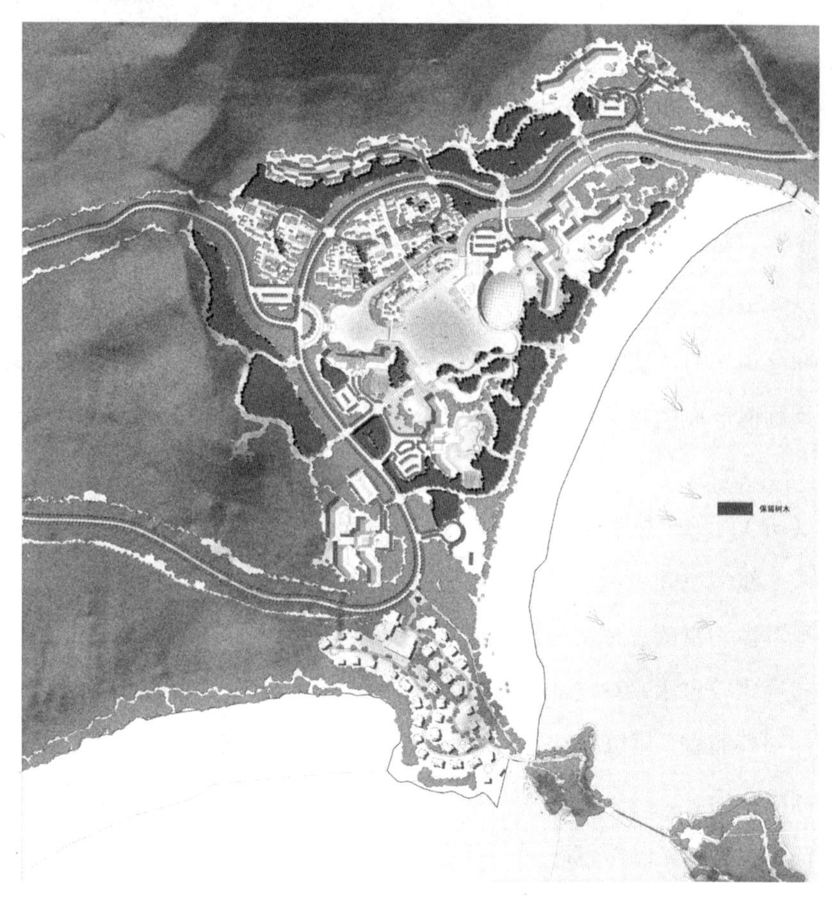

图 3—3 荷花池畔型总体布局的“魂”

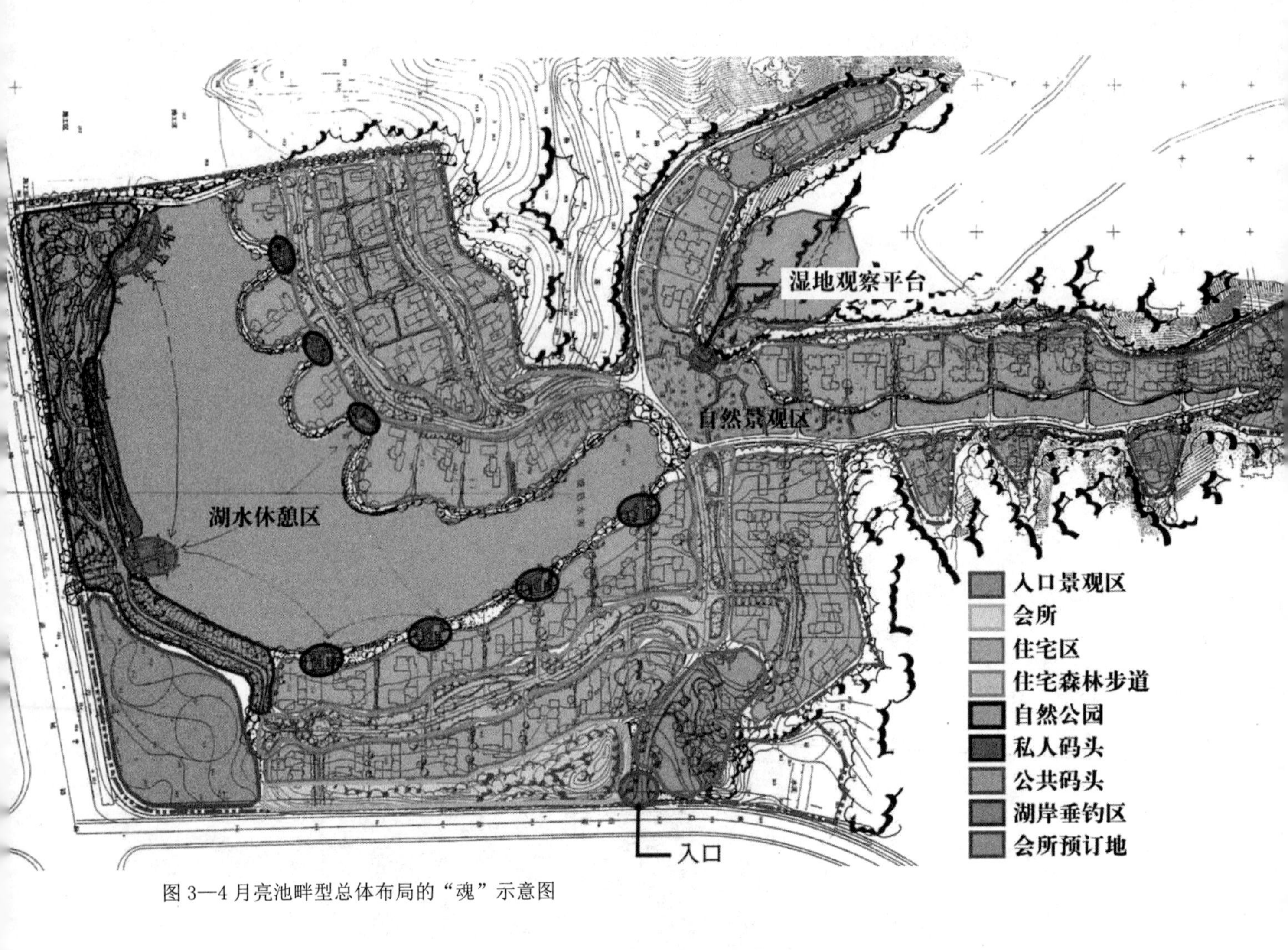

图 3—4 月亮池畔型总体布局的“魂”示意图

由于坡地环境的参与，坡地别墅的总体空间组合形态将表现出更加的特殊价值性，重点在于其“曲”和“跌”的特征上，这主要是因为坡地地形和坡地高差而引起的动态曲线，以及使之“曲”和“跌”的不规则而形成的趣味性，并形成了极富价值的表现形式，通常可以归纳为三种类型。

（一） 线型空间串联型

线型空间串联型坡地别墅的空间组合，其主要特征就是坡地别墅的空间骨架呈线型。这是最常见的坡地群体别墅的总体空间组合形式，采用该类型的空间组合方式，别墅群的各个组成部分可相对独立，整体布局比较自由，对坡地地形的适应能力较强，能使别墅隐在环境中，几乎适合所有的坡地区位。对于各单体别墅而言，用以联结别墅或别墅各组团部分的空间骨架主要是道路，对于有一定规模的坡地别墅总体空间组合而言，这种联系型主要由二级道路系统实现；一级道路为小区主要道路系统，它是串联各功能组团的主要骨架，二级道路则主要是组团级道路，它是串联各别墅细胞单元的主要形式，有网状或尽端式，尽端式细胞单元的别墅又被称为类似葡萄串式的进户道路（图 3—10、3—11 是十里长山坡地别墅的空间结构分析图）。这种线型空间串联型往往容易突出项目的魂。

例 1. 图 3—5、图 3—6 为江苏镇江十里长山脚下的约 1200 亩的坡地别墅项目，采用线型空间串联型，该项目魂概括为“一二三五”，即一组景观带、两条景观道路、三个建筑风貌区、五个会所中心。这里，“魂”的概括显示其项目内部结构而且突出总体。

例 2. 图 3—7 为江苏句容宝华山脚下约 1000 亩的坡地别墅区，也采用线形空间串联型，其“魂”概括为“一三五”，即一条景观道路、三个景观水池、五个居住绿岛，从图 3—7 中能明显地看出来。这样一条景观道路前期开发时是一条施工方道路，完成一个组团开发，建设一段景观道路，开发完成，景观道路建设完成。也就是说，项目“魂”不仅仅是卖点，也不仅仅是项目的主题，也是项目的分期施工建设的优化叠加。

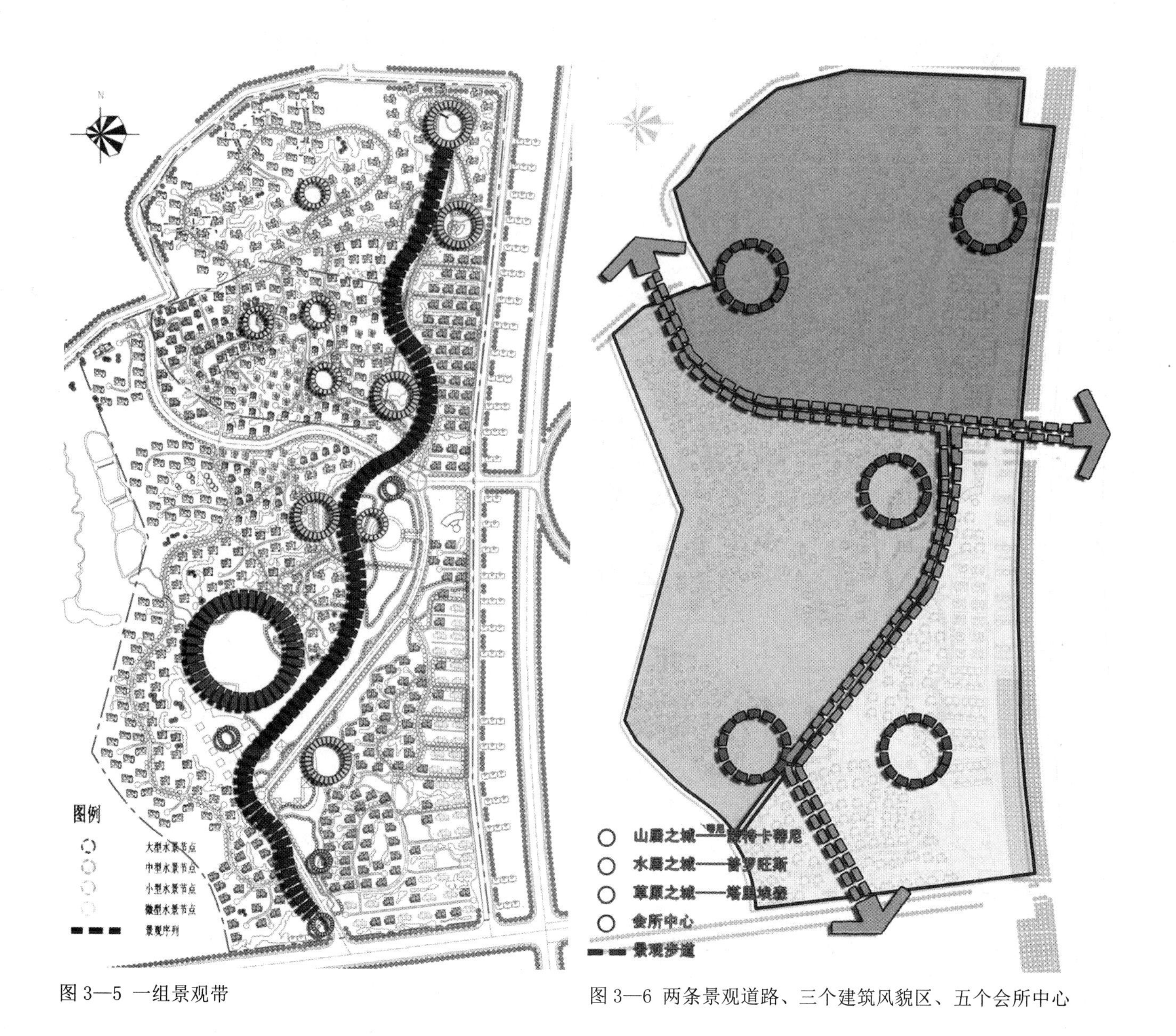

图 3—5 一组景观带

图 3—6 两条景观道路、三个建筑风貌区、五个会所中心

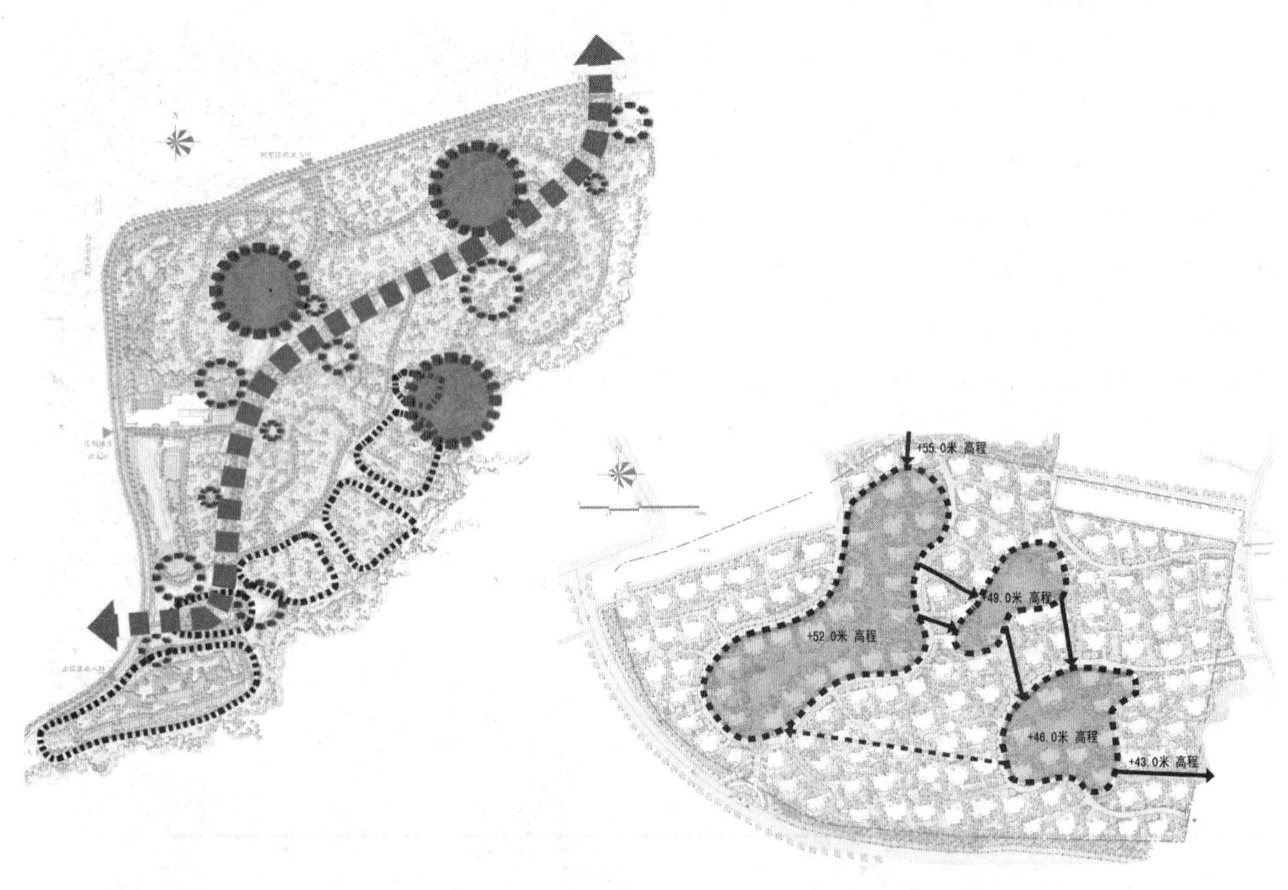

图 3—7 线形空间串联型布局

图 3—8 不同的高程间水流示意图

另外，也可以是建筑连廊，它们通常都是小组团建筑功能联系的主要动态线型空间串联型。在坡地别墅设计时，通常是会所或相对公共部分的设计。

这种空间组合往往适用于较大型的坡地别墅项目，如上述的宝华山坡地别墅（总用地约 1000 亩）以及十里长山坡地别墅（总用地 1200 亩）。

（二） 组团空间跌落型

组团空间跌落型是根据地形的高差和别墅特色居住环境的需要，建立若干个组团空间平台，通过坡道或其他联系，组成高低变化的空间平台体系。平台组织型别墅或群体别墅对起伏地形的适应性很强，特别适用于多弯变化复杂的地形环境。对于坡地别墅而言，组团空间跌落型，是组团空间特色的主要表现。如图 3—8、图 3—9 为整个项目的其中一个组团，这里的“魂”可以概括为三彩蝶，即三个不同高程围合三组坡地别墅，然后最高一层水体跌落至中间水体，再跌落至最底层水体，最底层水体干旱的时候将水抽升至最高层水体，涝时则可排出部分水体，另外在最高处水体也有上游部分补充水源，这样的组团特征，即魂的昭示，一是说明坡地别墅的空间关系，二是说明其中水景观的应用。最主要的是优美的环境、独特的个性，当然也是好的卖点。

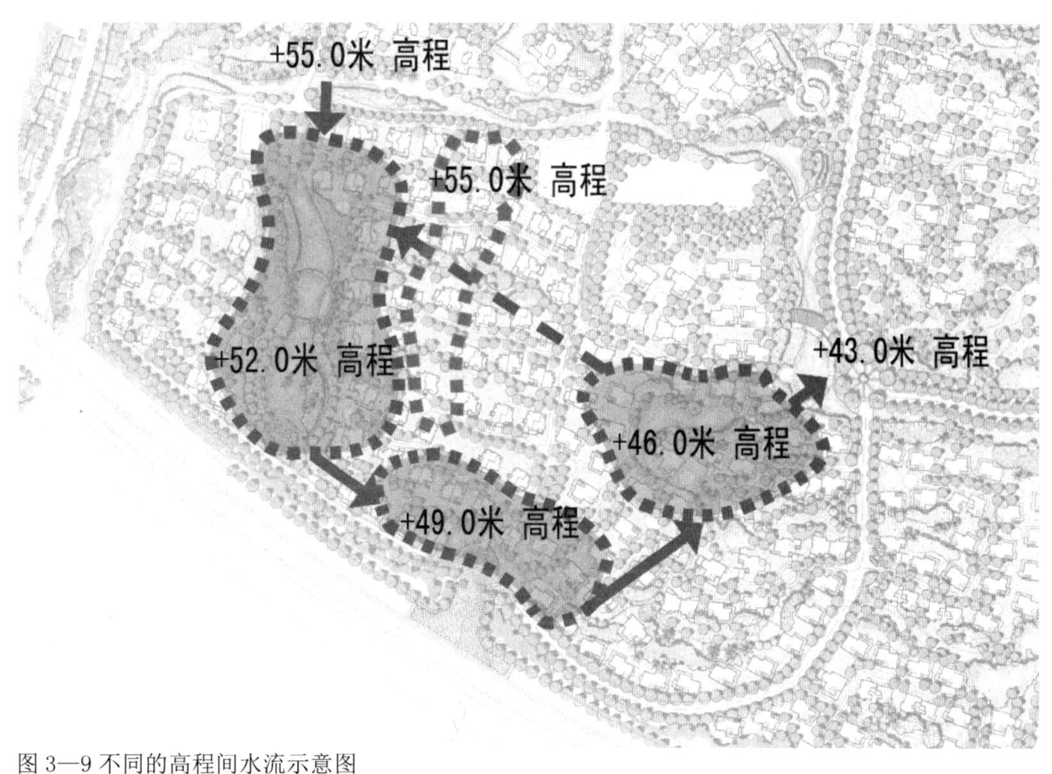

图 3—9 不同的高程间水流示意图

图 3—8、图 3—9 中，52 米高程水体跌落至 49 米高程水体，再跌落至 46 米水体，46 米水体一部分水进入 43 米高程处，另外一部分则抽升至 52 米高程水体，其中 52 米高程水体也有 55 米高程水体的补水，其中，52 米高程水体右侧还有一组围合山体（标高为 55 米）的坡地别墅。

但对于公共建筑群而言，这种手法也常用，如：理查德·迈耶设计的盖蒂中心是大型建筑群层台组合型的例子。中心建造在美国加利福尼亚州洛杉矶北部圣莫尼卡山脉南侧的一个小山丘上，总建筑面积 88000 平方米，占地 44.5 公顷，建筑群包括博物馆、艺术教育所、艺术史和人文学研究所、餐馆服务中心、报告厅和盖蒂公司的信息中心、办公楼等。建筑群分别布置在七八个不同标高的平台上，核心建筑——博物馆位于最高的平台，处在入口主轴线上。平台形态各异，其高差的联系方式变化多样，或踏步或坡道，或宽或窄，或曲或直，或室外或室内，组成一个完美的构图。

组团空间跌落型建筑应将平台与建筑综合进行形态组织，切忌平台组织与建筑布局分离，各自为政。平台的组织应充分考虑构图的有序和优美，尽量根据原始地形组织平台，本能获得完美的空间构图时，也可利用建筑参与组织，考虑空间构图，组织建筑屋顶作为平台。平台的联系方式是完善整体形态的重要组成，设计时应加倍重视。因为这样可以提升项目总体布局的价值。

这种空间组合往往适用于较小型的坡地别墅组团，如上述的十里长山坡地别墅（总用地 1200 亩）的某个组团，一期约 200 亩，以及十里长山另一个坡地别墅（总用地约 800 亩）的首期开发组团，约 80 亩。

（三）　混合型

即前两种类型的组合，线型空间串联型，主要是建筑的空间骨架、主线型，而组团空间跌落型主要是根据地形的高差或组团功能的需要（十里长山“三彩蝶”空间结构分析），建立若干个组团空间的平台，项目在多数情况是要线状联系使各个组团相对独立，而独立的各个组团又各具空间特色价值，当然，各个组团特色价值的组合形成总体空间组合特色价值而更具特殊价值。如图 3—10、3—11，就项目的整体“魂”而言，可以概括为“二龙戏九珠、五门十八桥、一百零八景”，即九个景观水池形似二龙戏水，小区总共有五个对外大门，内有十八座道路和景观桥梁，以及许多的景点。就每个功能组团而言，又有不同的魂，如一期的“三彩蝶”、二期的“凤凰涅槃”、三期的“葡萄串叠加”等等。

这种空间组合往往适用于较大型的坡地别墅项目，如所述的十里长山坡地别墅（总用地 800 亩）。图 3—10 中，9 个景观水池形似二龙戏水，小区总共有 5 个对外大门，内有 18 座道路和景观桥梁，以及许多的景点。图 3—11 的下部组团为一期的“三彩蝶”、右上组团为二期的组团式跌落似“凤凰涅槃”以及左上三期的“葡萄串”组团跌落似“葡萄串叠加”。

一般而言，坡地别墅的总体空间组合应注重随坡就势的自然主义，而不宜采取的形式为空间轴线主导型的几何状空间形态。

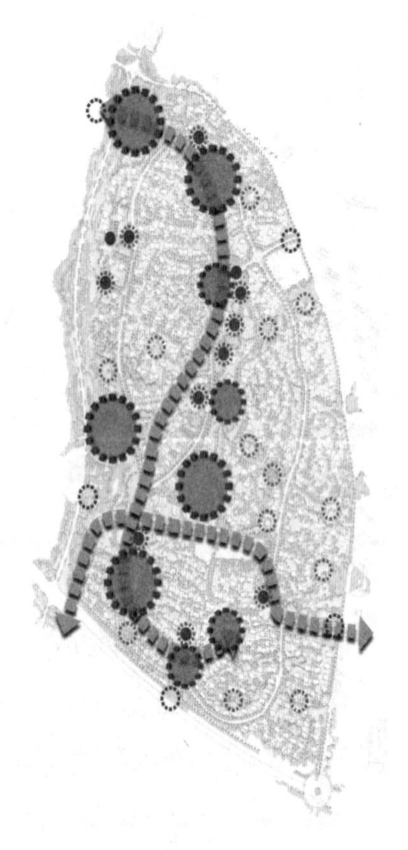

图 3—10 形似二龙戏珠的 9 个景观水池

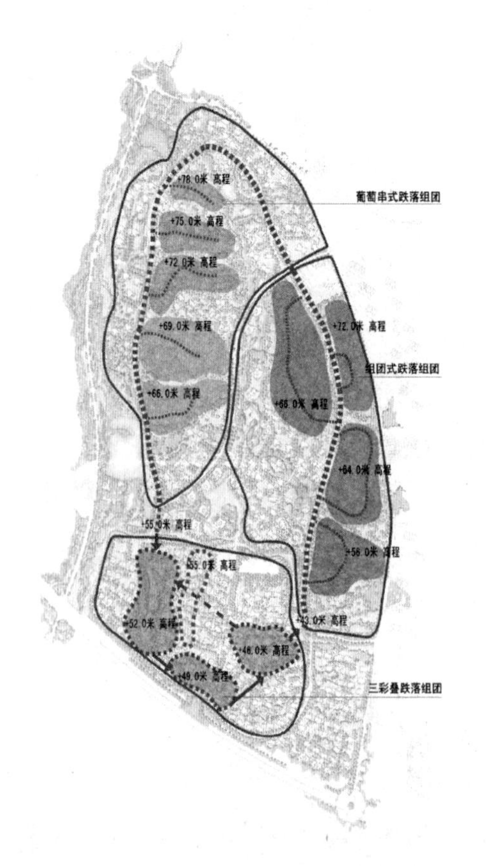

图 3—11 水系总体布局示意图

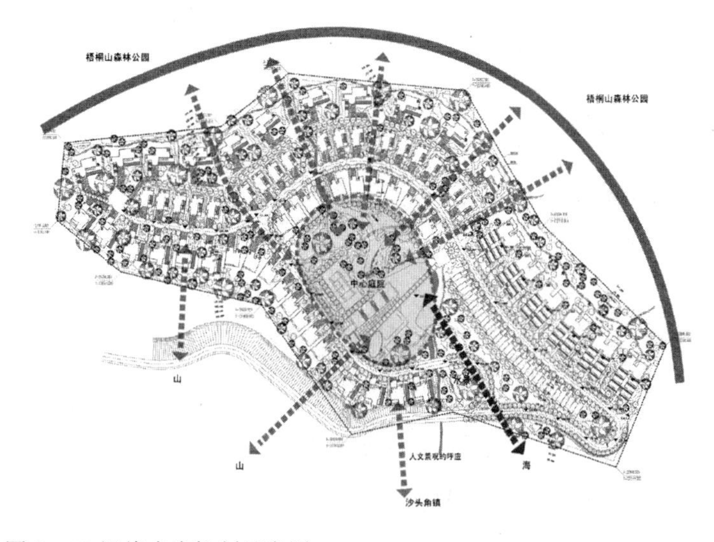

图 3—12 视线走廊控制示意图

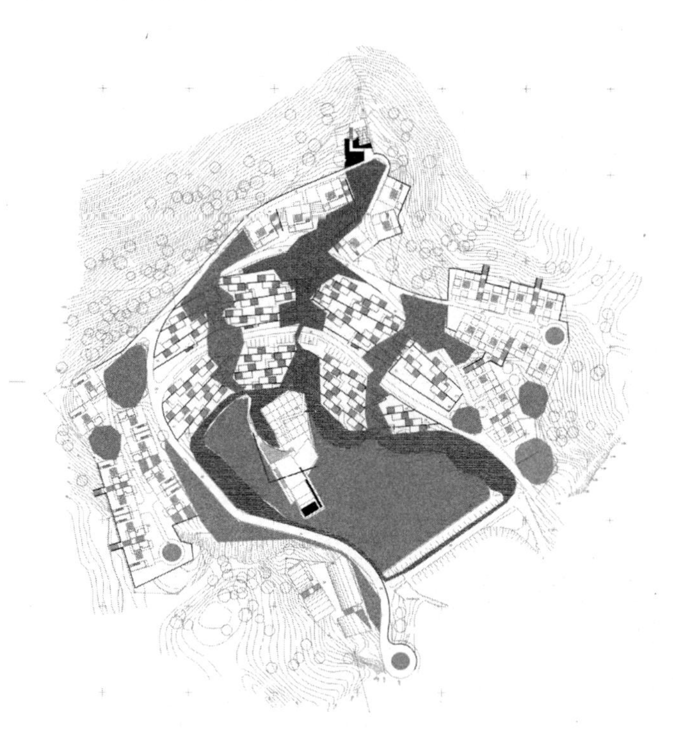

图 3—13 视线走廊控制示意图

（四）　主景点视线的整体设计

坡地环境，一般都有其主景点，或是山景（向高处看），或是水景（向低处看），或是左右的侧景。这里，主要是采用视线走廊控制，在平面空间上考虑建筑物之间留有一定的自然环境空间，而在竖向空间上则考虑建筑之间留有一定的自然环境空间和建筑高度控制相结合的手法，使得坡地别墅尽可能多享受项目场地的主景观点（见图 3—12 至 3—14）。图 3—12 是南方某项目半山坡地别墅总体景观分析，图中所倚山体均为较好的景观面，其中间的公共活动区域也留有看主景北面山体的视线走廊，很显然，这也是坡地别墅的视线走廊之一。图 3—13 是西部某坡地别墅总体景观分析，图中的视线所示的主景观通廊一目了然。图 3—14 中，在平面位置中留有一定的绿化空间，为视线通廊提供必要条件。

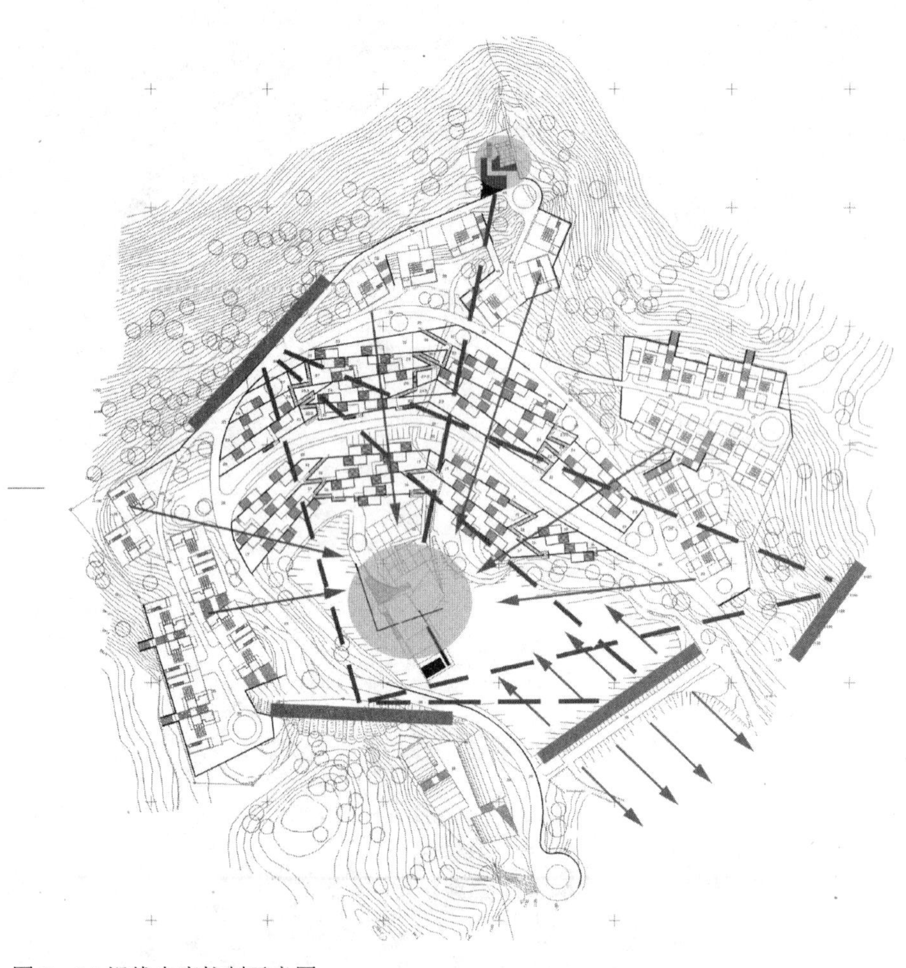

图 3—14 视线走廊控制示意图

图 3—15 从山顶通过结构性绿化鸟瞰坡地别墅小区

图 3—16 从山脚通过结构性绿化看坡地别墅小区

图 3—17 从小区东侧通过结构性绿化看坡地别墅小区

图 3—18 从小区南侧通过结构性绿化看坡地别墅小区以及北侧的山体

图 3—19 从小区南侧通过结构性绿化看坡地别墅小区以及北侧的山体

图 3—20 从小区北侧通过结构性绿化看坡地别墅小区

图 3—21 江苏镇江某项目坡地别墅立面实景

（五）　坡地别墅整体立面分析

就坡地环境而言，一般基地的坡势使得整体坡地别墅是东南低而西北高，但这样也会带来另外一个问题，即南立面会出现一大片建筑而显得“堆砌”的空间，从而不够生态、不够自然，这是坡地别墅整体立面设计应特别需要关注的问题（如图 3—21 至 3—22 所示）。虽然这是建设过程中的照片，后期将有部分树木长出，那将使这些坡地别墅隐没在山林中，但较大片的山林空间留出，仍是必要的。

图 3—22 江苏镇江某项目坡地别墅立面实景

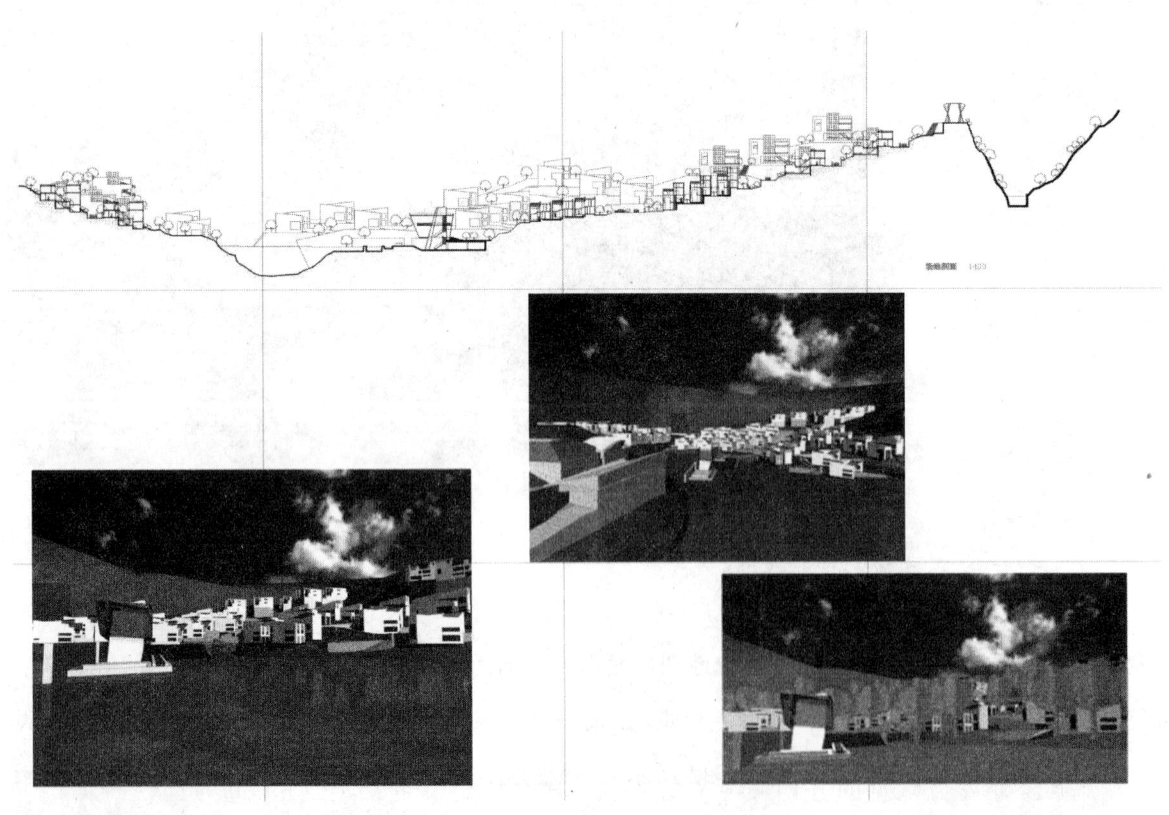

图 3—23 某坡地别墅立面分析图

图 3—23 是西部某坡地别墅立面分析，从剖面图可以看出，设计所留有的空间尚可，但通过电脑图片所反映的预留空间，特别是主景点视线区域可看出，应留有视线通廊或较大绿化空间。

解决这一问题的办法是：在同一水平留有一定的自然景观空间，以及在不同水平高差也形成一定的自然景观空间，从而使得整体南立面造型优美、生态而富有价值。

相对而言，东西向立面则相对容易处理，当南立面处理好以后，一般东西立而则会迎刃而解，得到比较好的结果。如南方某半山望海的坡地别墅立面处理可以作为较成功的例子。图 3—24 中，部分的建筑隐藏在浓密的山林中，整体亦然。

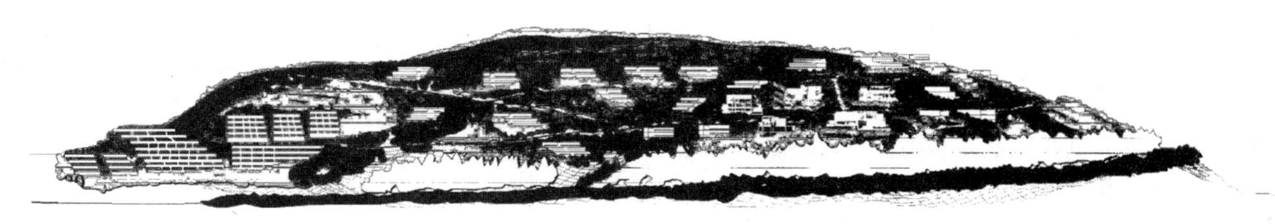

图 3—24 南方某半山望海的坡地别墅立面处理

第二节　坡地别墅内部功能价值设计

（一）　别墅内部功能简述

和一般别墅功能一样，坡地别墅内部功能一般包括起居活动、居住休息和生活辅助三个部分。其中，起居活动包括客厅、家庭厅、工作室、卫生间和餐厅等；居住休息包括主卧、次卧和与之相配套的化妆卫生间、衣柜、电脑间、露台等；生活辅助则包括入口过厅、厨房、工人房、车库以及活动房、储备间等。通常而言：一层以起居活动为主，二层和三层以居住休息为主，地下室则以辅助用房为主。但是，坡地别墅内部功能也有其特有的个性。

别墅不是孤零零的建筑，它是对居者生活方式用砖石泥土作出的一种诠释，客厅的舒朗在明亮的玻璃窗和碧野之间折射，书房半开的窄窗里流淌着淡淡的茶香，在晚风里宁静的卧室半掩在青藤簇拥的绿色波澜里，聆风听月的亭榭和傲啸碧野的高台，在宁静中尽情地展示着丰富动人的身姿，在建筑师智慧的手里，砖石和泥土有了鲜明的性格，在诉说着居者的追求、居者的梦想。

由于坡地环境的加入，坡地别墅的综合价值往往会有所增加且别具一格。

（二）　坡地别墅内部功能价值设计要点

1. 大门

大门，指的是整个别墅的外大门，是房门中最重要的，大门乃住宅纳气之口，宜整洁明亮，不宜堆积杂物。在现实生活中，最常见的开门，主要是：（a）开南门（朱雀门）；（b）开左门（青龙门）；（c）开右门（白虎门）；（d）开北门（玄武门）。一般而言，以门之前方为明堂，如果前方有平地、水池、停车场等，以开南门为上。但是，这并非绝对的说法，因为门的朝向还应该配合“路的形势”为要，因为门路即是水路也。《八宅明镜》曰：“安宅大门，宜迎来水之吉地以立门。”因此，只要门前有“水”，即可。例如，大门前方有水池或平地，这也就是“明堂”，那么，这样的住宅，大门便适宜开在前方中间。如果，大门前方有街道或走廊，左方路长（来水）右方路短（去水），那么住宅宜开右方门来收接地气。此法称为“白虎门收气”。

在中国传统的风水观念中，仍然以南向大门为最佳，因由东南风带来的气场、磁场都比较有益，一般对居者有益无损。但坡地别墅大门，不管存在于东南西北哪个方向，主要大门应在一层平面上，忌开在地下室平面上。

2. 客厅

客厅是别墅中最重要的组成部分，承担着全家人休闲娱乐和招待亲朋好友的作用，对家庭成员之间的和睦以及主人的事业和人际关系的发展有着至关重要的作用。

客厅作为别墅中的公共空间，是外人很容易进入的地方，同时也最能彰显主人气度和涵养的空间，所以，客厅的空间就注定了要比住宅中的任何一个房间都要大气。因为只有足够大的空间才有利于新鲜空气的流动，而过于狭隘的客厅，则不利于“生气”的凝聚和流转。

客厅应设入口区。设计要诀有“喜回旋、忌直冲”之说。大门与客厅设置入口区或矮柜遮挡，使内外有所缓冲，理气得以回旋后聚集于客厅，别墅内部也得到隐蔽，外边不易窥探。别墅内部隐蔽深藏，象征福气绵延。

客厅应设在别墅住家的最前方。进入大门后首先应看见客厅，而卧房、厨房以及其他空间应设在别墅后方。空间运用配置颠倒，误将客厅设置在后方，会造成不佳格局。

客厅格局宜方正。客厅的平面形状以正方形和长方形为最佳。方正的客厅有一种堂堂正正、不偏不倚的气势，蕴涵着四平八稳的吉祥寓意。所有的门应由左边开，符合使用习惯。

客厅应多使用圆形造型的装饰物。客厅是家人和亲友相聚的地方，最需要营造出活泼、融洽的气氛。圆形与建筑的直线形成丰富对比，所以圆形的灯饰、顶棚造型以及装饰品具有引导温馨、热闹的作用。

客厅宜明亮、流畅。所谓：“明厅暗房。”客厅设计首重阳光充足、灯光明亮，明亮的客厅使人心旷神怡。客厅不宜选择太暗的色调，阳台上不宜有太高或太浓密的盆栽，以免阻碍光线。而且，还一定要使空气顺畅地流通在客厅之中，不可有聚积秽气的死角。

一般较高档别墅客厅应具备三要素：即一定的面积、客厅内包含楼梯以及挑空走廊。

就客厅内楼梯也有一定的要求， 楼梯不宜正对大门。如果楼梯正对着大门的话，改变设计的方法是：可以把楼梯改成弧形，使楼口反转方向，背对着大门即可，或把楼梯设在墙壁后面。优雅的半圆形楼梯令人赏心悦目。

楼梯有内楼梯和外楼梯两种，内楼梯与门相背，人进门后通过拐弯再上。外楼梯指进门就直冲楼梯，而楼梯与门正对或偏对都不符合人的行为。另外，楼梯的梯级以单数为好。就坡地别墅客厅而言，必须首先与大门对接，一般也应在一层平面上，这也是前面大门应该在一层平面的原因之一，同大门一样，忌在地下室平面上。

3. 厨卫

《汉书 郦食其传》记载："民以食为天，"孔子又说，"食不厌精，脍不厌细"。这两句话告诉了我们一个道理，那就是人必须要吃饭，而且还得吃得精细，吃得有品位。然而，任何美味佳肴的制作，都离不开新鲜的材料、精美的做工、整洁明亮的厨房。那么，什么样的厨房才称得上成功设计呢？

厨房门与大门不可正对。外人在大门口就能将相对凌乱的厨房一览无余，既不雅观，也不卫生。

厨房忌直冲厕所。厕所即便再干净，相对于其他区域显然够不卫生。如果厨房的大门与厕所门相对，厕所的异味可能会冲入厨房。厨房门也禁忌与卧室门相对。另外，避免横梁压顶，避免地面高于餐厅，最后，厨房色调以白色为佳，以避免有了各种器具和食品后显得杂乱。

浴室和厕所都是污水聚集之处，空间湿气重，容易脏污，所以，卫生间最好有窗户，利于通风。卫浴空间应保持空气流通和空气清新。卫浴间必须有排风扇，还必须安有防逆行闸门，以防止污浊空气倒流。

卫浴间的面积不能大于卧室的面积，随着住宅观念的转变，现代住宅强调是小卧室大客厅，甚至大卫生间、大浴室。其实，这种观点是不太合适的。

卫浴之门忌与房屋入户门在同一方向，如果卫生间的门正好对着入户门，从室外进入的空气会首先进入排泄污秽、阴气较重的卫生间。卫生门的门仿佛一张大口，释放的浊气与住宅大门进来的空气会形成干扰，不是好的设计。卫浴之门忌与卧室之门相对。另外，卫浴之门也不宜与床相对。从人的心理而言：床旁有门，内神不能休息，故睡不安稳。因为，不洁空气对流，污秽及潮湿之气直冲身体，有碍健康。

就坡地别墅而言，在进行地下能应用时，其和卧室、起居室等利用地下能的通道应设置为两个系统，而不可以合用。

4. 卧室

卧室是家庭居住中的"避风港"和"加油站"。古人云，人生七十古来稀，三分之一要睡去。而卧室就是供人休息睡眠之用，可见，卧室在人的生命中所起到的作用是十分重要的。卧室的形状应以"方形"为最好。现代户型的设计流行大客厅、小卧室。这一设计不仅有道理，在养生学中也得到论证。因为"藏风聚气"这四个字，可谓道尽内中天机。

经研究与现代科学的验证发现：卧室在 17 平方米左右，最多不要超过 20 平方米为好，但也不宜小于 14 平方米。这样才有利于人体自身与周围环境相通、相融，以达到休养生息的目的。在主卧室设计时有时包括工作室和卫生间（包括走入式衣柜），那样卧室面积可因此加大。

禁忌用地下室作卧室，即使就坡地别墅而言，地下室往往有一侧为全部采光通风。不提倡在卧室里设置卫生间。倘若有些家庭的卧室中有卫生间的话，最好通过走入式衣柜再进入卫生间，而不是直接和卧室相通。至少，卫生间的门不能直接对着卧室中的床。

另外，避免卧室中有横梁，由于坡地别墅中高差的变化多，但即使那样，也不允许卧室中有横梁。避免卧室内阴暗，镜子不宜正对着卧室房门，卧室的门不宜正对卫生门，以及卧室不宜有两扇门。

卧室之门不可对大门。卧室为休息的地方，需要安静、隐秘，而大门为家人、朋友进出必经的地方，

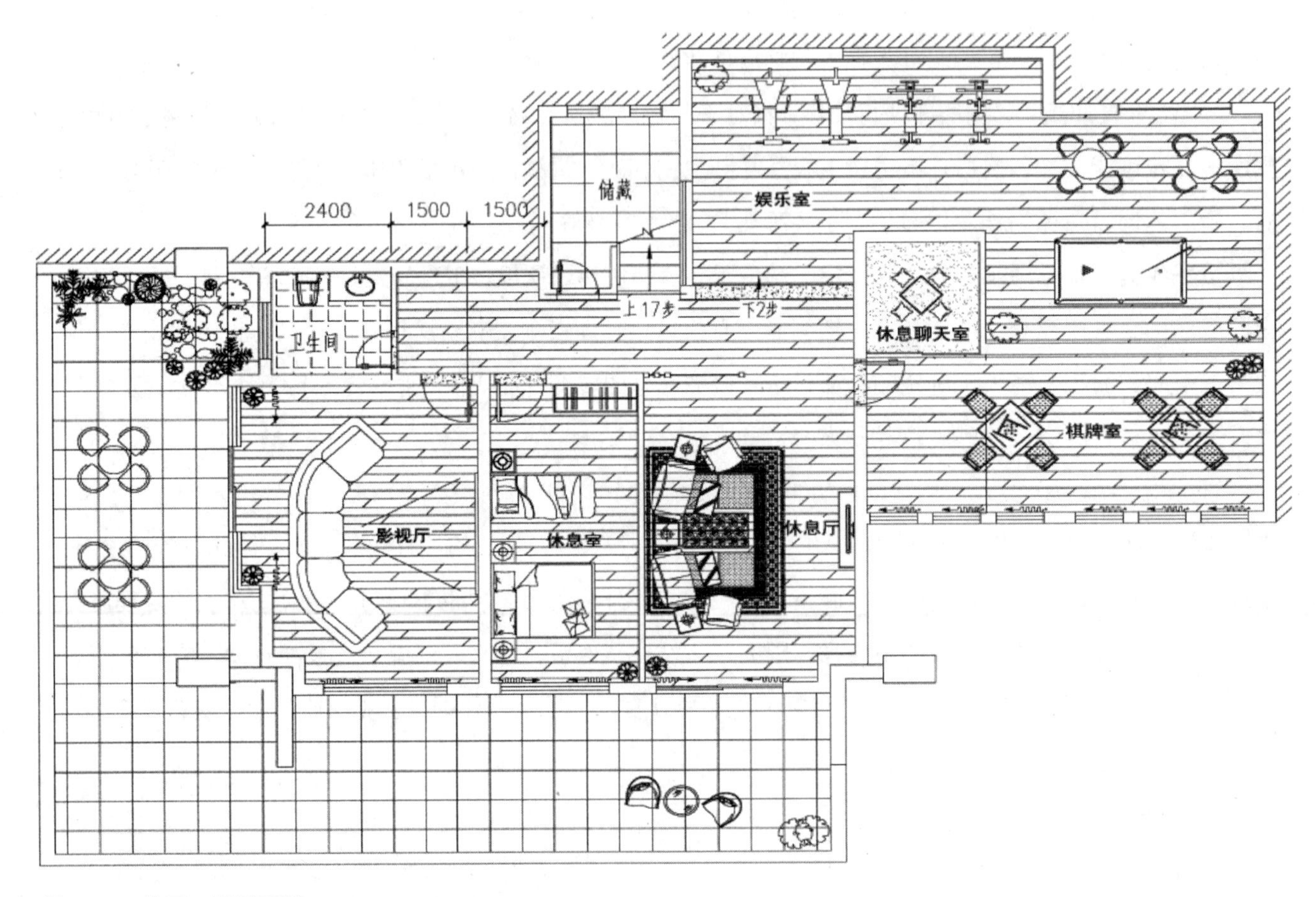

图 3—25 地下一层平面图

所以卧室房门对大门不符合卧室安静的条件。大门直冲卧室房门容易影响身心健康。

为进一步说明以上观点，结合工作中的案例，呈现三房（图 3—25 至 3—27）、四房（图 3—28 至 3—31）、五房（图 3—32 至 3—35）等平面设计图。图 3—25 中，地下室为西南方向采光，并且设置休闲平台，南侧部分设计高窗。主要功能为影视厅、休息厅和运动区域，通过兼有储藏功能的楼梯通往一层平面。这里不宜布置休息室，而应该增加休息厅面积。

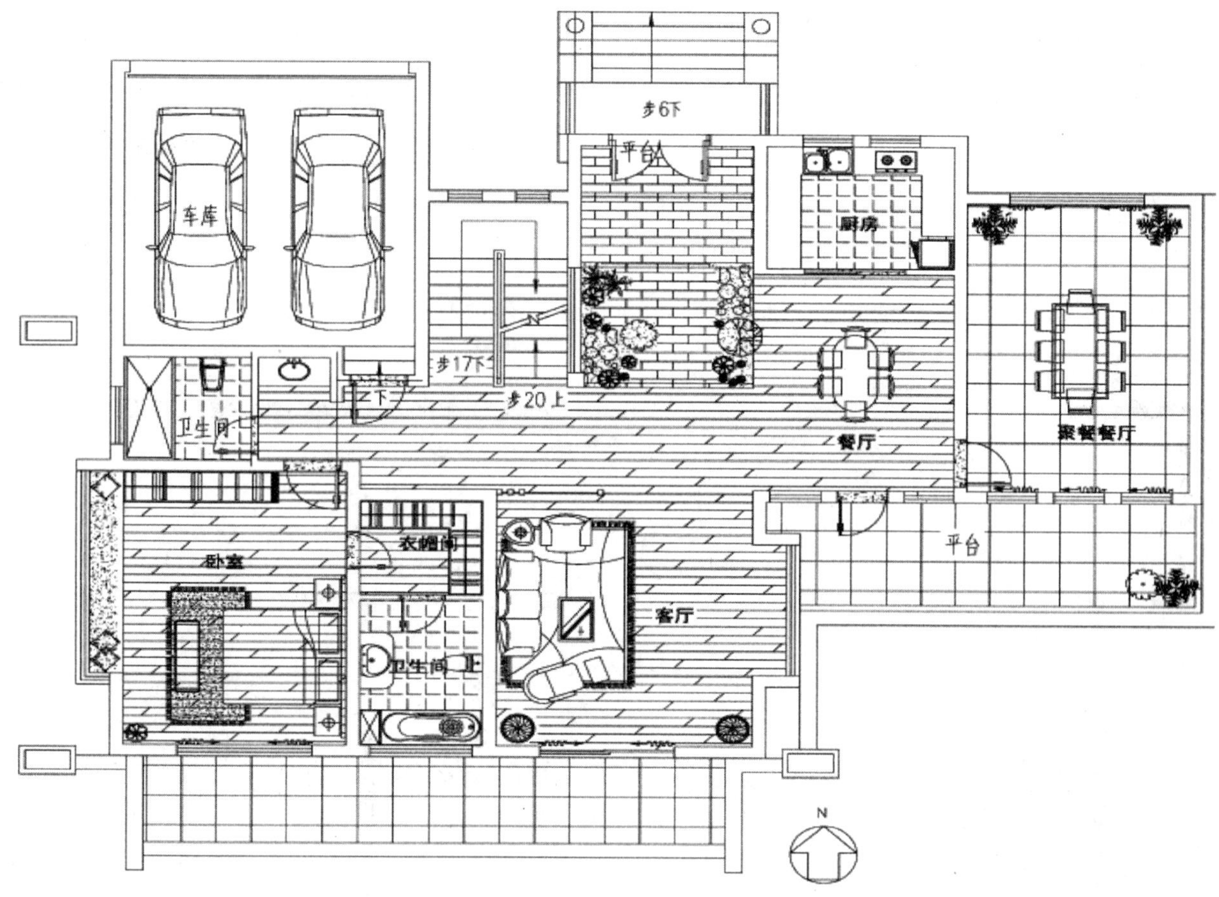

图 3—26 一层平面图

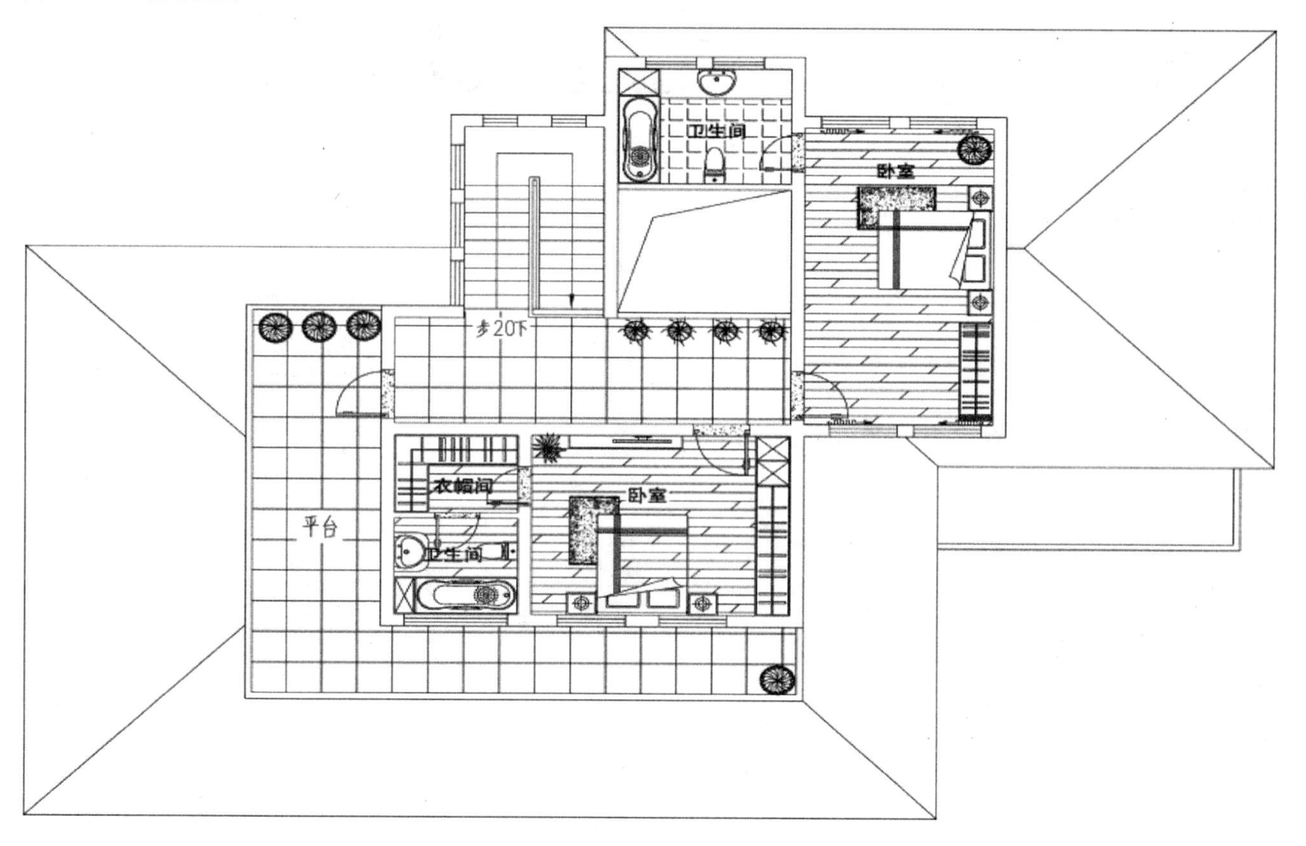

图 2—27 二层平面图

从图 3—26 中可以看出，这栋别墅主入口为北入口，两个机动车出入口和主入口在同一方向，入口两层空间、客厅、餐厅的空间有分有合，空间可以互相借用，老人房（主卧室之一）采用走入式衣柜至卫生间，通过楼梯可进入地下室和两层平面。图 3—27 中，二层平面为两个卧室，一个卧室是采用走入式衣柜至卫生间，另一个没有采用走入式衣柜至卫生间，但其卫生间的门不正对着床。

图 3—28 中，地下室为东侧采光，并且东侧设置休闲平台。主要功能为影视厅、酒吧厅和运动区域，通过运动区域的楼梯通往一层平面。也可以通过东侧室外楼梯通往一层平面。

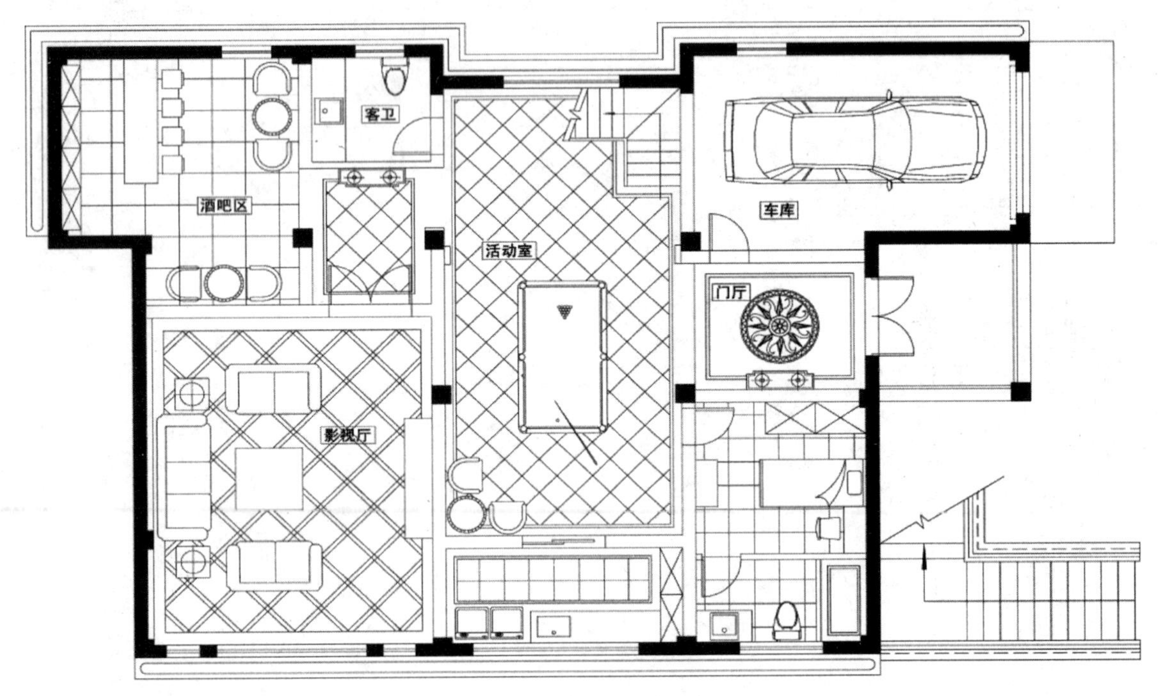

图 3—28 地下一层平面图

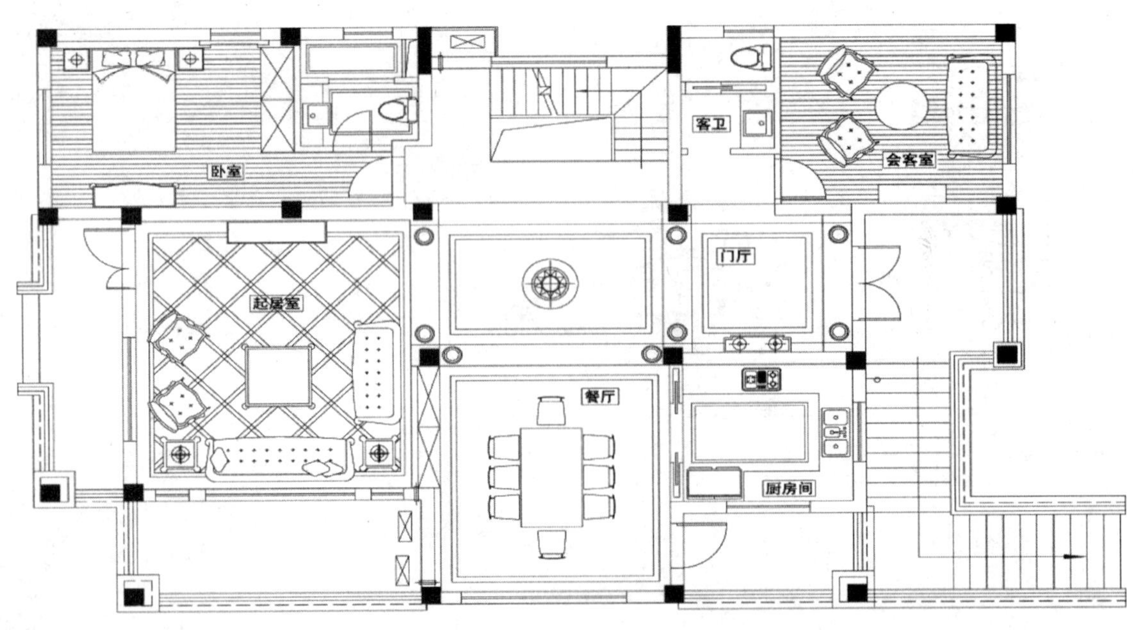

图 3—29 一层平面图

图 3—29 中，这栋别墅主入口为东入口，机动车出入口和主入口在同一方向，入口空间、楼梯空间、客厅、餐厅的空间有分有合，空间可以互相借用，设置老人房（卫生间）和工作室，通过楼梯可进入地下室和二层平面。

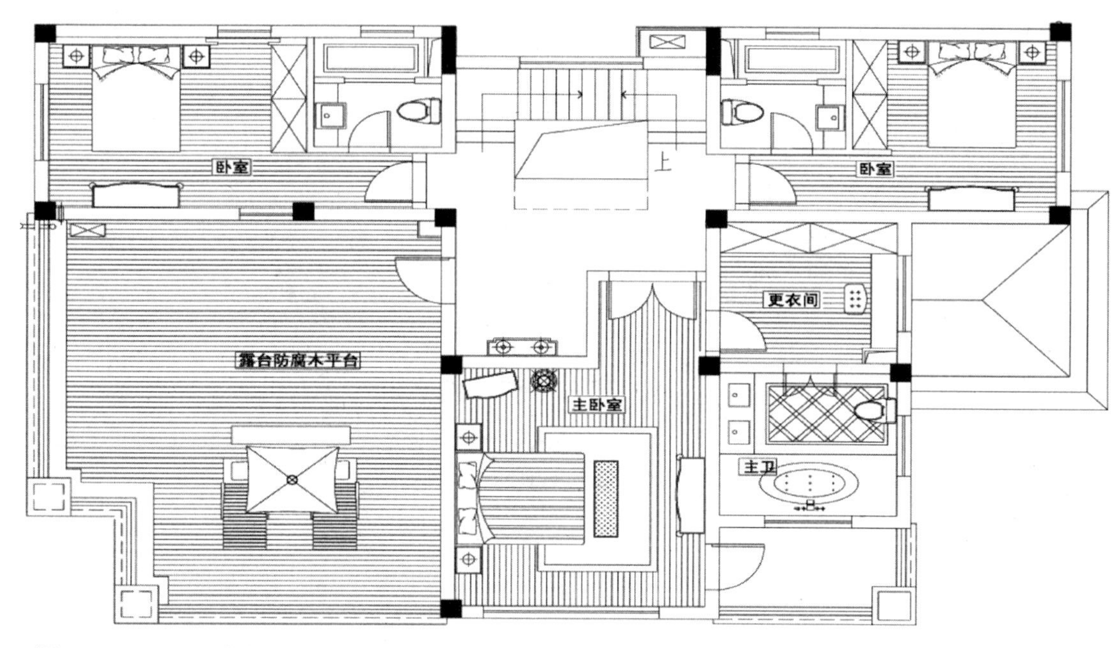

图 3—30 二层平面图

图 3—30 中，二层平面为三个卧室，一个卧室是采用走入式衣柜至卫生间，另二个没有采用走入式衣柜至卫生间，但其卫生间的门不正对着床。图 3—31 是图 3—30 的比较方案，二层平面为三个卧室，一个卧室是采用衣柜和卫生间分开，同时增加一个工作室，另二个设置卫生间，但其卫生间的门不正对着床。

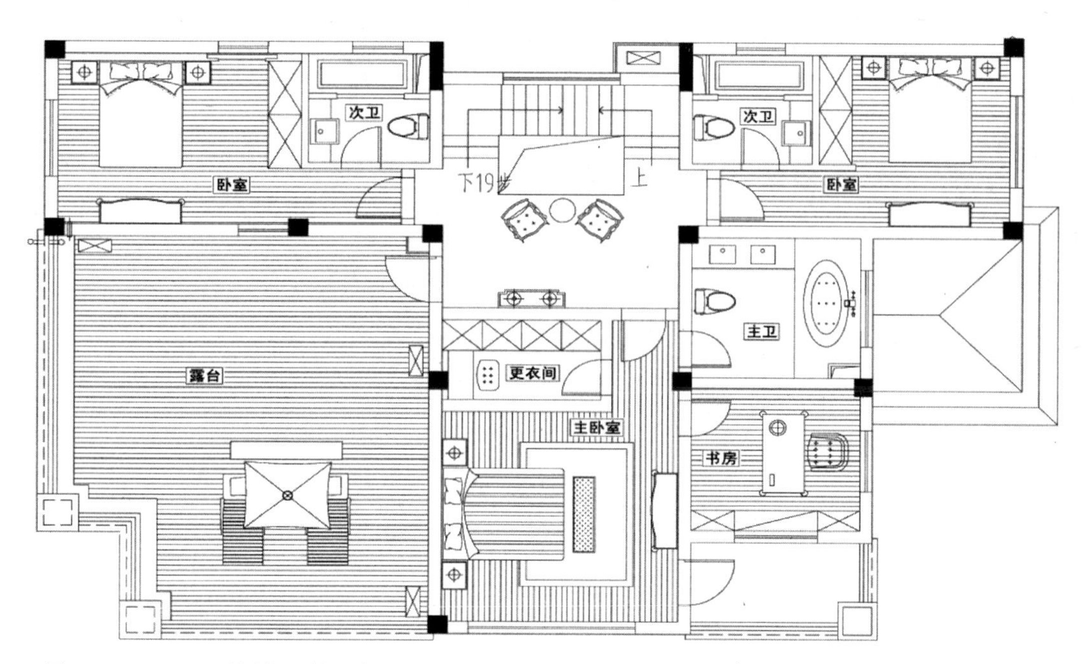

图 3—31 二层平面图的比较方案

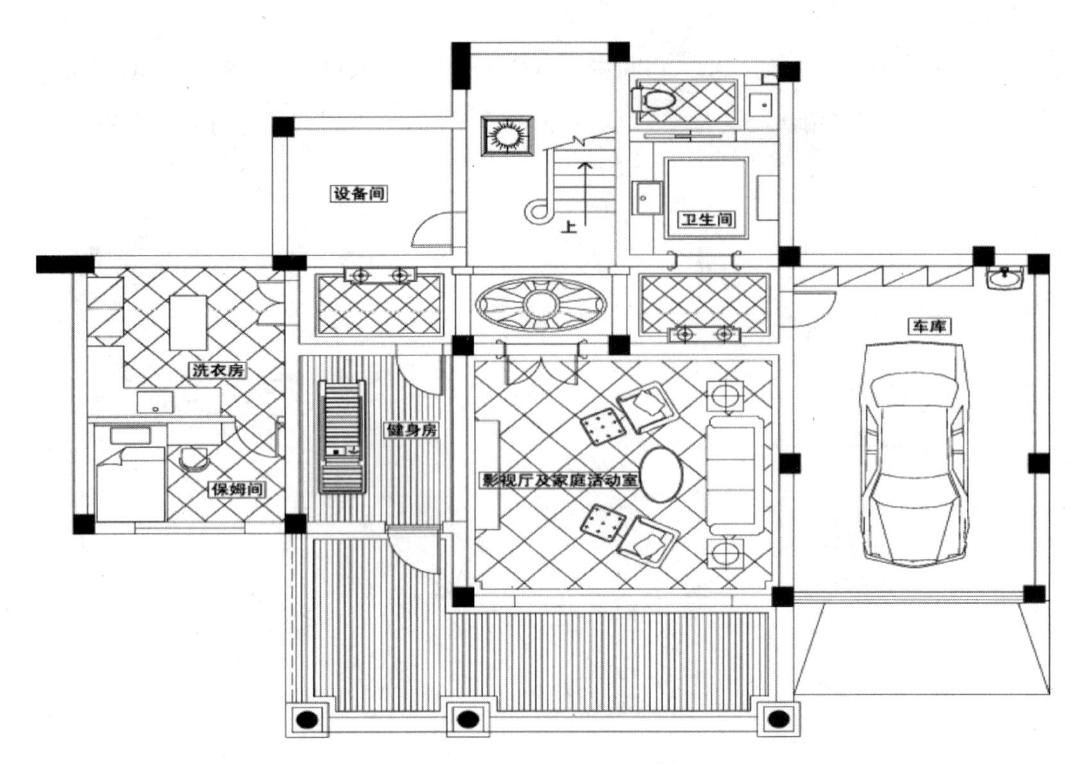

图 3—32 地下一层平面图

图 3—32 中，地下室为南侧采光，并且南侧设置休闲平台。主要功能为影视厅等，通过走廊的楼梯通往一层平面。也可以通过东南侧室外景观楼梯通往一层平面。图 3—33 中，这栋别墅主入口为北入口，机动车出入口和主入口在两个方向，入口空间、楼梯空间、客厅、餐厅的空间有分有合，空间可以互相借用，设置两个卧室（含卫生间），通过楼梯可进入地下室和二层平面。

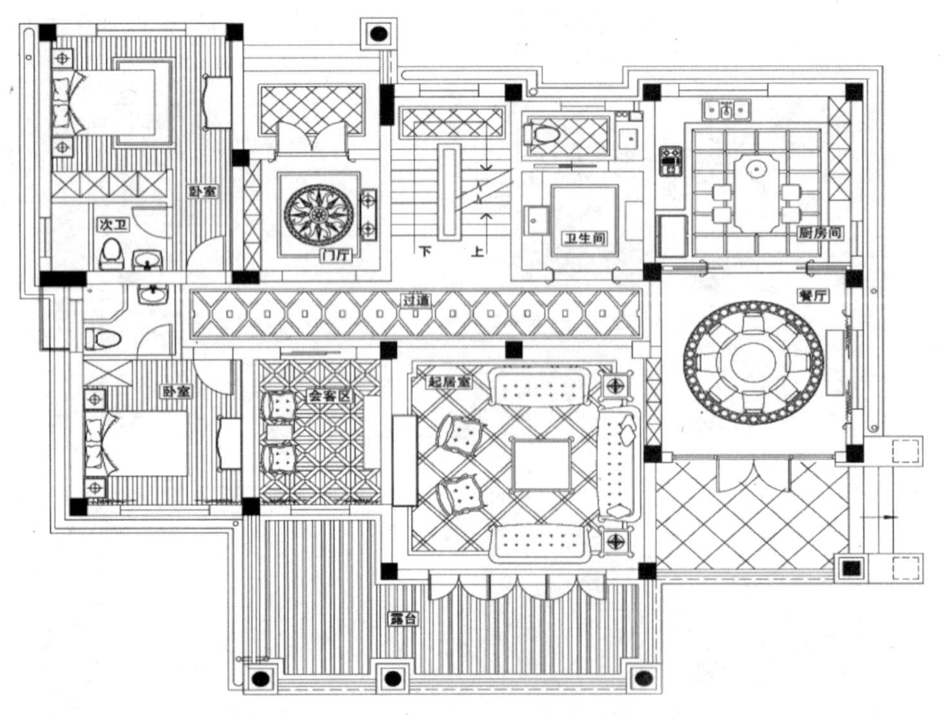

图 3—33 一层平面图

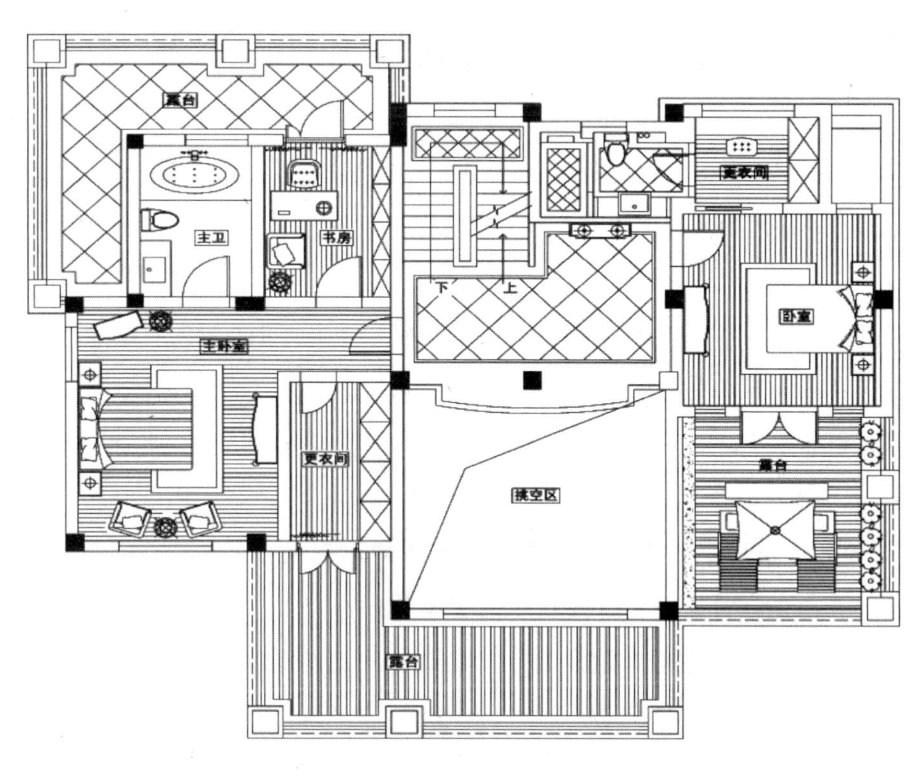

图 3—34 二层平面图

图 3—34 中，二层平面为两个卧室，一个卧室是采用走入式衣柜至卫生间，另一个没有采用走入式衣柜至卫生间，但其卫生间的门正对着床，不理想，应将书房取消改成走入式衣柜至卫生间。图 3—35 中，三层平面为一个卧室，没有采用走入式衣柜至卫生间，但其卫生间的门不正对着床。

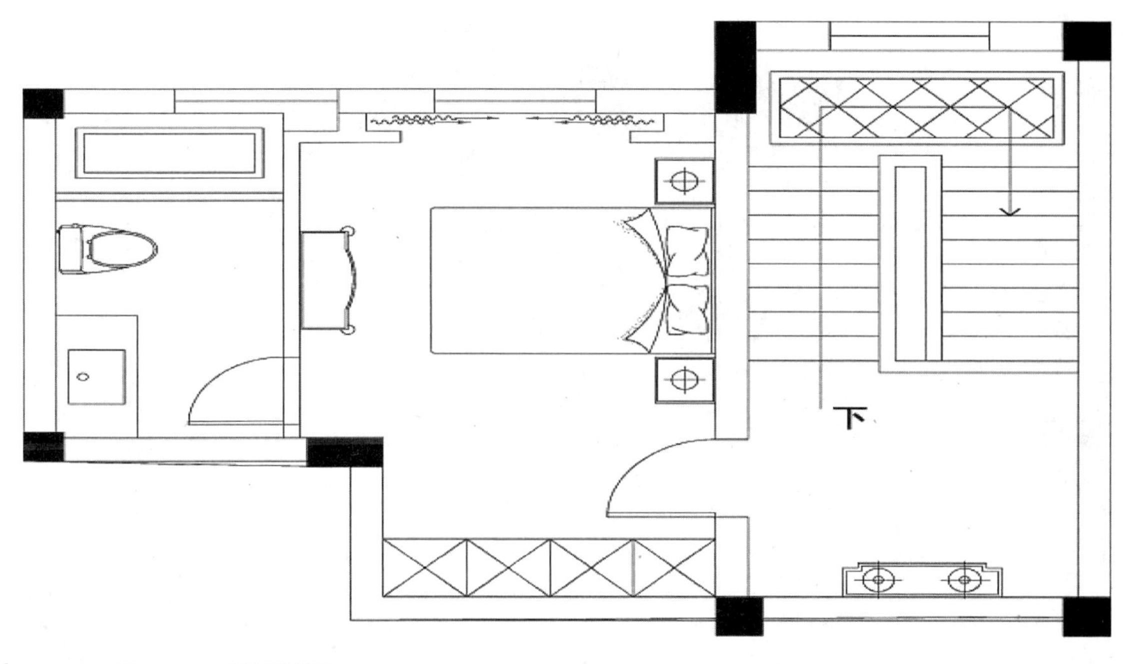

图 3—35 三层平面图

第三节 坡地别墅与坡地的形态组合

前面已经讲过“四要四不要”原则，主要点就是坡地别墅开发尽量保持坡地的原生态植被，最大限度地减少对坡地自然环境的人工破坏和改造。

在坡地别墅规划设计上，坡地别墅所有的建筑活动都要按照个体对应点地势、落差和自然景观来进行设计，坡地别墅成功设计的标准是：坡地别墅是否真正地融入周边的环境中。要先有环境，后有建筑的设计顺序。而不是先有建筑，后有环境设计顺序。另外，不能有过多的人工雕琢痕迹，要保持与整体环境的和谐自然统一。以下从坡地别墅四个出入口方位来分析其与坡地的形态组合。

（一） 坡地别墅主出入口方位与坡地的形态组合

1. 坡地别墅主入口在坡地别墅单体的东侧

当坡地别墅交通主要出入口在东侧时，一般坡地别墅单体处在西北高东南低坡势，半私人空间在东，主私人院落在东或在西或南。由外楼梯上一层平面。这时候，南立面为西部 2 层东部 3 层，西和北立面为 2 层，东立面为 3 层。但是，也可以是东北高西南低坡势，半私人空间在东，主私人院落则在西。可以从地下室至主私人院落，也可以从在东的半私人空间通过院落的踏步至主私人院落。这时候，南立面为东部 2 层西部 3 层，东和北立面为 2 层，西立面为 3 层。图 3—36 是该项目效果图、图 3—37 至 3—45 是该建筑平、立、剖图以及实景照片。图 3—46 至 3—53 是东低西高东入口户型的建筑平、立剖图。

图 3—36 效果图

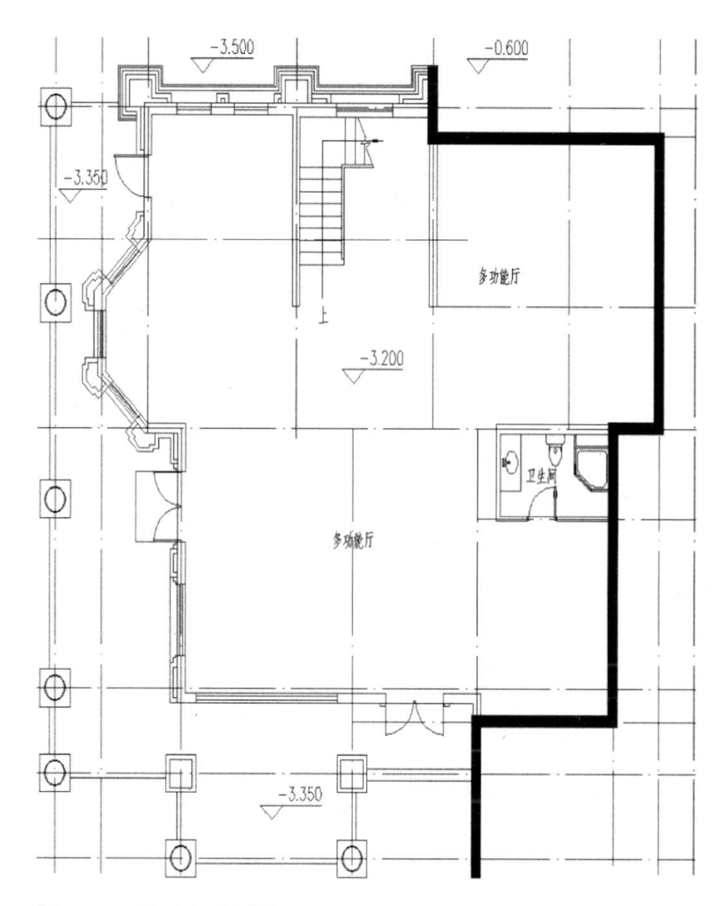

图 3—37 地下室平面图

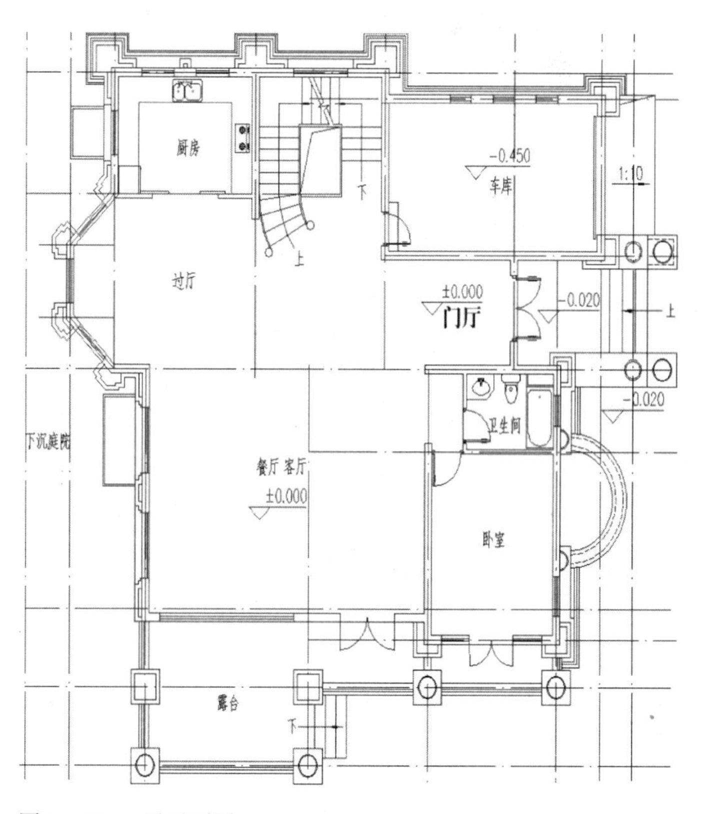

图 3—38 一层平面图

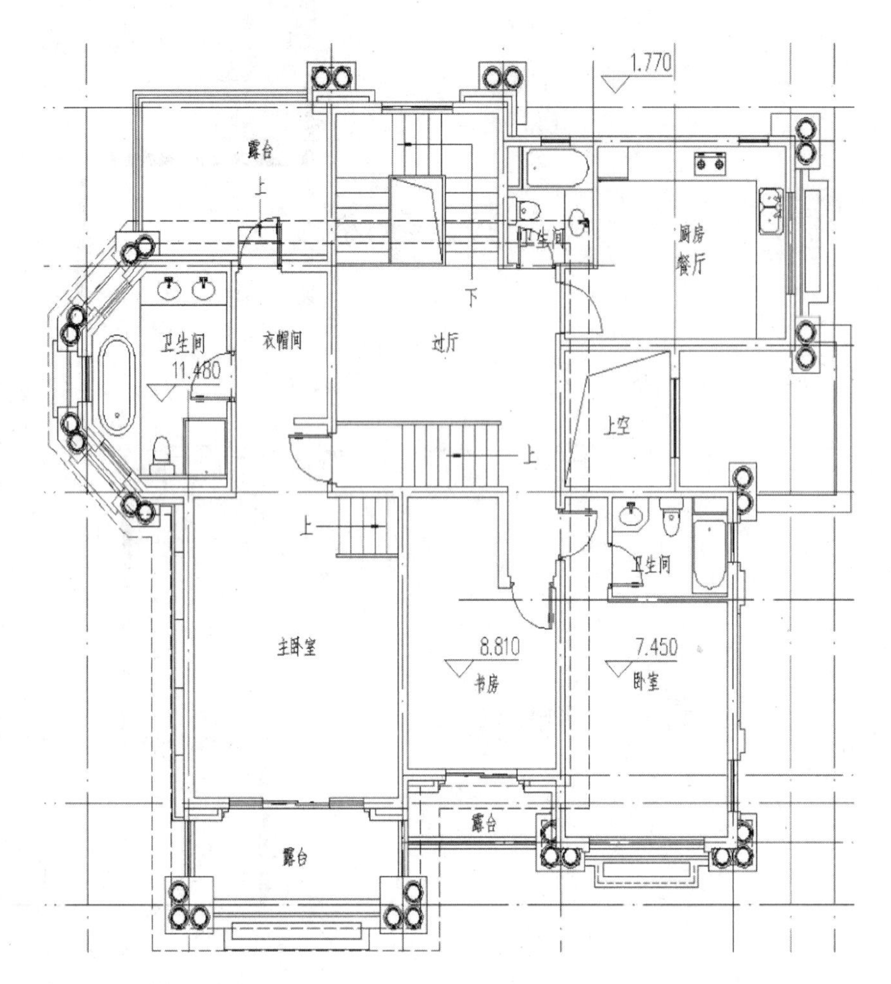

图 3—39 二层平面图

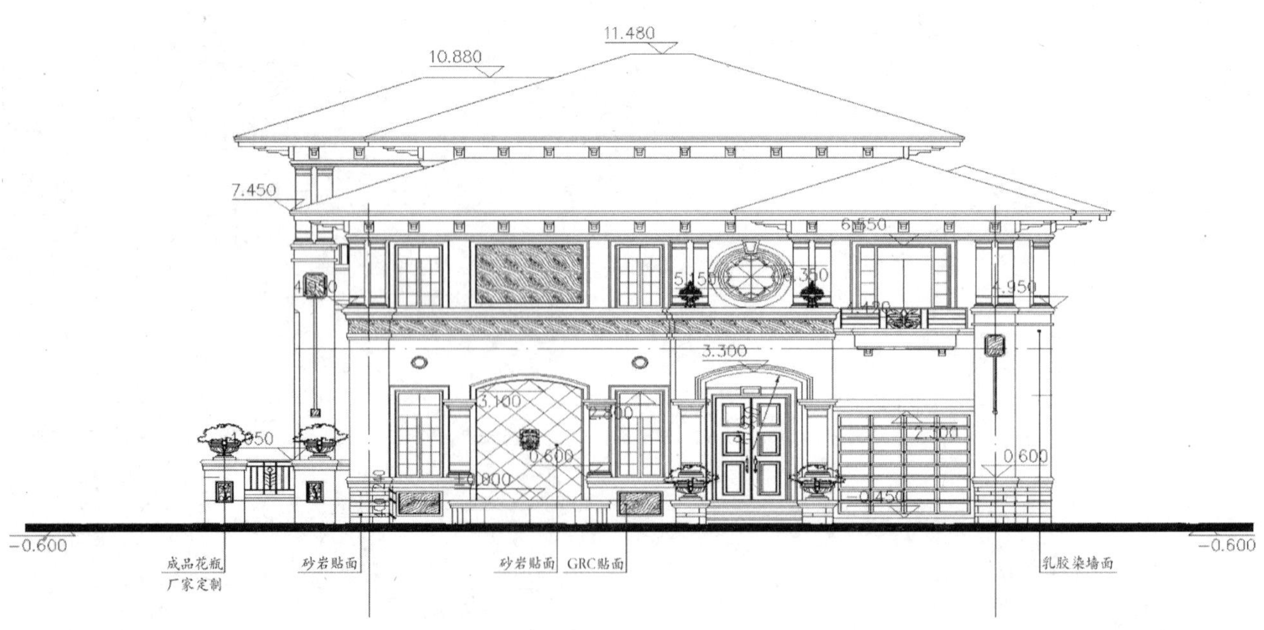

图 3—40 立面图

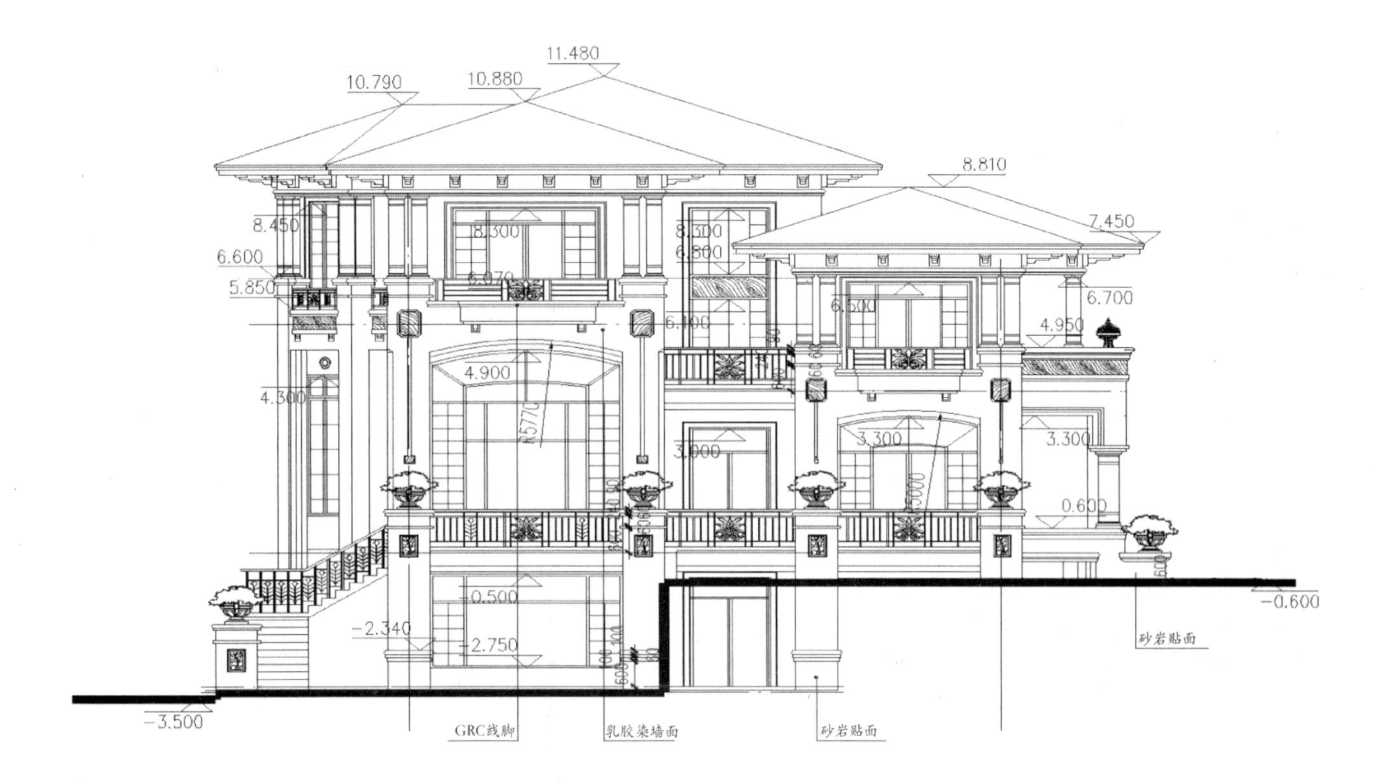

图 3—41 立面图

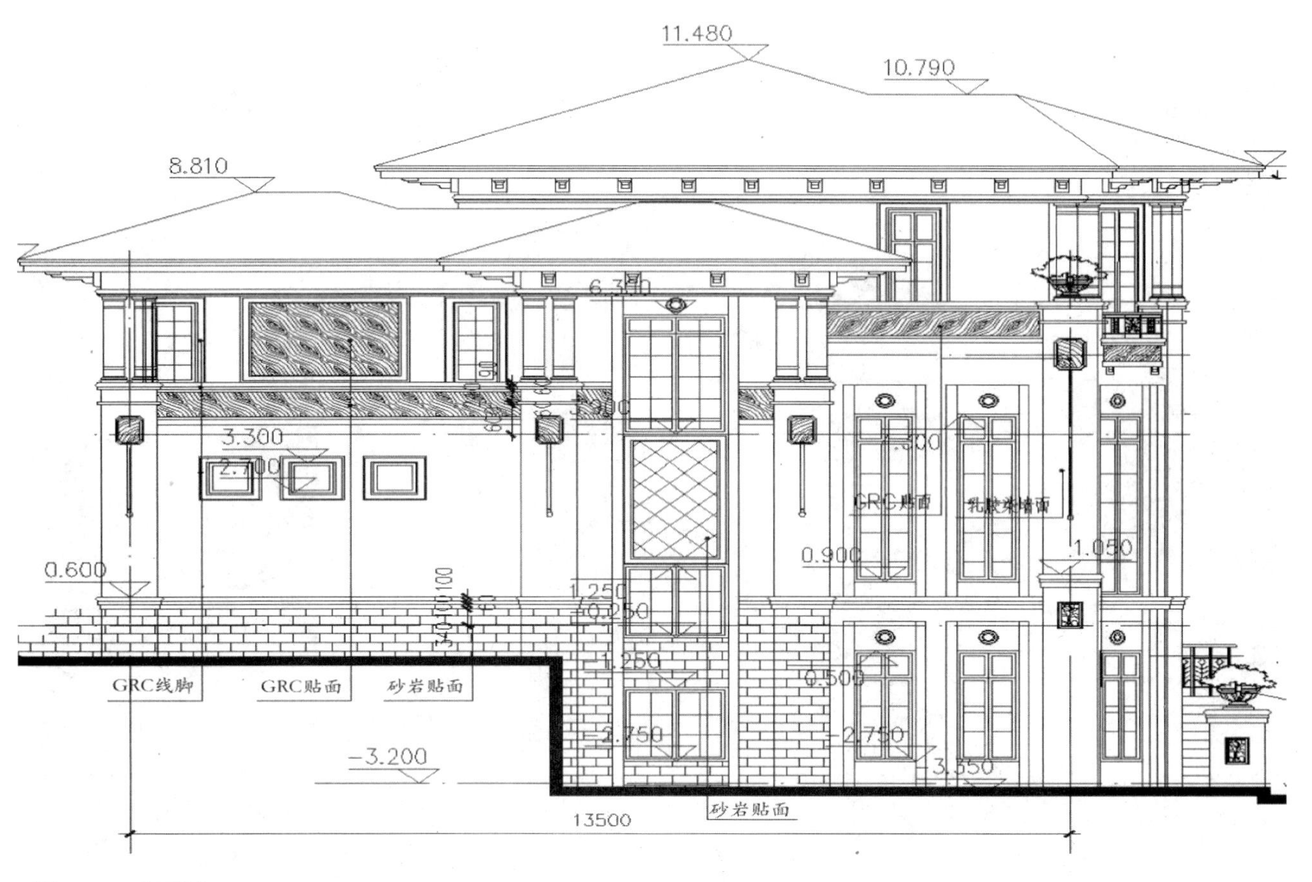

图 3—42 立面图

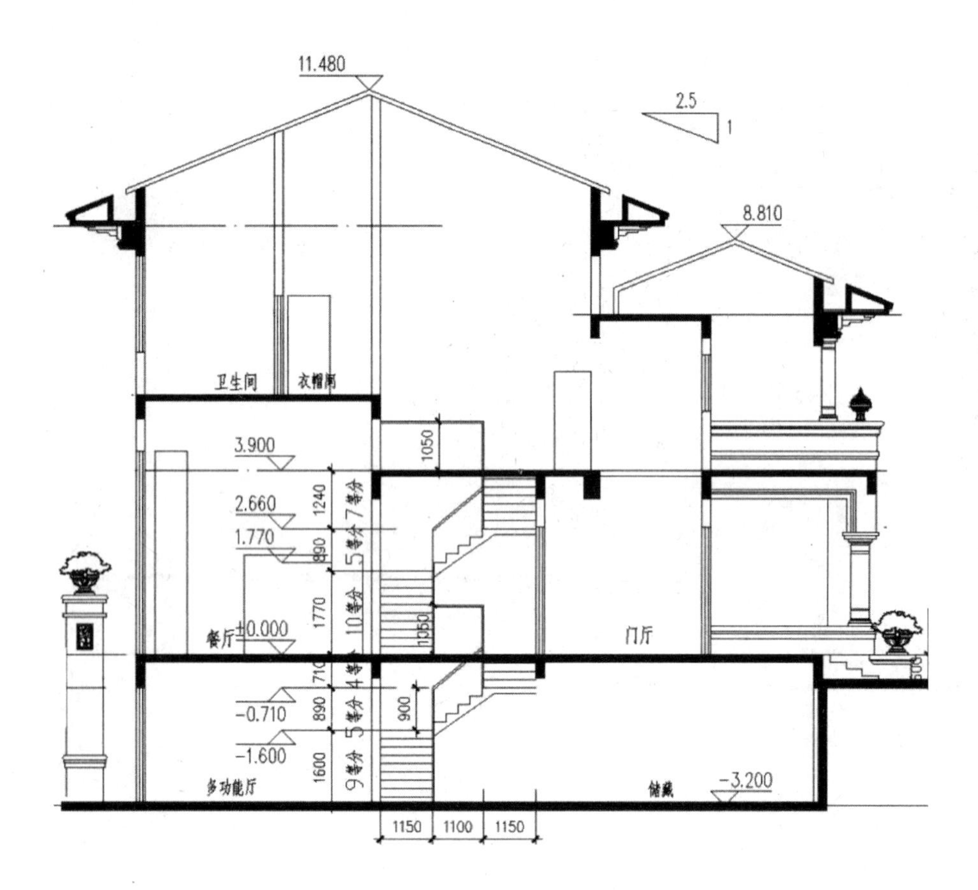

图 3—43 剖面图

图 3—44 东低西高户型东入口效果图

图 3—45 东低西高户型东入口照片

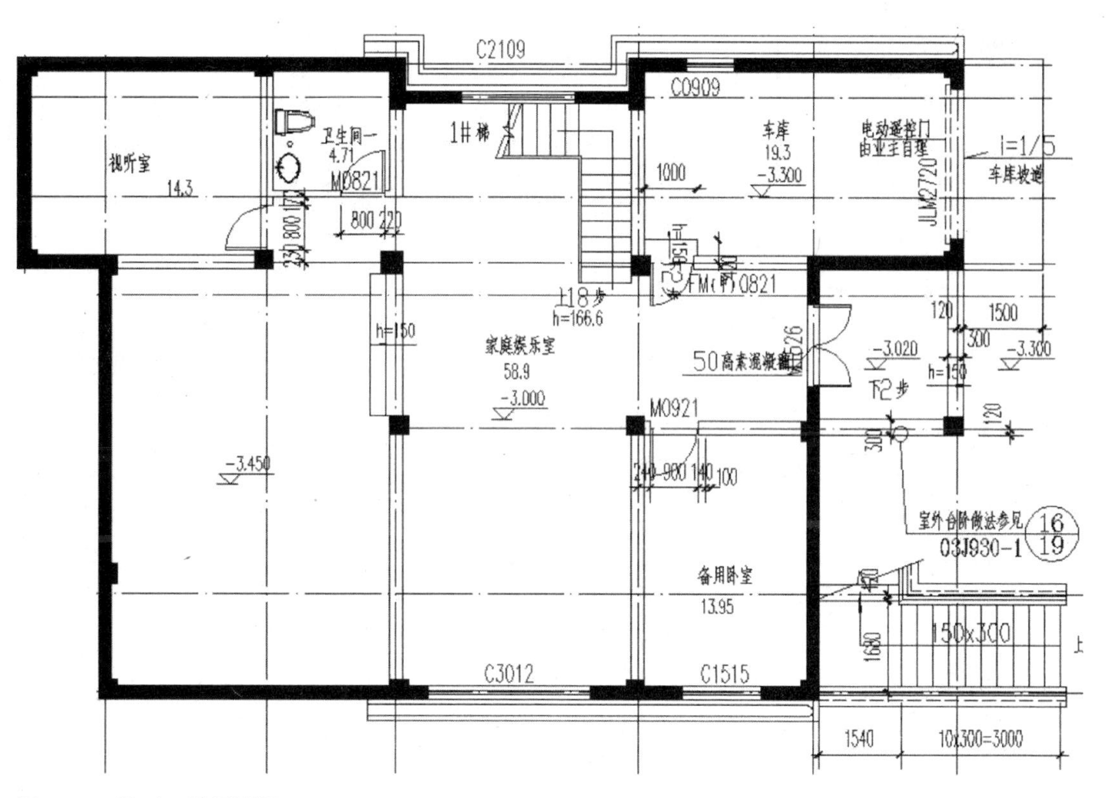

图 3—46 地下一层平面图

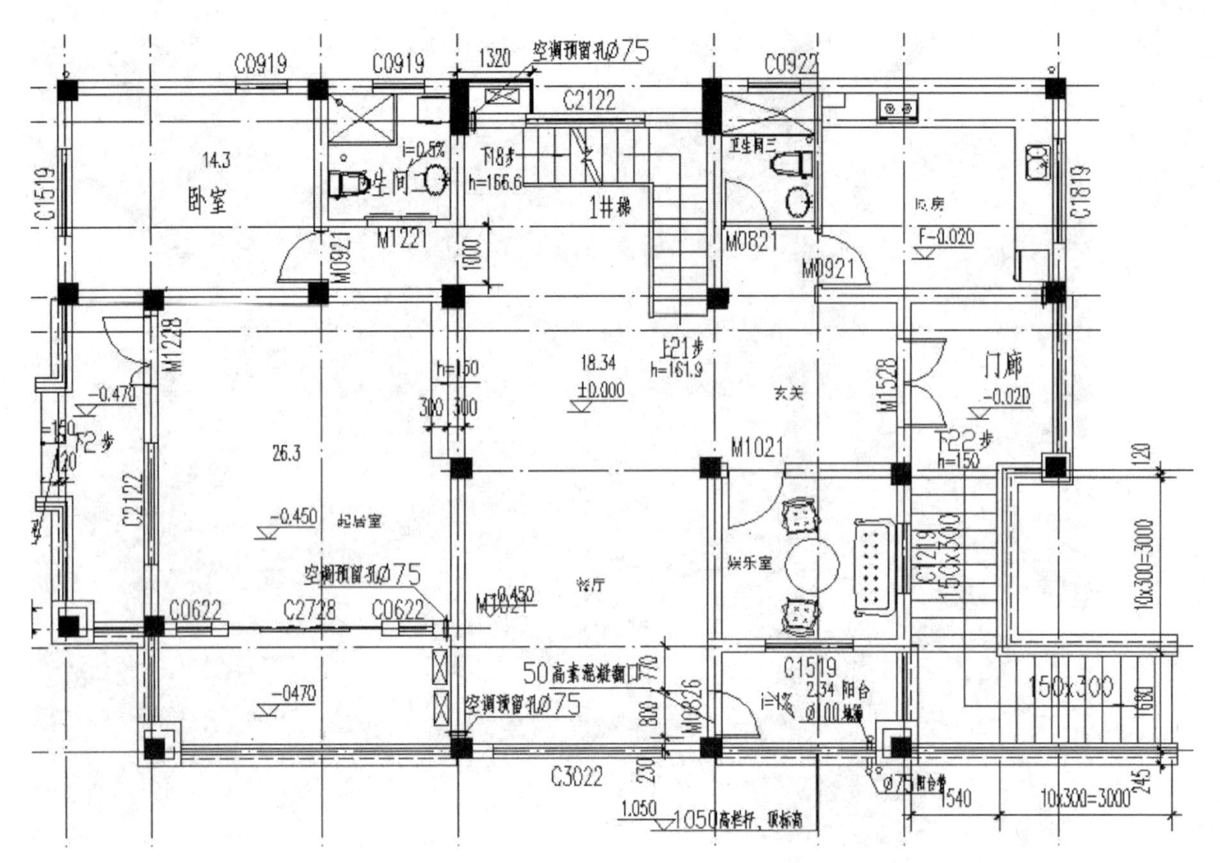

图 3—47 一层平面图

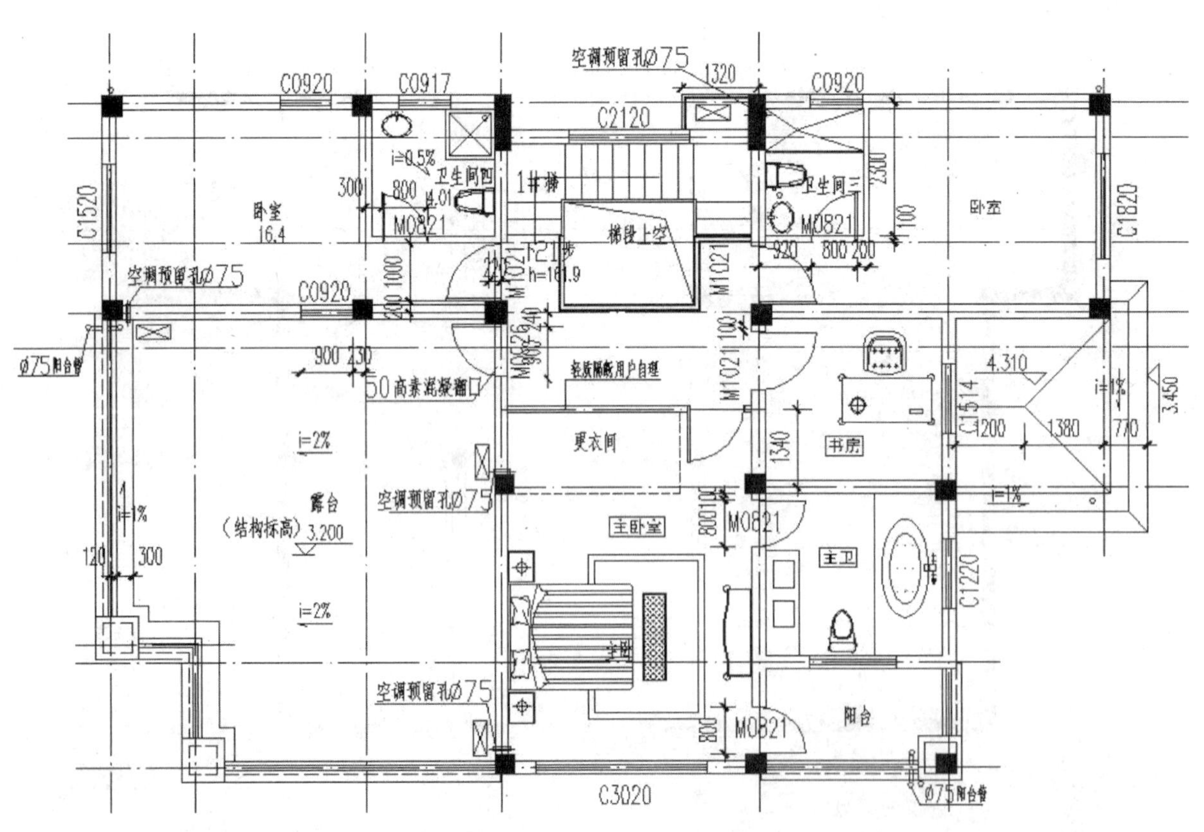

图 3—48 二层平面图

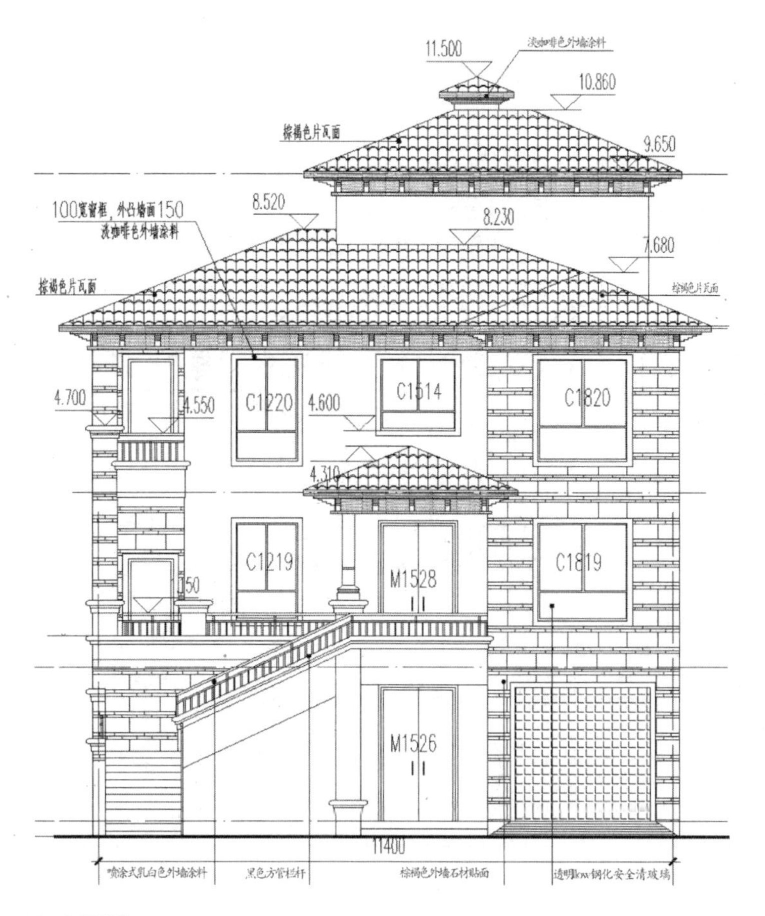

图 3—49 立面图

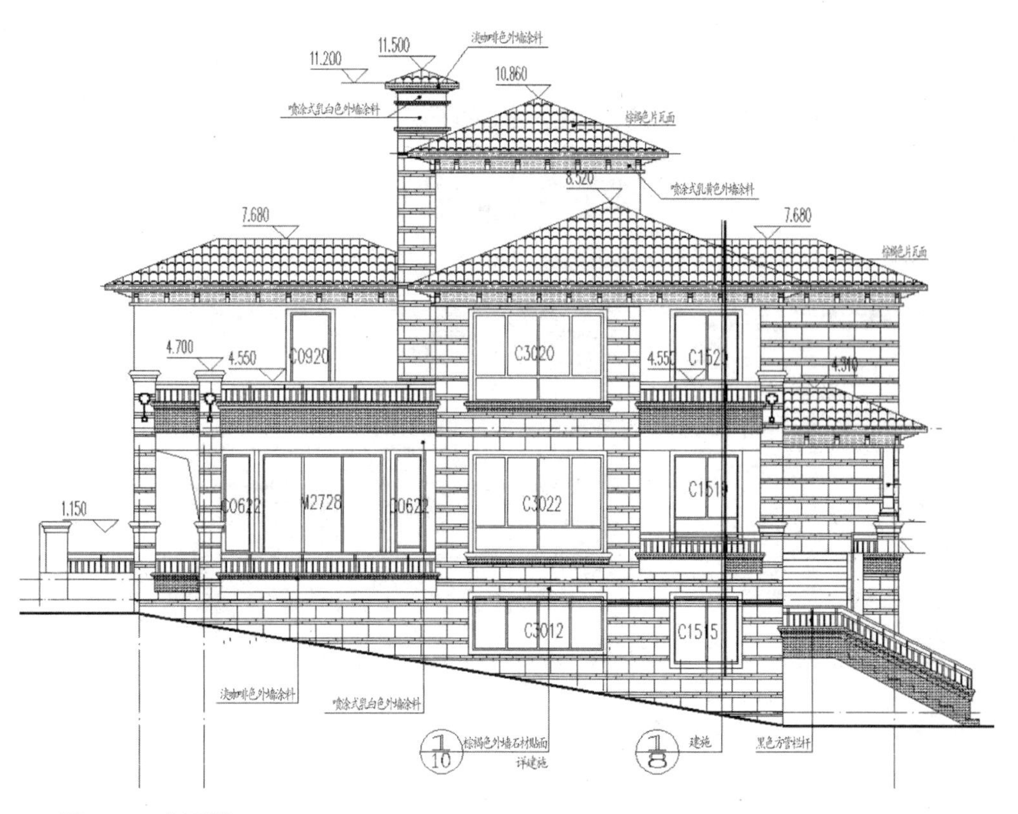

图 3—50 立面图

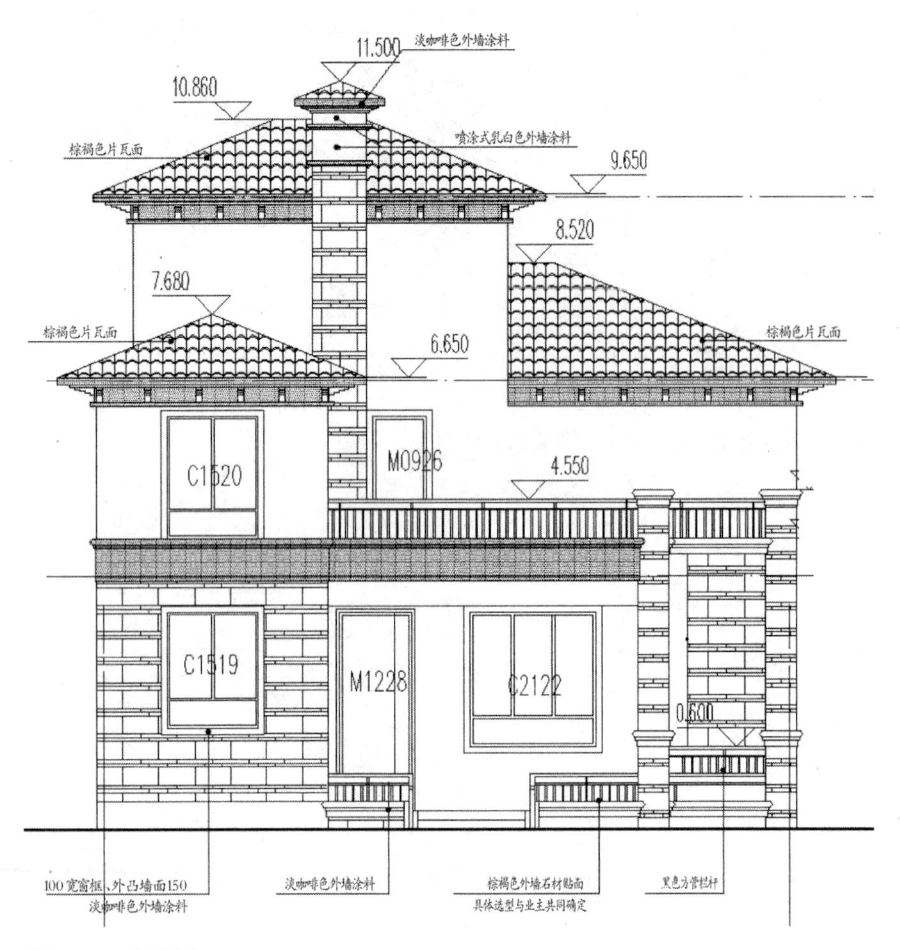

图 3—51 立面图

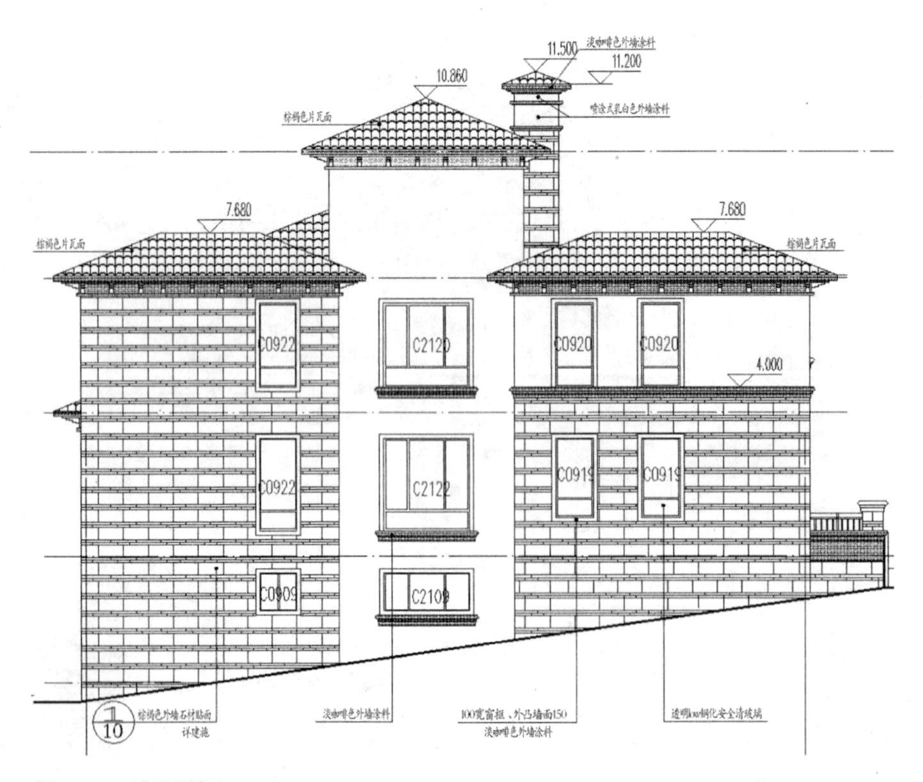

图 3—52 立面图

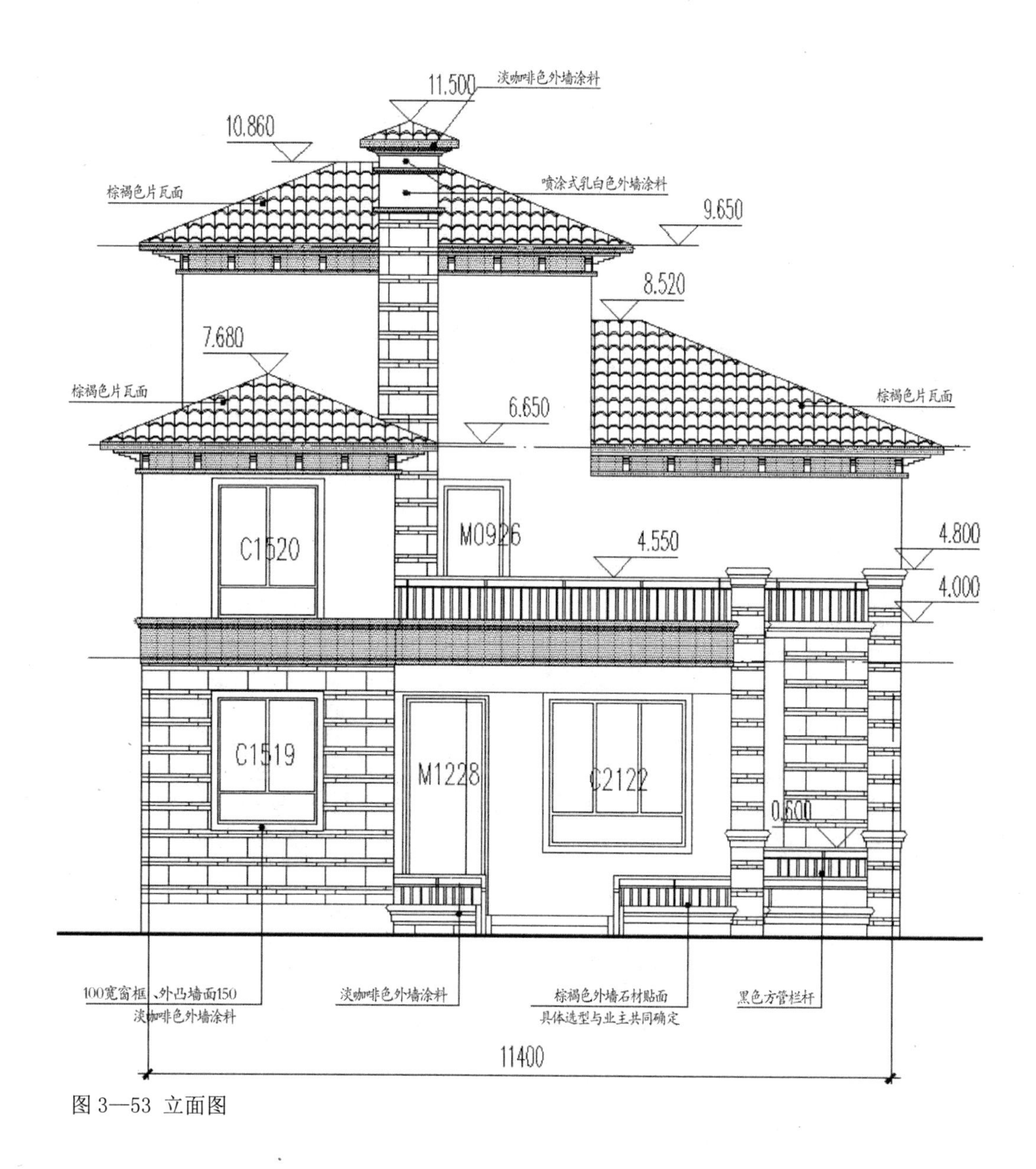

图 3—53 立面图

2. 交通入口在坡地别墅单体的南侧

当坡地别墅交通主要出入口在南侧时，一般坡地别墅单体位于北高南低坡势，半私人院落在南，主私人院落也在南。有外楼梯上一层平面。可以从一层平面至半私人院落，也可以从在南的主私人空间通过院落的踏步至半私人院落。这时候，南立面为 3 层，东和西立面为 2 层和 3 层的组合，北立面为 2 层（见图 3—54 至 3—56 建筑平立剖图）。当你驱车从南部进入你的建筑时，你会把车停在车库或者私家花园，你会享受走入私家花园的美好。而通过花园室外楼梯上到一层时，你又会眺望到花园，这又是一种非常奇妙的建筑空间享受。这其实是坡地别墅独特的本质，也是很好的尊重坡地别墅的原生态设计。这是一个空间转换的空间游戏，也是坡地空间设计的尽情发挥机会。图 3—54 至 3—56 为建筑平面和剖图。

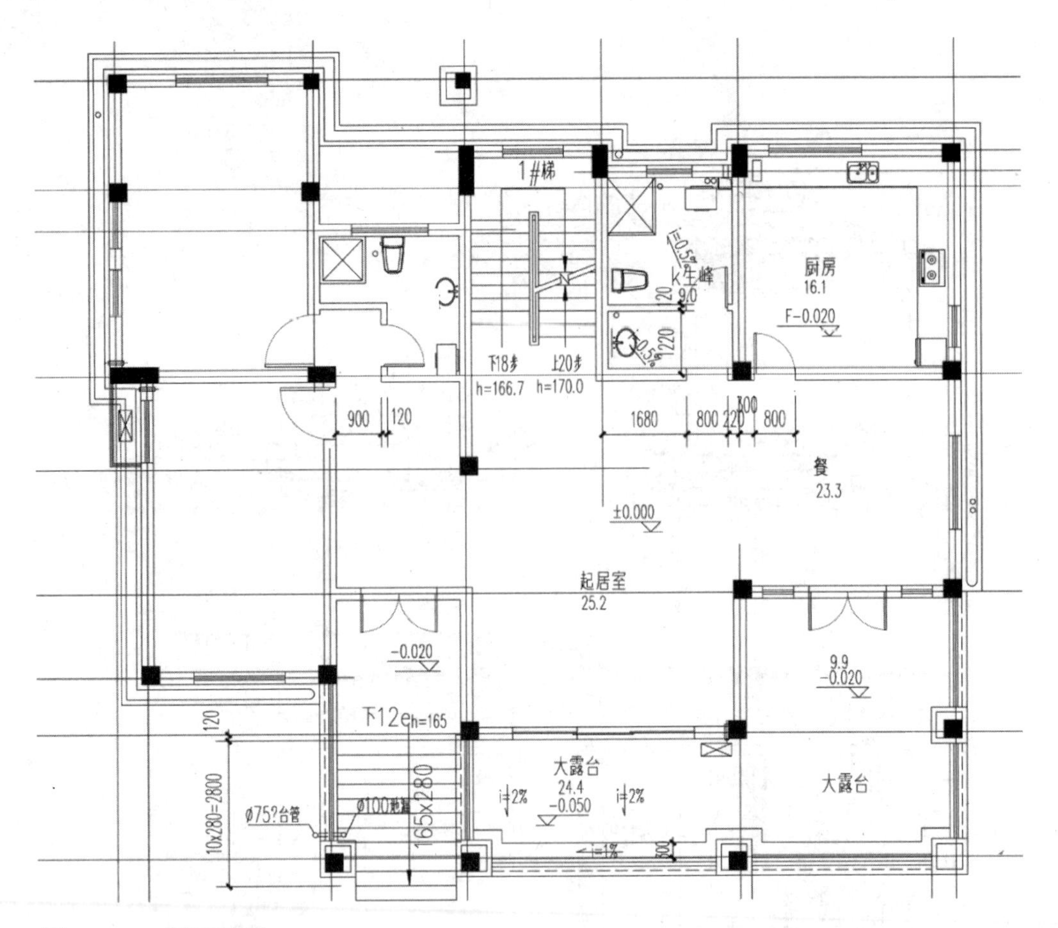

图 3—54 一层平面图

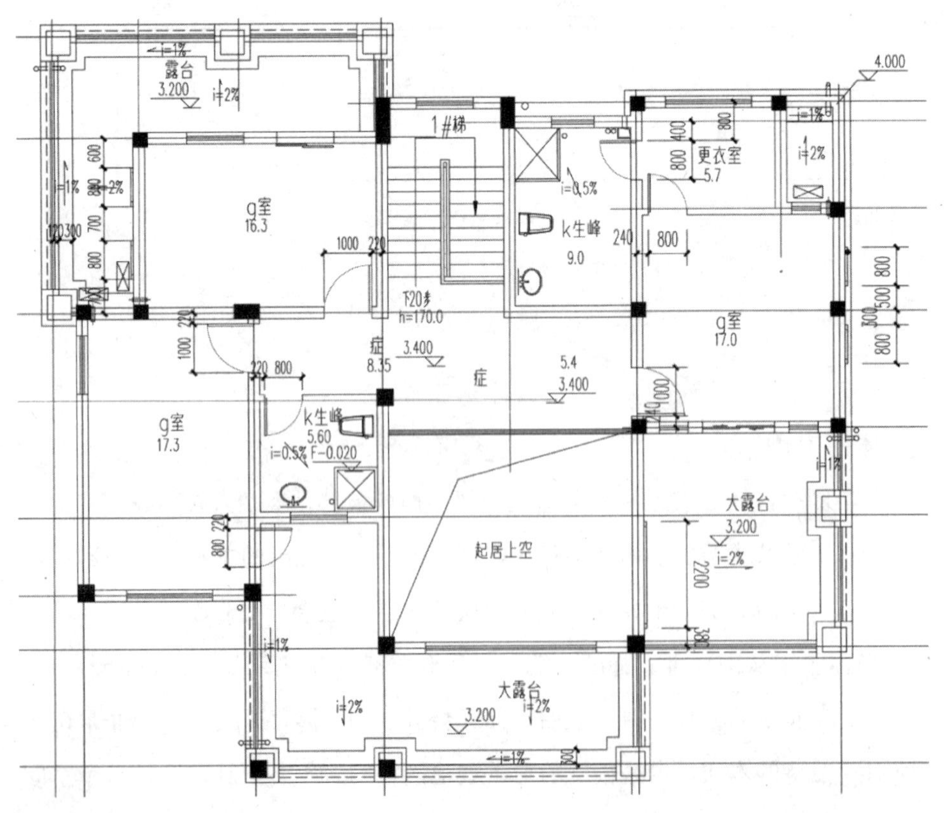

图 3—55 二层平面图

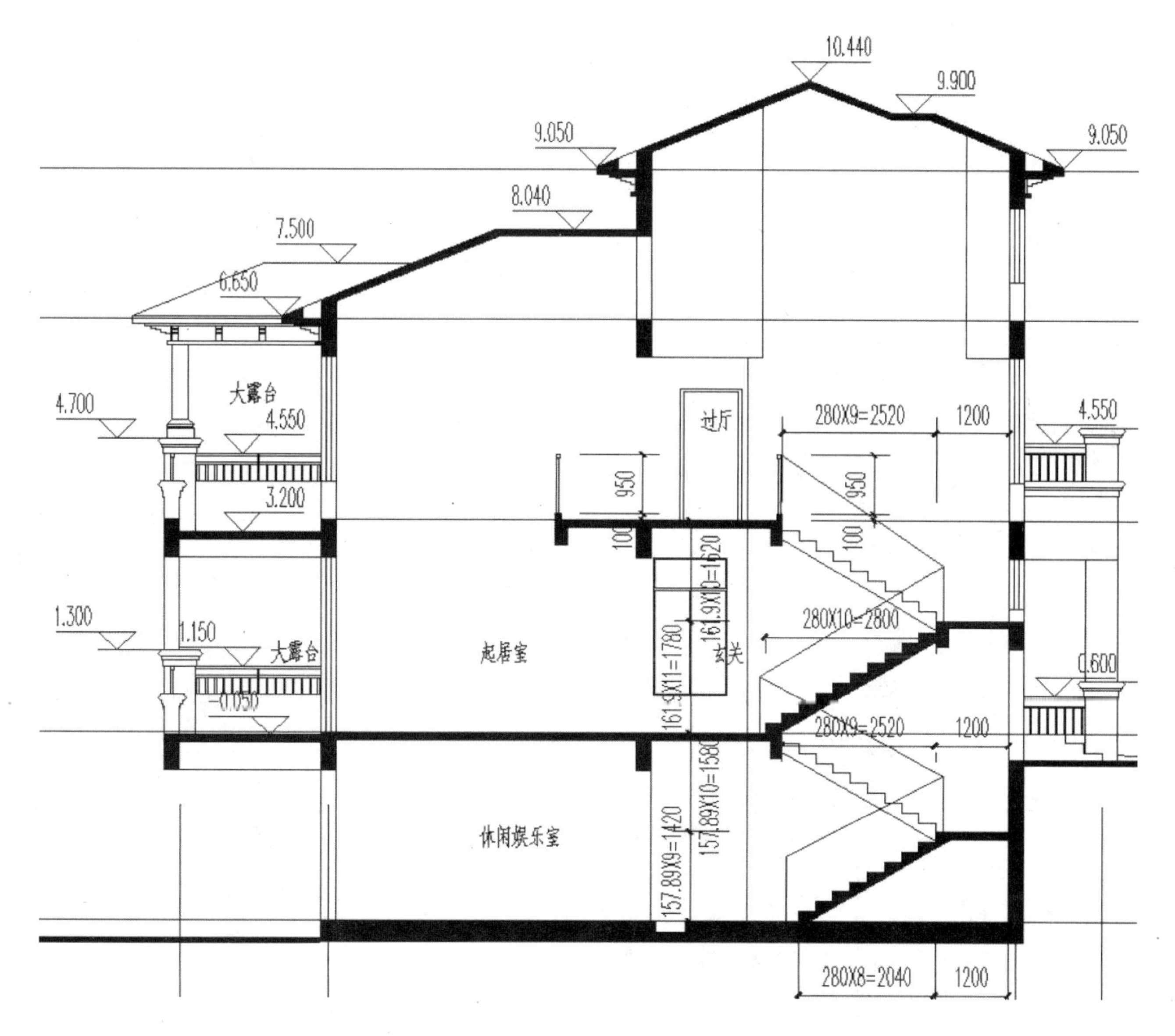

图 3—56 剖面图

3. 交通入口在坡地别墅单体的西侧

当坡地别墅交通主要出入口在西侧时，一般坡地别墅单体位于西北高东南低坡势，半私人空间在西，主私人院落在东或在西。可以从地下室至主私人院落，也可以从在西的半私人空间通过院落的踏步至主私人院落。这时候，南立面为西部分 2 层，东部分 3 层，西和北立面为 2 层，东立面为 3 层（图 3—57 至 3—59）。

但是，也可以位于东北高西南低坡势，半私人空间在西，主私人院落则在西或东。西侧有外楼梯上一层平面。可以从一层平面至主私人院落，也可以从在西的半私人空间通过院落的踏步上至主私人院落。这时候，南立面为东部分 2 层西部分 3 层，东和北立面为 2 层，西立面为 3 层。图 3—57 至 3—59 为西高东低建筑平剖图。

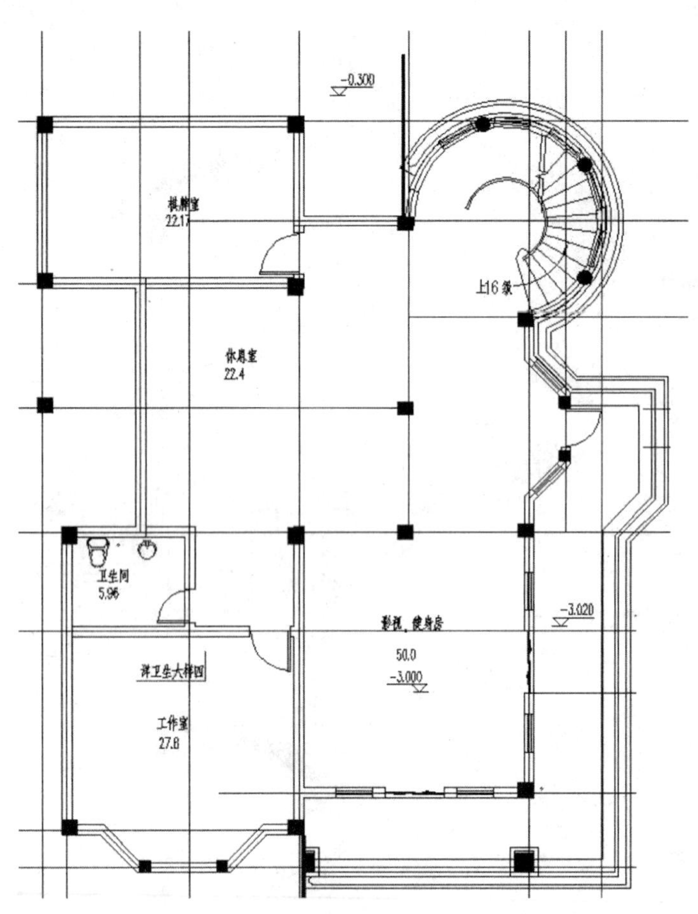

图 3—57 地下一层平面图

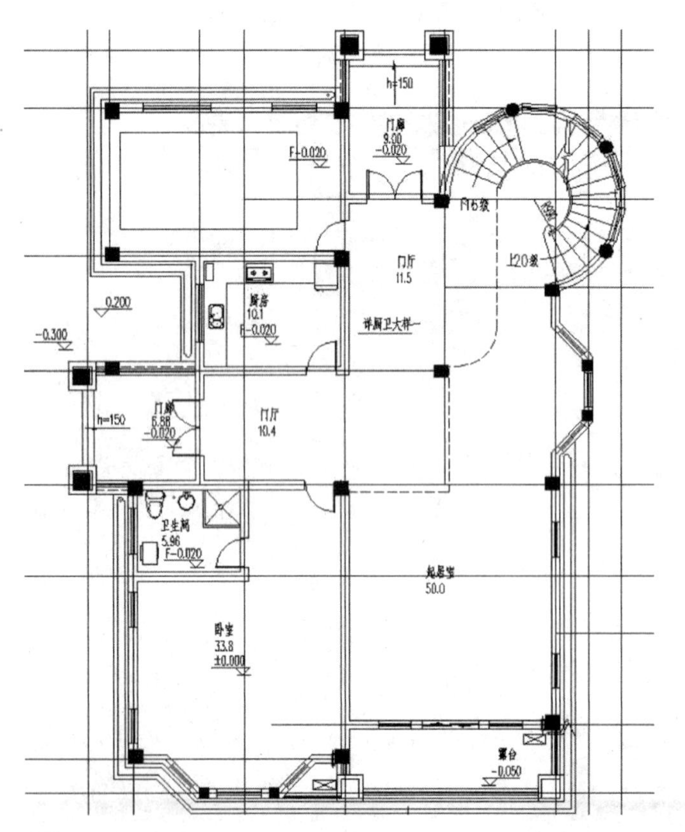

图 3—58 一层平面图

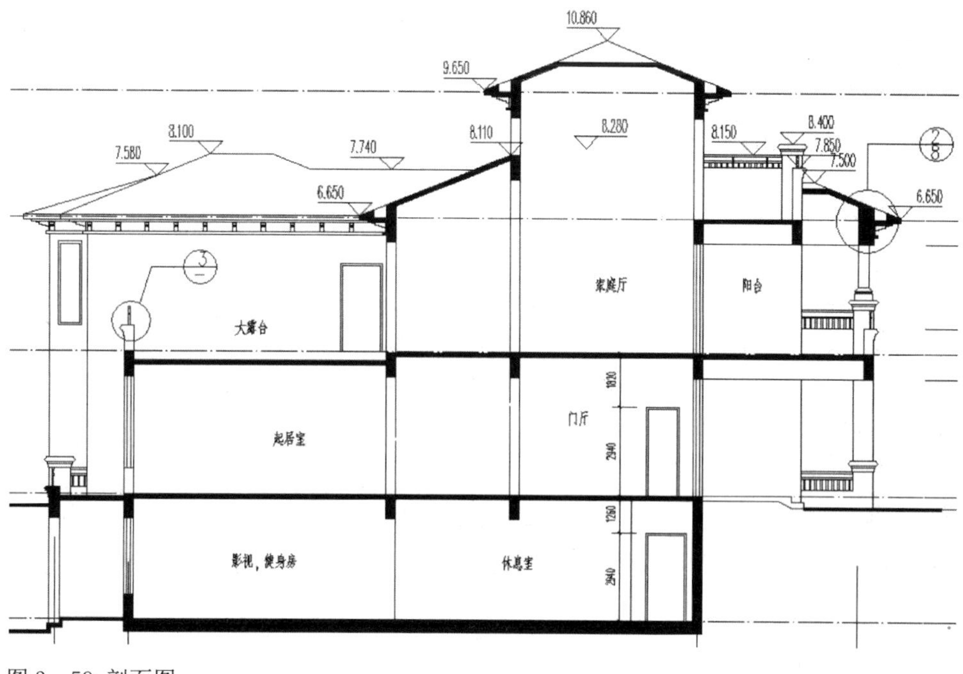

图 3—59 剖面图

4. 交通入口在坡地别墅单体的北侧

当坡地别墅交通出入口在北侧时，一般坡地别墅单体位于北高南低坡势，半私人空间在北，主私人院落在南或在东南。可以从地下室至主私人院落，也可以从在北的半私人空间通过院落的踏部至主私人院落。这时候，南立面为 3 层，东和西立面为 2 层和 3 层的组合，北立面为 2 层（图 3—60 至 3—68 是该建筑的效果图和建筑平立剖图）。

图 3—60 交通入口在坡地别墅单体的北侧效果图

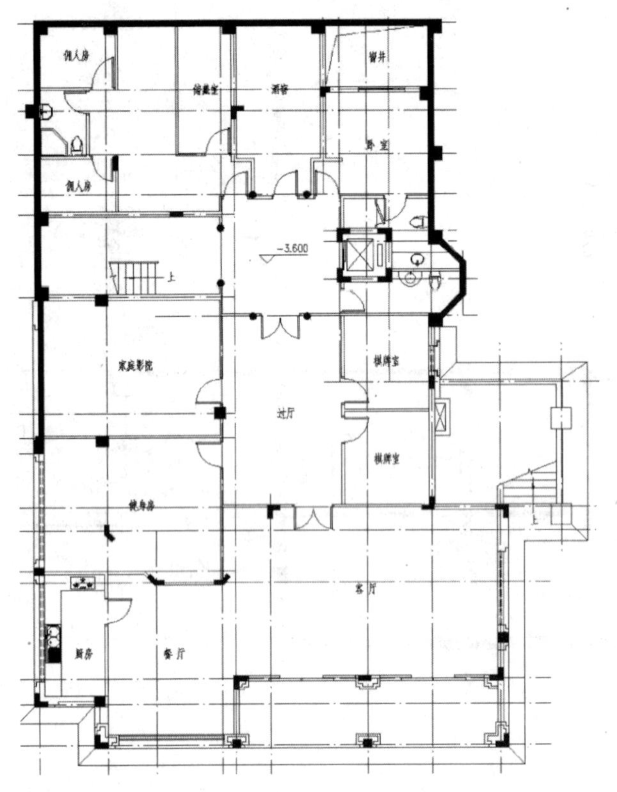

图 3—61 地下一层平面图

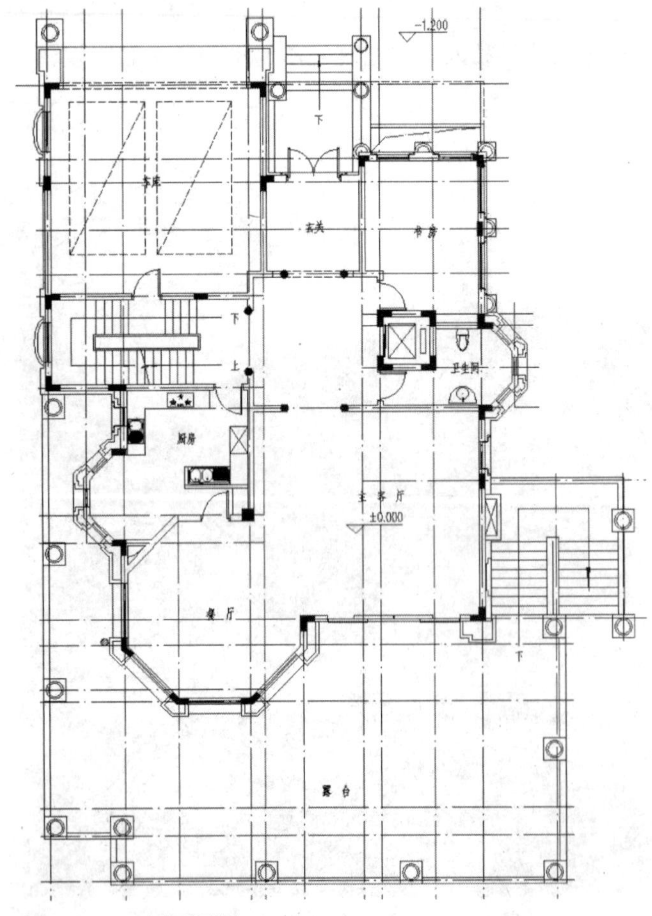

图 3—62 一层平面图

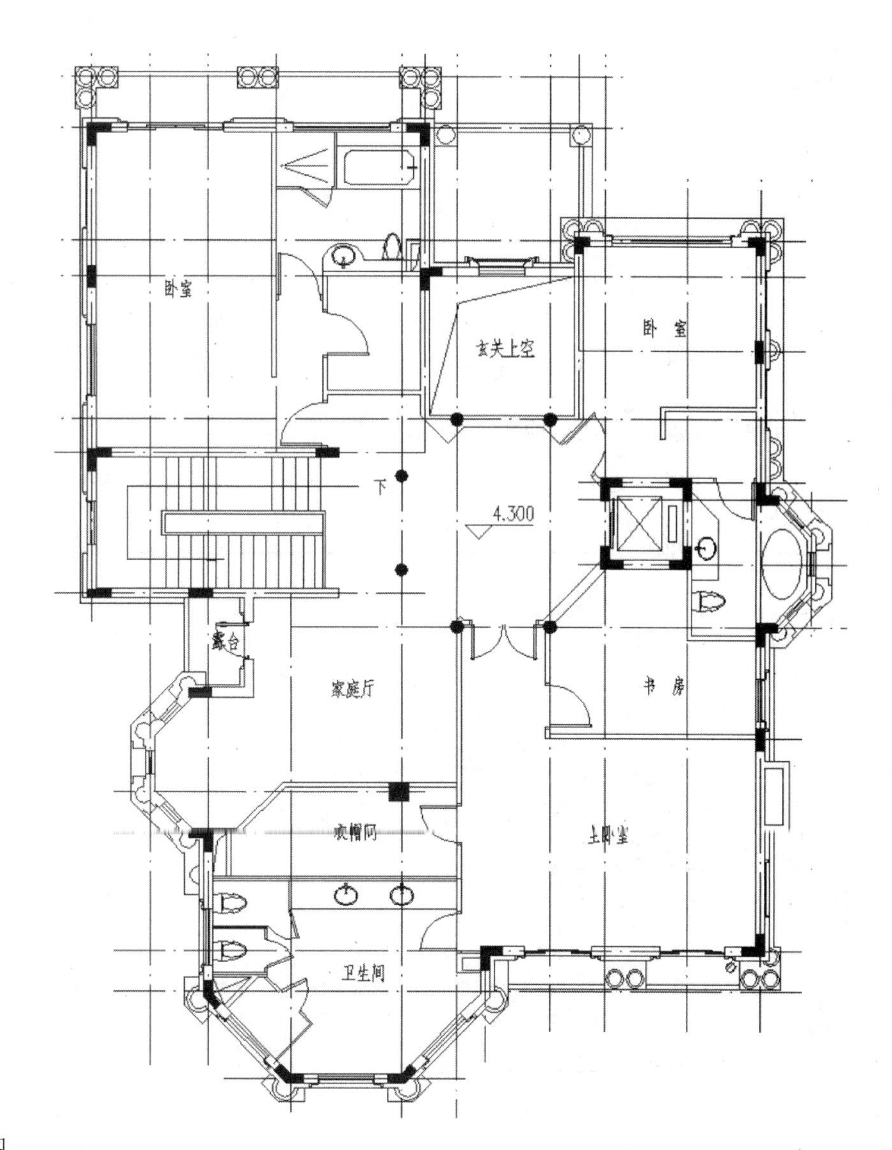

图 3—63 二层平面图

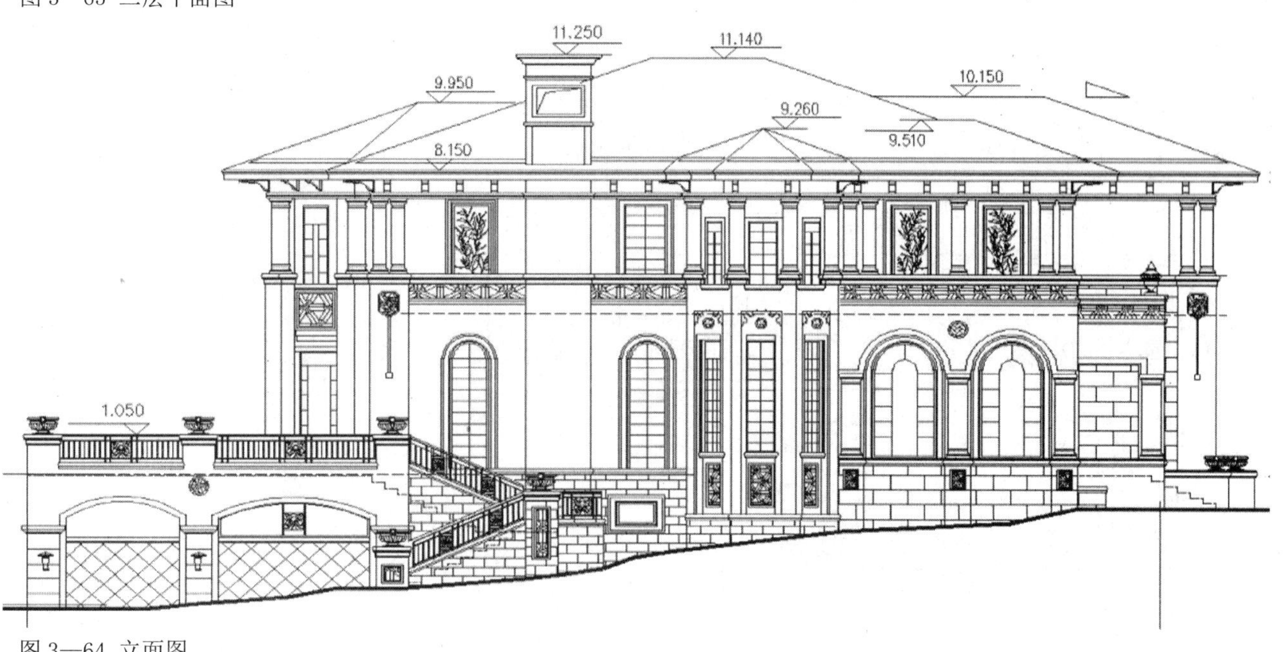

图 3—64 立面图

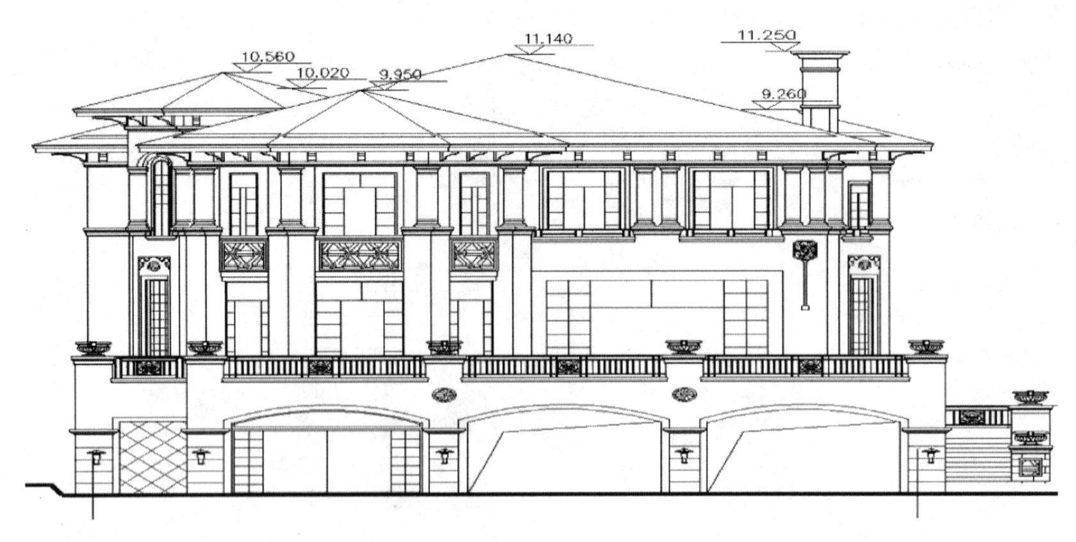

图 3—65 立面图

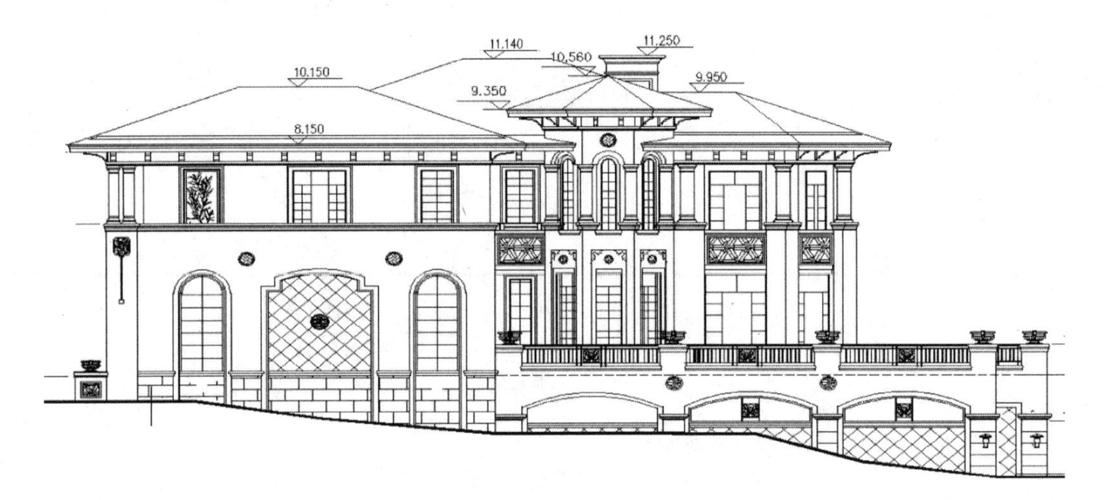

图 3—66 立面图

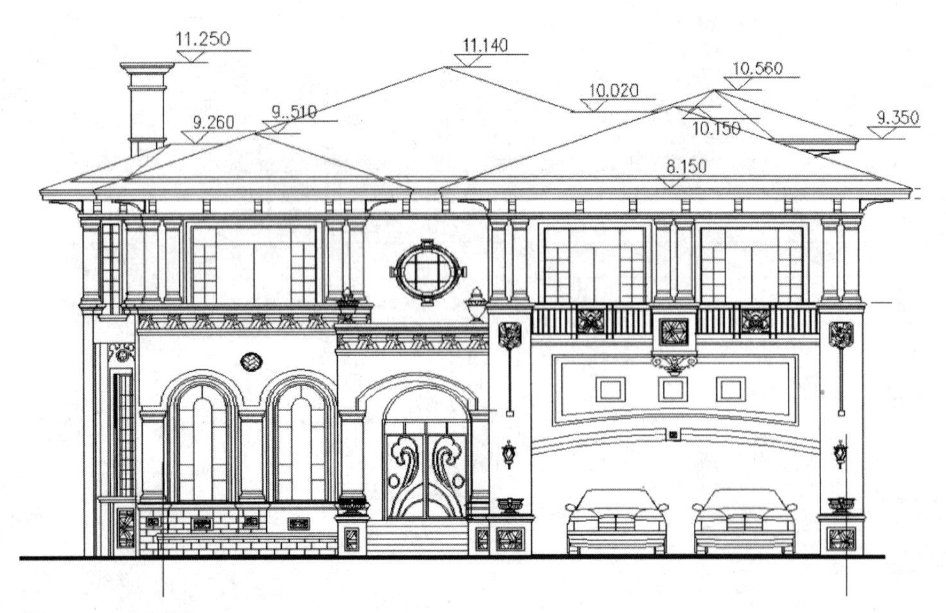

图 3—67 立面图

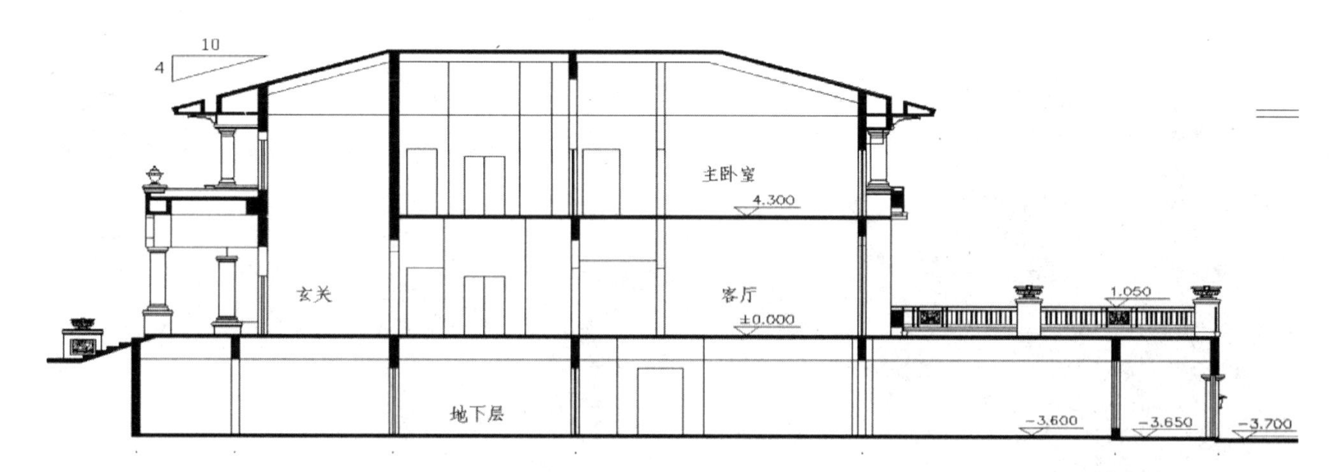

图 3—68 剖面图

当你驱车从北入口进入你的建筑时，你的南侧的花园是和你的地下室相连的，这样你在一楼或二楼的平台，可以欣赏你的私家花园的景色，在地下室和花园的相通之处，你可以尽情享受你的私家花园的私密性，这是一个非常美妙的山地空间应用。下图 3—69 为典型坡地别墅的手绘草图。图 3—70 和 3—71 为这一类坡地别墅建设过程中的照片。

图 3—69 典型坡地别墅草图

图 3—70 建设中的坡地别墅

图 3—71 即将建成的坡地别墅

图 3—72 坡地别墅单体北侧效果图

图 3—73 该坡地别墅南侧照片（从院外看）

图 3—74 该坡地别墅单体南侧照片（从院内看）

（二）　坡地别墅基础形式与坡地的形态组合

1. 基础与地下室相结合

顾名思义，就是这样的基础形式既可以作为与地面的地基稳定结构处理，又可以作为别墅的地下室来用（图 3—75 为基础与地下室相结合）。例如，对于建造在需要夯土的地基上的建筑，结构上往往采用地下室与基础相结合的方式进行整体设计，这样，既节约基础处理费用，又利用上部建筑的整体沉降。又例如，对于建造在岩石、斜坡上的别墅，并且岩石离斜坡岩石表层比较浅的话，则需先用炸药炸出一个“L”型的半洞穴，这样，将基础做整体处理，既是处理半洞穴的结构基础，又是坡地别墅的地下室。

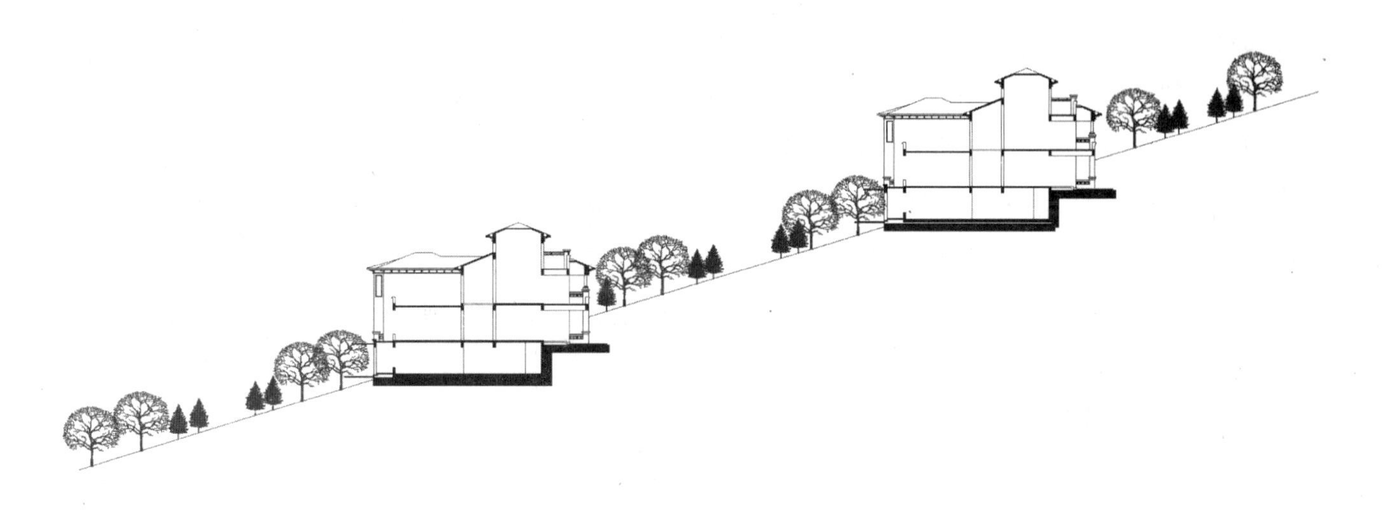

图 3—75 基础与地下室相结合

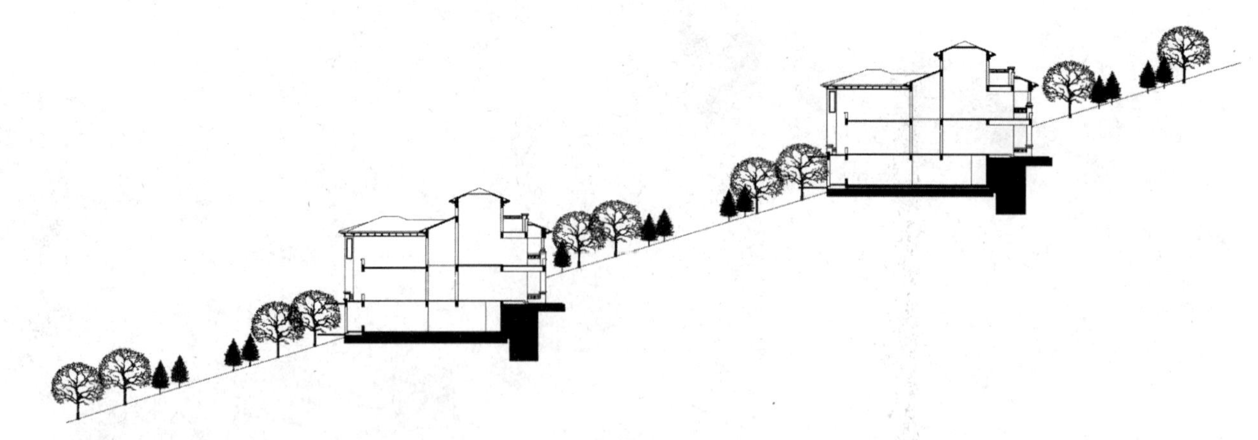

图 3—76 基础与挡土墙相结合

2. 基础与挡土墙相结合

对于大部分坡地别墅而言，这是最常见的一种，有的是挡土墙和地下室相结合做整体设计，有的是基础与一层二层相结合进行整体设计，目的是从坡地别墅的结构、地质和水文等方面综合考虑（图 3—76 为基础与挡土墙相结合）。

挡土墙的产生，源于坡地坡面结构稳定的需要。但是，在坡地别墅的形成过程中，它的作用已得到了很大的拓展。人们在频繁运用挡土墙的时候，常常既利用了其结构上的功能，又获得了其他收效。

出于结构安全的考虑，当设置挡土墙后，别墅的间距可以减小，别墅可以直接通过挡土墙建在坡顶上，挡土墙还可以组织到别墅内部的空间中，一般是地下室或一层，这样有利于节省土地的利用。

出于美观考虑，在坡地别墅环境中，如果出现过高的挡土墙是不美观的，但又不能不做，如果将其有效结合到坡地别墅的基础设计中去，那将是一举两得的好事。

另外，挡土墙具有围合空间和限定空间的能力和作用。特别对于室外空间，巧妙地利用能使环境自然且丰富。青岛辛家庄三小区，利用分层挡土墙构成路堑，组织花坛，有效地分隔道路与建筑的高差，获得良好的环境。

在别墅设计中，挡土墙既能作为空间的分隔和界定，又能直接参与别墅形象的组织，使别墅与环境协调。无锡新疆石油工人太湖疗养院的疗养食堂，在这个方面做了有效的尝试。食堂位于高差达 8 米的基地上，设计成 3 个层面，用挡土墙分隔高差空间，使布局紧凑，为了保护体态优美的几棵杨梅树，将建筑主入口埋设到处于 2 层标高的平台上，用挡土墙组织成高低错落的阶台，与自由的踏步结合，丰富了入口的空间处理；在建筑造型上，挡土墙作为立面处理的组成部分，高低空插，使建筑成为自然环境的延续；挡土墙的石材就地取材，是黄褐色的石英砂岩，在江南民居白墙灰瓦的素雅基调中增添了活跃气氛。

3. 基础与交通核心支点相结合

对于局部复杂坡地，宜采用交通核心与别墅基础相结合方式，这种是比较特殊的情况，或是地形的特殊，或是此处环境的特殊，要求别墅的交通核心与其基础相结合（图 3—77 为基础与交通核心相结合）。架空型接地方式的基本模式是建筑以支柱（核心筒）落地，建筑层面架于支柱之上。中国传统的干栏式民是这种形式的典型例子。在现代建筑中，由于框架式结构体系的盛行，架空型建筑的形成变得更加方便和自然，它能适应各种功能空间的划分需要，自由地完成建筑形体，可生存于各种坡度的自然地形中。如美国加利福尼亚州的某集合住宅，位于坡度为 65%的山坡基地上，其形体为逐层退后的台阶状；而前苏联的阿尔捷克度假中心的疗养楼，架空于坡度为 12%的基地上，其形体舒展、整体。

以上所说的以交通核作为支柱的架空型基本模式是我们在山地建筑中常见的，但就坡地别墅而言，这种情况并不多见，只是在特殊的环境和特殊的需要方面才会出现。

当然，还有另外一种极端的手法，即不用交通核为支点，而专门做一下支柱，如我国传统的“吊脚楼”民居，它形象地表现了建筑局部以支柱架空的形体特征。由于吊脚型的山地建筑一小部分直接（或不）与山体地表发生接触，大部分与山体地表脱开，能很好地适应地形，因此，在中国传统山地建筑中，吊脚形态的应用极为广泛，其中，尤以我国四川、贵州等西南地区的民居为典型。

采用吊脚接地方式的建筑，平面布局可以不受地形限制，变化比较自由，且能使建筑与山地自然环境相互穿插，更加融洽。如柯布西耶设计的拉土雷特修道院，其面向山坡的一侧底层架空，形成吊脚，让自然地形渗入建筑内院，使建筑与环境和谐相处；前苏联的阿尔捷克度假村中的滨海疗养楼，建筑在临海滨的一侧利用地形高差形成吊脚，可以充分地感觉海水涨落时建筑与水面的不同接近程度，取得与环境的融洽。

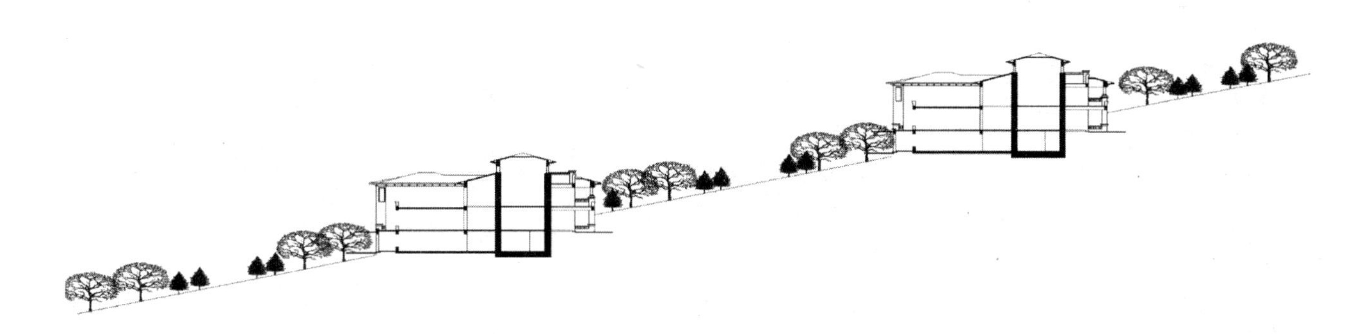

图 3—77 基础与交通核心相结合

一般情况下，吊脚型建筑都处在单坡山位上。当地形复杂，处于山顶或其他起伏不平的山位时，吊脚型建筑会出现变异的形式，吊脚可能在建筑的两侧，也可能在建筑的中间，例如日本宫城县图书馆，横跨在两个山脊和一个山谷上，在山谷处运用吊脚列柱，布置开敞的、与自然山地融合的广场，提供阅览者休息。

香港大潭国际学校，位于港岛南侧，基地处在面海的山坡上，怀抱在一片丛林中。学校建筑的边缘布置柱子，形成四周吊脚的特征，使自然地形向建筑渗透。结合列柱设置开敞的楼梯和敞廊，让人们更多地享受山林海景，以达到人与自然的交融。

这两种支点形式带来与森林的完全结合，如第一章所述的“魔方块”、“鸟巢”、“飞碟”等宾馆客房或餐厅。

例 1. 新西兰树上餐厅建在一棵坚固的松树上（这也可以是一颗仿生树），距离地面 40 米高，外型看起来就像一只蚕茧的外壳。坐在这间木质的饭店小屋中，放眼望去会看见辽阔的草坪和流淌的小河，太阳光会恰到好处地直射进小屋里，暖暖地照在身上，这是何等的惬意（见图 3—78 至 3—79）。

图 3—78 蚕茧餐厅外形实景

图 3—79 蚕茧餐厅内部餐桌

图 3—80 树屋酒店客房外形实景

图 3—81 树屋酒店客房内部实景

例 2. 在瑞典北方树林的深处，在接近云端的树梢上，有这样一间房子，它缘起一份友谊，经过天才设计、魔法练就，它完美而纯净。它就是世界上独一无二的树屋酒店（见图 3—80、图 3—81）。

例 3. “鸟巢”客房，形如其名，唯一能将它与树林中真正的鸟巢区分开来的是它的体积。客房的窗户隐藏在树丫间，很难被发现。进入到房间里面，你会发现这是一间拥有现代设计感的标准客房。鸟巢设有 4 张睡床，完全可以容纳一个家庭入住，卧室与房间的其它区域由推拉门分隔开（见图 3—82）。

例 4. “镜魔方”客房采用了轻质铝合金结构，这是一个边长为 4 米的正方体，外墙全部贴上镜面，映射着四周的景物，使树屋与天空和树林完全融为一体（见图 3—83）。

图 3—82 “鸟巢”客房外形实景

图 3—83 “镜魔方”客房外形照片

但是，就坡地别墅而言，这种情况也不常用，除了特殊的要求外。以上两种情况就整体力学结构而言，一是支撑受压形，二是挂吊受拉形。

为此，笔者通过和结构学家赵德良先生的对话（见第八章），我认为他对于这个问题的解释具有一定的参考价值。

（三）　坡地别墅水文组织与坡地的形态组合

坡地基地的水文组织，从整体上保障了坡地环境的稳定，增强了坡地别墅的安全性，但是也对坡地别墅的形成产生了许多限制。例如，为了留出泄洪通道，群体别墅建筑在布局时需避开冲沟，这样就容易形成群体联系的割断；各单体别墅也不能过分地接近谷地、自然水面，因为与平时相比，洪水来临时，这些地方的水位会上涨很多。

然而，水文组织手段与坡地别墅的形成并不是绝对对立的。在很多情况下，水文组织手段也能被坡地别墅所利用，形成与别墅形态、景观等的良好结合。

1. 坡地别墅与水体的结合（滨水坡地别墅区）

对于坡地水文组织而言，水体的保存是非常重要的，它们能储蓄、分流地表径流，消减洪水流量；对于坡地别墅而言，水体又是重要的组景要素，它能改善建筑的环境质量，强化别墅的景观特征。

坡地别墅临水，既强化了别墅的亲水性，增加了别墅的趣味性，又能形成倒影，丰富了景观的层次性。当然，这些能被坡地建筑所利用的水面，既可以是天然的湖泊，也可以是由人工堤坝拦截而成的人工水面。

例如，广州东郊的岭头疗养院，其周围以筑坝、截流的方式，形成了一幅美丽的图景；福州郊区的常青乐园，东侧为高山，西侧为闽江。为防止上游洪水破坏，筑堤兼作公路，同时也拦截东侧山水，形成了水池，建筑沿水而建。水池也对东侧山水的拦截具有缓冲山洪的作用。并在公路堤坝上设置水闸或提泵站，以排除大雨时蓄水池内升高的水量，保持水池处在一定的水位标高上。

别墅与水体的结合，不仅仅局限于静态的水面。有时，动态的流水与别墅相结合，会产生独特的美感。例如，赖特设计的落水别墅，把潺潺的流水组织到建筑形体之中，以清脆的水声来衬托建筑的幽静，具有极强的艺术感染力。

水是生态建筑不可或缺的元素，溪流是纯净的飘带温暖地斜倚在溪水中，是整个住区的景观主题和结构基础。从住宅美学的角度来看，当阳光在流动的或者平静的水面上反射粼粼的微光到居者的窗间院隅，更添明亮和生动风生水起的自然能量，带给住区的是一种悠然自在的生活艺术。

滨水别墅区分布在水系的两侧（或一侧），以水体景观为主要依托。区内水体宽窄多变，水速或缓或急，临岸草木葱茏，水声潺潺如叙。临水步道、亲水廊榭、隔岸相望、汀桥错落。环湖住宅赏风弄舞于水上；临溪住宅廊宇戏水于水中；临涧住宅听泉声于丛莽。主体景观沿绿廊等开放空间向纵深渗透，情景交融于住区之内。住区环绕水体错落布置，各成组团，形成以水为纽带，以住区为主体、绿化穿插其间的多变组合。

这一区域的组团共同特征是充分利用山体坡地和水体景观。部分别墅直接亲水或临水而筑。组团沿水岸展开或者向水体敞开。大面积开窗面向水体。中部地势舒缓，别墅直面向水体，临水别墅多为水榭式亲水别墅。

这一区域一般以豪华性独立别墅为主。豪华性独立别墅用地较大，受干扰少，四周间有景可依，布局方式灵活多变，是此规划暨单体设计所示单体设计从诸多方面反映了群体组合关系，别墅基本风格等基本概念。详细的单体设计函待在后续设计中就逐一单体所处环境、地形、景观等条件进行综合后，依形就式，深入展开。区域内的各式房型即是适应小气候的需要，对周边小环境的对话和对应。希望能有机会继续深入达成此美好的建筑环境理念的实现。

这一区域的交通形式以环状与尽端相结合综合的交通组织形式。以节省交通性场地，避免过多的车辆从住户窗前经过，增加居住环境的宁静气氛。

本区域组团中心有两类：一类是有明显的组团核心——以场所景观结合活动休闲成为富有人居气氛的场所核心，另一类则无明显组团中心——别墅沿水岸分布，滨水步道、线状沿河绿带所构成的休闲场所成为凝结组团的溶剂，无论用几种组团中心，都以居者户外活动为设计主导，引领着一种内省的或外敞的生活方式。

本区域组团环境的特征要求组团以自由式或树枝岔状式展开布局。建筑环绕水体展开式依山水点缀，错落有致，宛若天成于山水之间。

2. 别墅与冲沟的结合

冲沟位于山体诸汇水面的交界处，在通常情况下，它可能没有或只有很少的水流，但是，在暴雨来临、山洪爆发时，它是重要的输洪、泄洪通道。因此，在山地冲沟两侧，坡地别墅的位置一般都不低于一定的高度。这样，既对各单体别墅的选址、构成产生了限制，又容易割裂群体别墅建筑之间的联系，为群体布局带来困难。

然而，冲沟对山地建筑的限制，并不意味着人们只能放弃对冲沟地带的利用。不管是单体还是群体，人们均可以通过有效的手段，最大限度地利用冲沟基地，并创造出独特的艺术效果。在常青乐园北侧地块的设计中，将食堂跨越排洪沟建造，建筑的一翼横架于冲沟之上，让潺潺的小溪谷从建筑的室外平台下流过，营造了富有情趣的自然氛围；而当水来临时，只需停止东侧球场和食堂最下层平台的使用，就可满足泄洪要求。又如青岛的四方小区，把小区中的冲沟低地改造成下沉式的室外广场，并保留了南、北两处的自然水面，使之共同构成了小区的公共活动中心，在洪水来临时，由原有的冲沟、水面和下沉式广场联结而成的泄洪通道仍然保持畅通。

除了对冲沟地带进行多级利用以外，坡地别墅与冲沟的结合，还有其他的可能性。由于位置的特殊性，在坡地环境中，冲沟往往是联系两侧山坡的视觉中心和交通枢纽，因此，在有些情况下，人们会采取一些比较特殊的方法，在满足防洪需要的前提下，充分利用冲沟地带的有利位置，创造有特色的别墅单体和群体形态。例如，南斯拉夫的斯库普列百货商店就是一座建于排水沟道之上的建筑，它把建筑安排在架空的“桥”上，利用桥下的水产排泄洪水，使建筑本身成为联结两侧新、旧商业中心的纽带，并获得了显著的视觉地位；山西省大寨村在山地的排洪沟处理上，则另有一番特色，山村建在冲沟的两侧，冲沟上埋设足够大的排洪沟渠，在上面填土铺石，形成了一个可供全村人晒场、开会、休憩的小广场，使这个建于冲沟之上的广场把两侧山坡上的建筑群体联成一体，创造了有内聚力的村落结构。同时，这个广场也必须成为特大洪水来临时的排洪通道。

下面是案例分析，图 3—84 至 3—86 以江苏句容宝华山脚下约 1000 亩的坡地别墅在山洪平面分析、冲水沟和滨水的利用，以及山洪的规划建筑设计等。图 3—84 为山洪的山峰和山谷分析图。图 3—85 和 3—86 为坡地别墅所在山峰和山谷分析图（其中红线为山峰蓝线为山谷即为山洪冲沟）。

图 3—87 为坡地别墅项目洪水截水沟设计图，图中 A 部分为山坡的设计截水沟，B 部分为通过高大乔木景观进行遮挡，C 部分为社区道路和挡土墙，D 段为景观和别墅住宅，E 为景观水池，在枯水季节，少量的山泉水可通过暗水管流入这里补水。

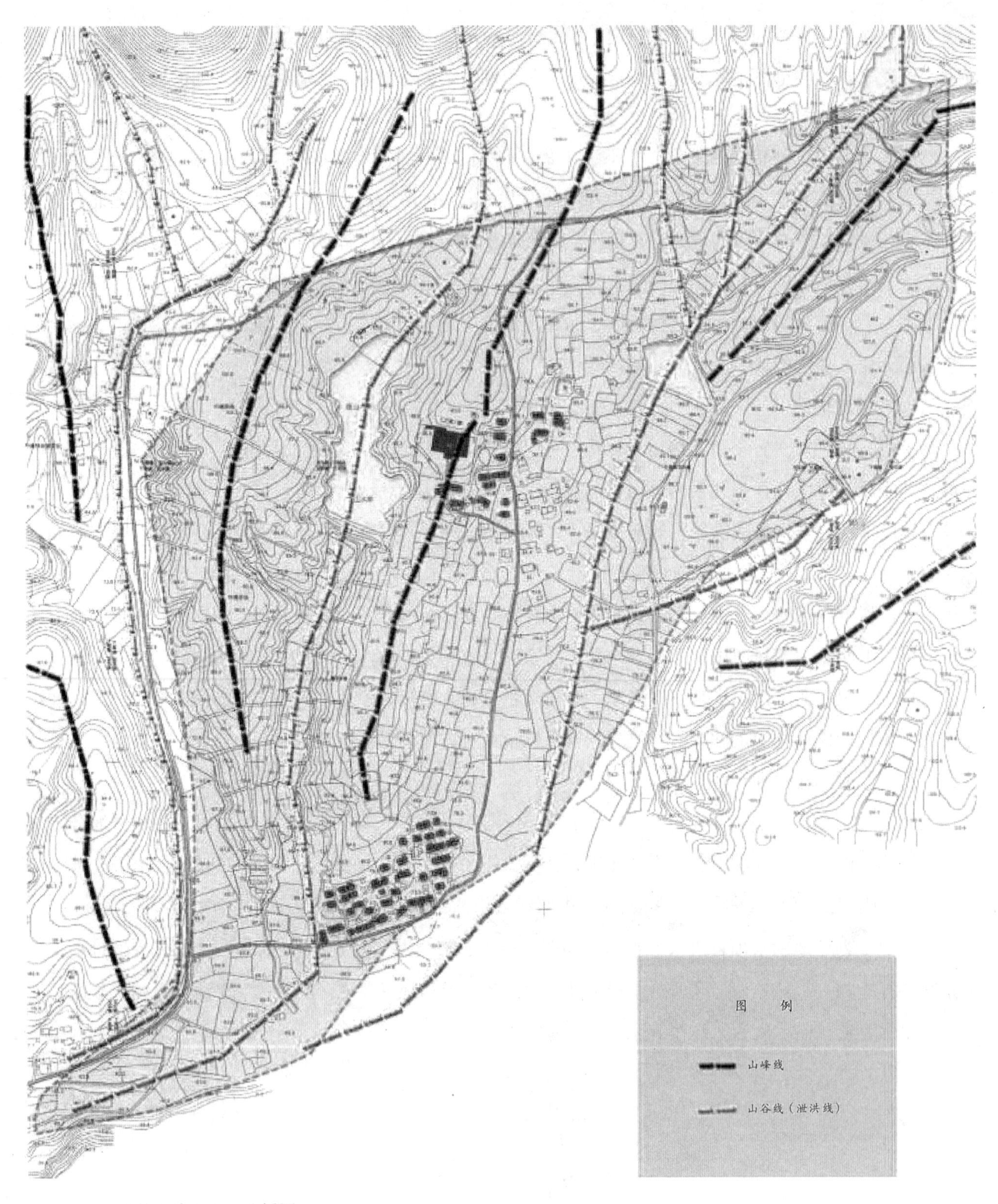

图 3—84 山洪的山峰和山谷分析图

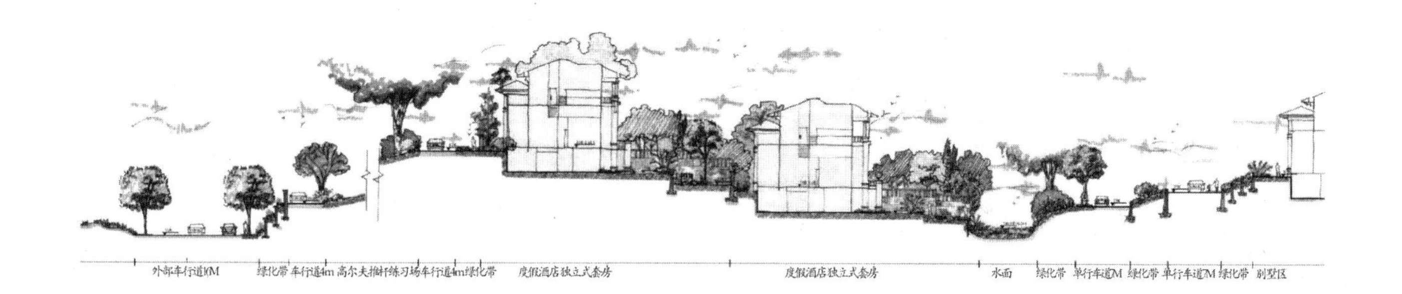

通过良好的利用山地坡形，将景观朝向优良的东南向的山地坡面用于别墅和酒店独立套房的营造。巧妙的将西北向的背坡面同小区道路设计结合起来，打造错落型道路设计，很好地解决了背坡景观打造问题和道路设计结合

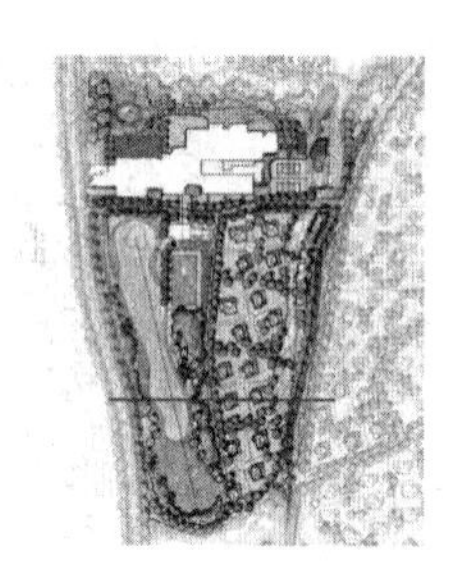

图 3—85 山峰和山谷分析图

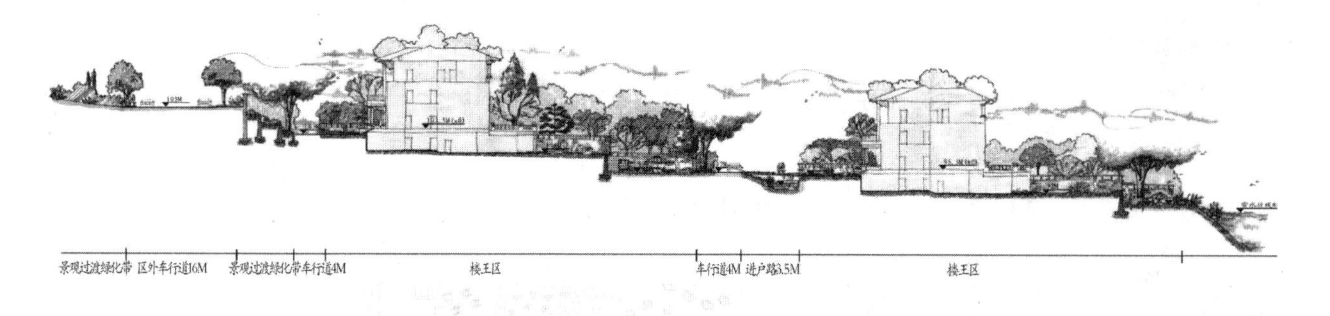

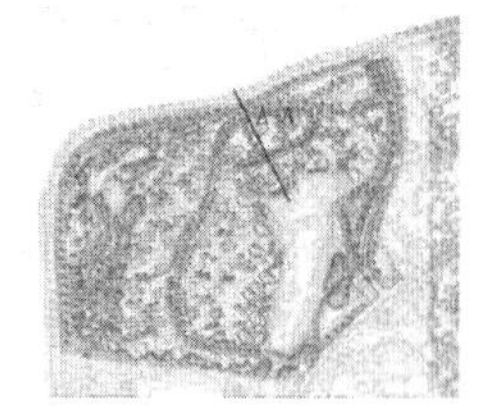

图 3—86 山峰和山谷分析图

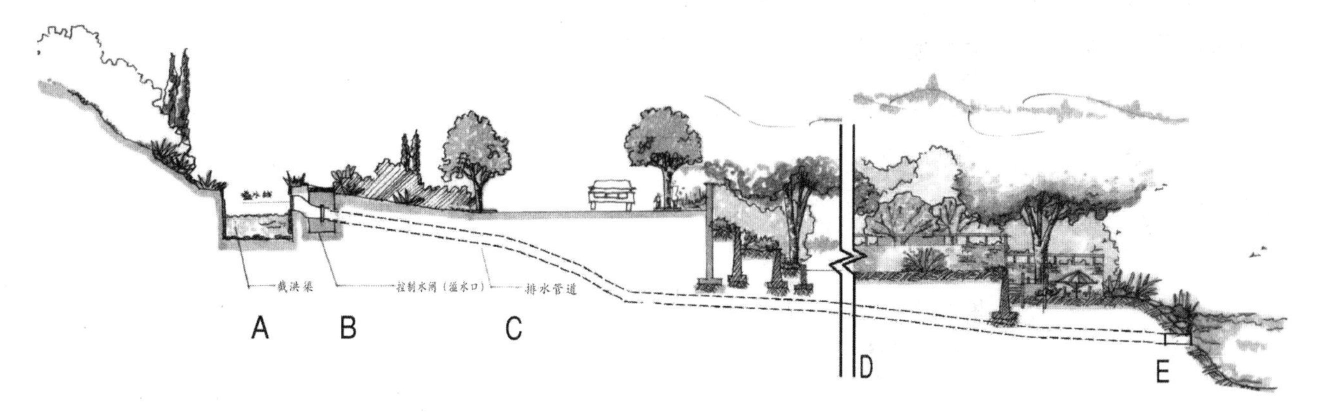

图 3—87 坡地别墅项目洪水截水沟设计

第四节　坡地别墅室内空气质量设计和检测以及地下能利用

一栋合理的坡地别墅（特别是豪华别墅），其室内空气质量以及维护其空间的材料绿色环保检测是必须的。除和平地别墅一样，需要进行节能保温计算，所不同的是，地面有坡度地面能则不同，也由于建筑与地下结合面积加大程度不同，则地下能也不同。这里，通过对通风的设计将提升室内空气质量的价值，通过对维护其空间材料的绿色环保检测也将提升室内空气质量的价值，主要体现在以下几个方面。

（一）　坡地别墅通风设计

1. 建筑为何需要通风

对于每一个房间，你都应该问一问：为什么这里要通风？有三种可能的答案：

（a）为了提供新鲜空气；

（b）为了提供舒适的直接通风环境，以对流方式帮助居住者降温或升温。

（c）为了提供舒适的间接通风环境，直接给建筑的结构进行升温或降温，间接地提高居住者的舒适感，并更有效地利用“免费能源”。在这种方式下，白天时阳光的热量可储存在建筑的结构中，在夜间释暖，而夜间凉爽空气的“冷量”也能储存起来，在日间为室内的人们降温。

2. 风压

要想形成通风，就要创造压力梯度，这可以通过两种方式实现：

（a）利用有自然形成的建筑外部的压力差；

（b）利用房屋内部形成的压力差，暖空气比冷空气密度低，于是压力作用导致空气中较暖的部分向上升起，同时冷空气向下降落。这就是“烟囱效应”，可以用以实现建筑空间的流通。不过它有时会与风压形成的穿堂风产生矛盾。

（c）世界上每一个地域或地点都有其独特的风环境。过去，建造者知晓每一种风的名字、它们的个性以及它们为益或为害的潜质。实际上，一种风很可能有两三种名字。一个名字可用于描述来风的方向、风来临的时间区段，或者是风形成的地方所在的城镇、区域或国家的名字。另一个可以是指风的性质，例如寒冷、暖热或潮湿。如果是重要的区域风，则可以有其独特的大名，例如米斯特拉尔、西罗科，这类词汇许多国家都有，描绘着来风的独特性质。例如意大利那不勒斯地区的风：

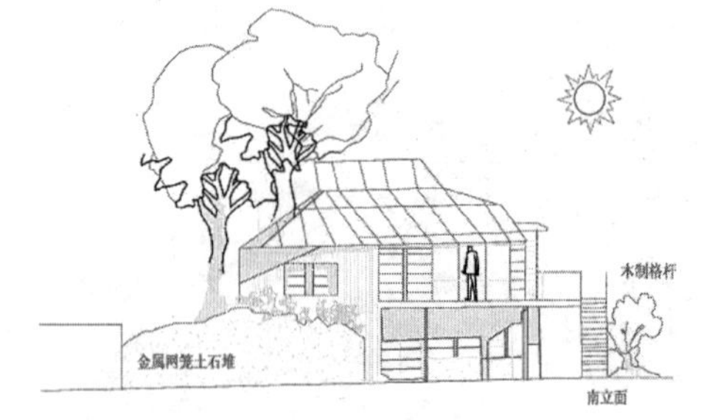

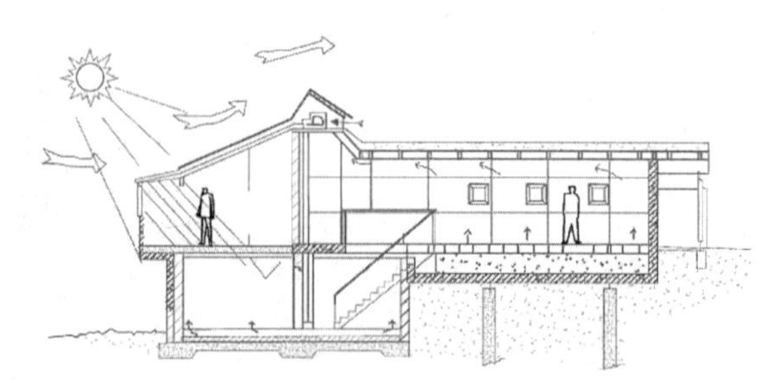

图 3—88 意大利那不勒斯地区的风示意图

（d）坡地地形条件对于风环境有着很大的影响，在那不勒斯，清凉的特拉蒙塔纳风从山上下沉，吹拂城市的北训及东部地区，将绵长街巷中的热气一路冲散到海面。当大地和城市在夏季午后逐渐热起来时，随着暖空气的上升，清凉的徐徐海风又会被带入这些街巷，置换其中的热气。

对于每一个地段，设计者都应该对那里存在哪些类型的风建立明确的概念，以便判断哪些方向的风可以用于建筑升温或降温，哪些风会因过热或过冷而需要避免。这些可以通过看风玫瑰来做到；风玫瑰包含了各月或全年各方向的来风量，而风玫瑰不能指示风的特性。我们还可以通过查询该区的地理图文资料解决。更简单的办法是咨询当地总体规划文献。

大量的传统聚居模式都在显现着风的影响。聚居区内建筑的排布方式会表现出人们对风的态度是欢迎入内还是避之大吉。坡地环境中高低错落的布局意味着别墅要伸展以保证每栋坡地别墅都能捕捉一定量的风，例如伊朗中心沙漠中的亚孜德大型捕风塔。线性的布局模式表明，建筑之间为利于避风而互相遮挡，从而显示出不受欢迎的风向。

3. “风”景别墅

在坡地别墅探讨中，有许多方法能将建筑融合在风与景之中：

（a）将别墅隐藏于景观元素之中。这种别墅隐藏在景观环境中的简单方法十分有效。但是，如果需要用通风来冷却建筑的话，那么要切记别墅坐落在山脊后会把徐徐凉风拒之门外。在某些情况下，人们会用推土机整理景观环境，以确保风可以从房屋周边的新鲜空气通道吹来，而热风则在环境元素的阻挡下被排除。

（b）分离来风。建筑的上风向 20 米远处一根旗杆，就能在竖直方向中将主导风切分，在强风到达建筑之前就已显著削弱了风力对别墅结构的影响。例如在圣马丁的住宅，就在屋前安置了一个敞门廊，立柱可以在风到达建筑之前就把风分散。可将建筑坐落于已有的聚居区中，利用树木来保护它，同时将窗角对准盛行风方向，以切分来风并减小风速和别墅表面的气旋；在伊朗沙漠的网塔，风在水平方向上被巧妙切分，一部分风从捕风塔上方吹走，同时迫使一部分风落入捕风塔风道。在风口以下，风再一次被切分，迫使通风道中的风向下进入塔内。

（c）仔细处理别墅屋顶形式。图 3—89 显示不同的屋顶形式所产生的负压区会有相当大的差异。负压经常导致别墅屋顶的撕裂。

（d）利用阳台或露台等立面元素来调整风压的影响。别墅立面元素的使用会致使别墅立面不同高度上的风压增加或减少。请注意建筑下风向立面的压力变化很小。

4. 通风窗的开启方式和面积大小设计

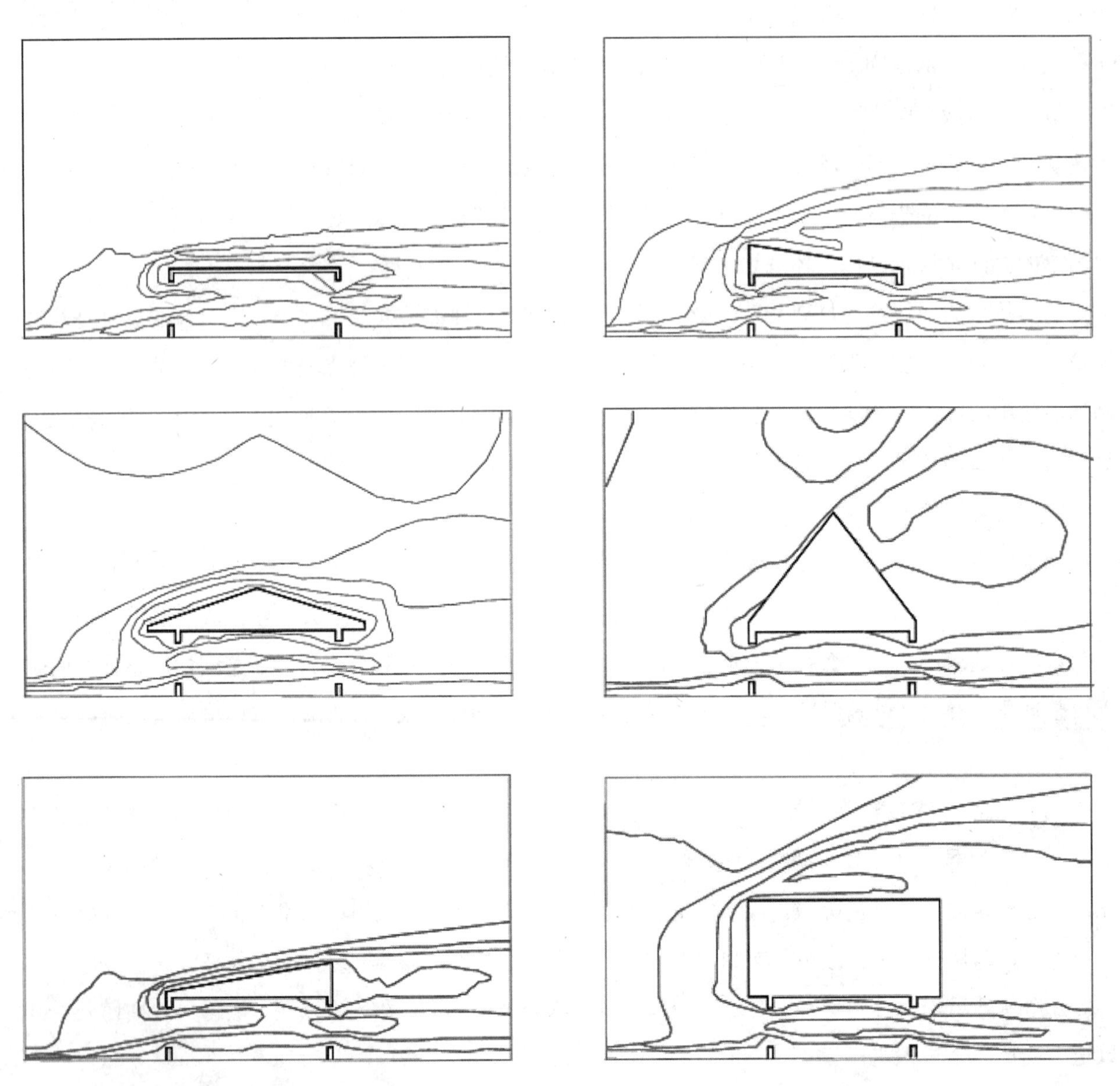

图 3—89 不同的屋顶形式产生的负压区

开窗通风应考虑的因素很多。仔细想想窗户开启的方式，这与房间、使用者以及别墅周边大小气流模式都有关系。对于一个房间，最佳选择是滑动吊窗、侧旋开启还是中旋开启呢？要平开窗还是斗窗（见图 3－90 至 3—9 1）？不要忘了一个最重要的因素是，随着岁月的流逝，窗户的性能会如何变化。窗户维护得越好，使用时间越久，窗户的全生命周期价值就会越高。因此应该确保窗户可以清洁、易于维护并且安全。居住者可以很方便地接近并打开它，并且应根据使用功能设计为合适尺寸。为增加通风而把窗户做得很大是没有用的。

地球纬度在建筑立面设计中特别是窗户的大小设计中可分为三个区域：

（a）热带区域即北回归线与南回归线之间的赤道左右区域，这一区域别墅的窗户一般较大，一般窗户面积与室内面积之比为 1∶6 左右。

（b）温带区域即北纬 45° 至北回归线，以及南纬 45° 至南回归线，这一区域的窗户适中，一般窗户面积与室内面积之比为 1∶6～1∶8；

（c）寒带区域即北纬 45° 以北或南纬 45° 以南，近北极或南极区域的这一区域的窗户一般较小，一般窗户面积和室内面积之比为 1∶8～1∶9。

近 30 年来，巨大的窗户使别墅看上去越来越不友好，这很糟糕。若有可能设计小窗，就不要用大窗。在许多国家，对于全年各季所要求的不同的通风量而言，大型的窗户其实完全没有必要。在其他气候条件下，如在澳大利亚昆士兰住宅中见到的那样，一年的某些时间段，甚至整堵墙都没有必要存在。我们可以从肯塔基州迪克·勒维尼的房子学习经验，在那儿有专为吸收阳光能量用的“阳光窗”和专为通风、景致和采光设计的窗户。

这样的通风设计和对其维护空间材料的检测，将大大改善坡地别墅室内空气质量，近而提升坡地别墅的价值。

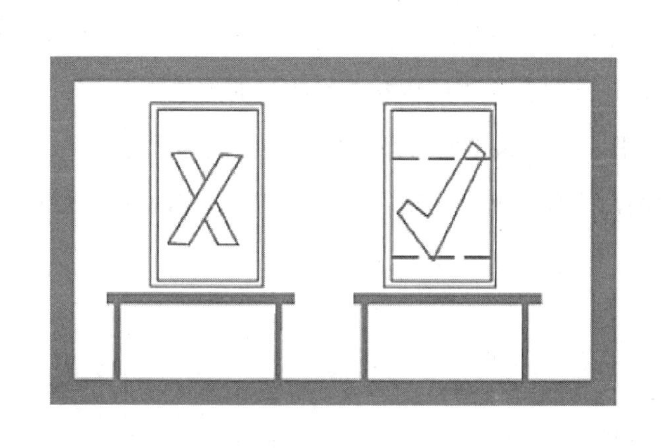

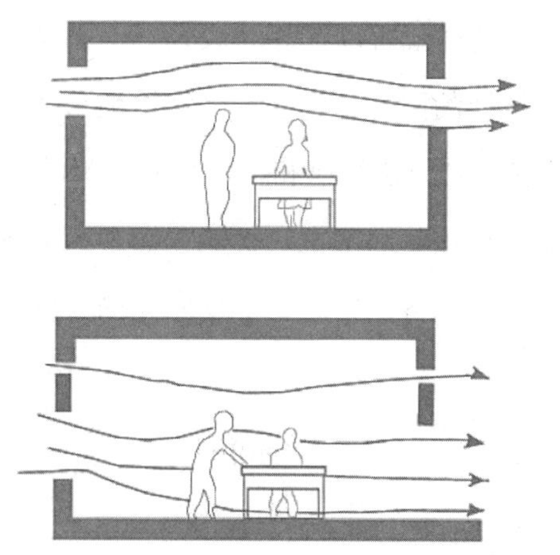

图 3—90 有利的窗户开启方向和风进入房间分析示意图

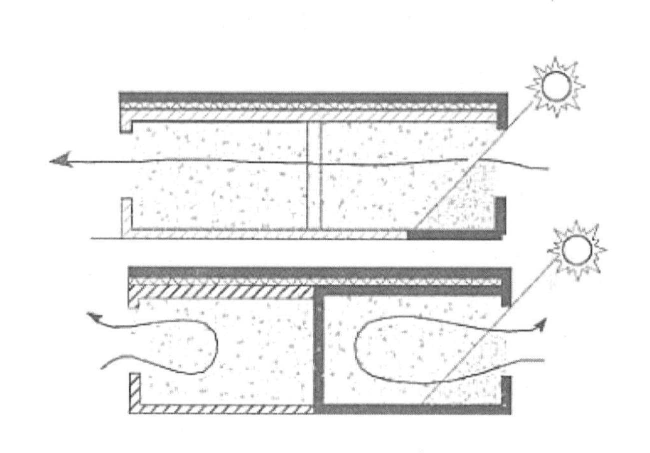

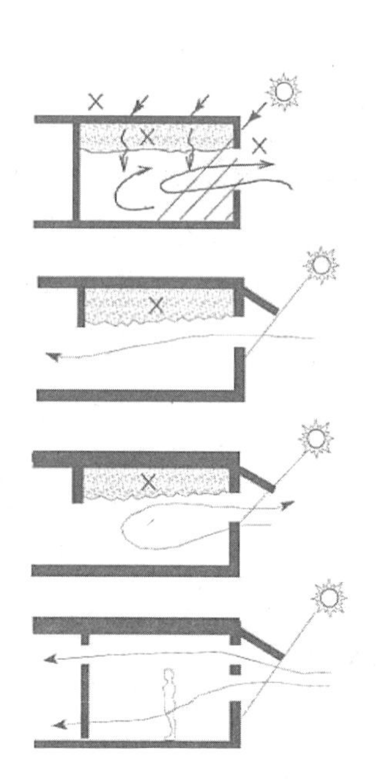

图 3—91 太阳光进入房间与窗户的关系示意图

（二） 坡地别墅地下能设计

当坡地别墅与坡地结合时，不同于平地别墅的是建筑与地下结合面积加大，同时部分建筑将嵌入地下一层，这里，大地的温度是相对恒温的，所以地能的运用将是提升坡地别墅价值的一个重要方面。

1. 自然空调。应该尽量利用流经水域或植被区域的较凉空气。如果你幸运地在洁净水体的下风方向找到一块地，那么水体可以帮你的地盘降温，而不会被别的建筑挡了风，使你的房子总有徐徐凉风吹过。不过不要忘记，水面休闲活动有时候会比较吵闹。同时，由于水面很平整，可能会由于缺乏表面阻力而使风速很快。应确认水面的来风不会因风速过快而让人不舒服。房子周边的树木，可以将空气温度降低几度。

2. 冷池。下沉花园，是冷池的典型例子，较凉的空气会沉入其中。花园的墙壁就是池壁。池壁之内，是清凉、潮湿、遮荫良好的花园（面积不要太大，否则风会把里面的冷空气吹出来），在干热气候区，这样的花园可以将空气温度降低 2～5℃。

3. 阳光露台。如果室内要求有较高的温度，则在朝南或朝西处，将地面暴露在阳光下，同时设置遮风棚挡住突如其来的阵风。这样做可以将地面温度显著提高，并将地表以上的空气加热。其上的遮风棚应使用落叶植物，这样就可以在冬天成为一个阳光露台，而在夏季，同一个地方则变成遮荫凉台。由于坡地地形的加入，这样的阳光露台会结合坡地地形而设计，但也会带来通风和温度改变的因素。

4. 地下室。利用盛行风和地下室的凉爽温度，将房子周围的空气预冷后再送入室内进行通风。由于坡地地形的加入这样的地下室往往是三侧紧紧贴地面，而有一侧可采光，可出入，使得坡地别墅地下室既享受地下室通风的优势，同时也享受阳光的青睐。

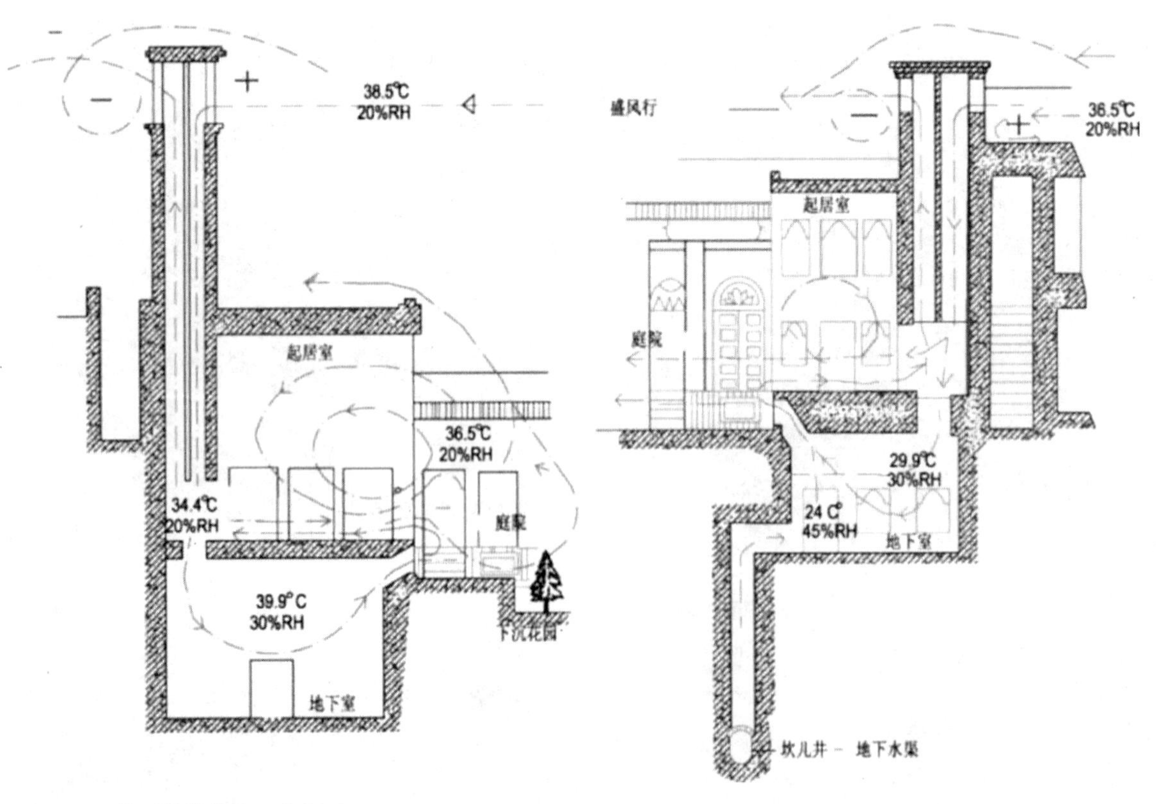

图 3—92 捕风塔的基本工作原理

5. 捕风塔。空气进入室内前会经过捕风塔或风管，这可以将进入室内的空气预冷或预热，因为通过墙内风管排出的空气会比进入的空气更冷或更热。

6. 铺地。利用别墅周边的铺地来调节气温。别墅紧邻的硬质、浅色、高反光度的铺地表面，不仅会把光线反射到室内，还会直接将其上方即将进入室内的空气加热。如果目的是要降温，那么就要确保邻近别墅的地面吸热且有遮阳措施，或者是种有植物。别墅周边如遮阳棚、走廊或者落叶植物之类的遮阳措施，可以设计成冬季透光而夏季遮光的形式。

7. 微风墙。在别墅花园或者屋顶的矮墙扶手使用这种“微风墙”——在墙上适当的位置上开洞，可以将风引入，还可防止视线贯穿。而面向不舒适来风的墙面则不要开洞。

8. “热量景观”设计。对别墅的外围护结构进行“热量景观”设计（见图3—92）。人们通常认为，热量是从窗口进入室内的，其实热量也从建筑的墙体随过热传导传入室内。有必要时，可以在夏季进行墙面遮阳。阳光下的墙体，在静风状态下，会将墙体表面的空气加热；热空气上升，然后可能流进墙面上方的窗户里。如果窗户上方有遮阳棚，就更会把上升的热空气集中，形成的气压会迫使热空气进入窗户。如果不想这样就应该对遮阳棚进行排风，去除这些热量。不过同样的现象在冬季会是一件极好的事情，这些热量会使居住者更加舒适。如果你愿意，窗户可以专门设计成便于在冬天利用这种墙体热量的形式。保持墙体凉爽的一个好办法是进行墙面绿化，植被会将墙体外的热量及时驱散。如果用的是落叶植物，那么墙体就能在冬季被加热而在夏季被冷却。

微风进入室内的深度取决于房间各墙面上的开口分布。最高效的情况是直接穿过房间的穿堂风，这样通风就不会消失。炎热气候下单侧通风是不够的，开启相对的或是位于邻近外墙上的窗户，或者开启天窗，可以提高通风量，后者还可以成为捕风口。在低纬度地区，这类天窗应该像老虎窗一样覆以局部屋顶。它也同样可以成为捕风窗，让空气进入室内的同时挡住炙热的阳光。

地能设计将自然调节坡地别墅的室内温度和空气质量，近而提升整个坡地别墅的价值。

（三）　坡地别墅与温度

1. 纬度与温度

(a) 舒适条件的范围

对于舒适温度下究竟什么样的状况能为人们带来舒适性是很难定义的。由于一些难以预测的活动所引起室内温度的变化往往会导致舒适性的降低，而对于有可能变化的温度或是实际的温度来说，达到热舒适性都是必须被满足的。而纯粹针对物理事项所测量出的舒适区域的范围大小将取决下面的两种情况，第一种情况指的是在没有改变穿衣的可能或是没有活动的情形下，并且空气交换并不好时，舒适温度的范围一般相对较窄，约为±2℃；而与第一种情况相反，当上述的那些情形都有着可改变性并且较为合适时，舒适温度的范围则会较广。

(b) 舒适温度的极限

人们对于温度的接受范围显然是有极限的，如果室内温度过低而需要我们穿着很厚的大衣的话，那么这将与室内所进行的许多活动都有着一定的矛盾，例如办公活动；而如果当室内温度需要人们不断进行活动以维持其热平衡时（即使这也可以算得上是一种能接受的舒适性，但却会为人们的身体带来生理上的负荷），对于舒适温度的绝对极限是很难界定的，因为它会取决于当地人们的习惯、生理状况以及对气候的适应能力，这些都是需要记住的。

2. 利用该等式帮助建筑设计

舒适温度和室外温度之间的关系可用以帮助自维持建筑的舒适性设计，图 3—93 是一个关于自维持建筑在全年气候改变下的例子，这里的室内舒适温度 Tc 是由室外月平均温度 To 计算所得到，而图中同时也绘出了 To、Tom_{max} 和 Tom_{min} 在每个月中的数值。这样的图表可以帮助设计师去判断在其所考虑的气候条件下是否可以采取被动式的取暖或制冷，例如室外温度的变化范围和所期待的室内温度的关系就可以证明在夏季进行晚上制冷是否为一个可行的方法去保证建筑的舒适性，或是可以计算出被动式太阳取暖对冬季来说是否足够。罗芙于 2001 年的研究中更扩展了这个方法，增加了平均太阳辐射强度，以帮助判断被动式取暖的有关问题。

3. 需要取暖或制冷的建筑

即使是自维持建筑，当它们在一年中特别寒冷或炎热的天气下时也是有可能需要取暖或制冷的，虽然理论上人们是可以采取添加衣服的方式来保暖，能增加的衣服数量也是有限的，而人们所能接受穿衣数量的限度就代表室内温度所能降低的相应数值。虽然室内温度与室外温度之间已经被阻隔，但对于需要取暖或制冷的建筑来说，其舒适温度也往往取决于人们的习惯或偏好，而当室内温度变化的速率足够慢时，人们就可以对室内温度的变化有一定的接受范围，但是，习惯上的室内舒适温度也可能取决于地方的因素并随着季节的变化而改变，因为人们会针对天气而调整他们的穿衣，故此，对于同一气候下的建筑，根据使用者的使用目的、居住者或管理者的看法的不同，室内舒适温度的最低值约为 19～23℃。

在取暖或制冷期间，对室内温度值的确定将重大地影响到建筑的能耗。例如在英国，室内温度每降 1℃将大约节省 10%的采暖能耗，这个事实是非常值得别墅的居住者清楚地知道的，并从而鼓励他们尽可能接纳自维持建筑和接受有着一定变化的室内温度以达到节能的目的，同时也应强调在可能情况下采用被动式采暖和制冷的重要性。

图 3—94 中的尼可图表指出自维持建筑的温度是应该考虑居住者在采暖或制冷的建筑中的习惯温度而进行调节，故此，如果在采暖季节中的习惯温度为 19℃时（一般情况下），那么室内的舒适温度就不应低于这个温度值，如下图的尼可图表就表示了这一关系（见图 3—93 至 3—94）。

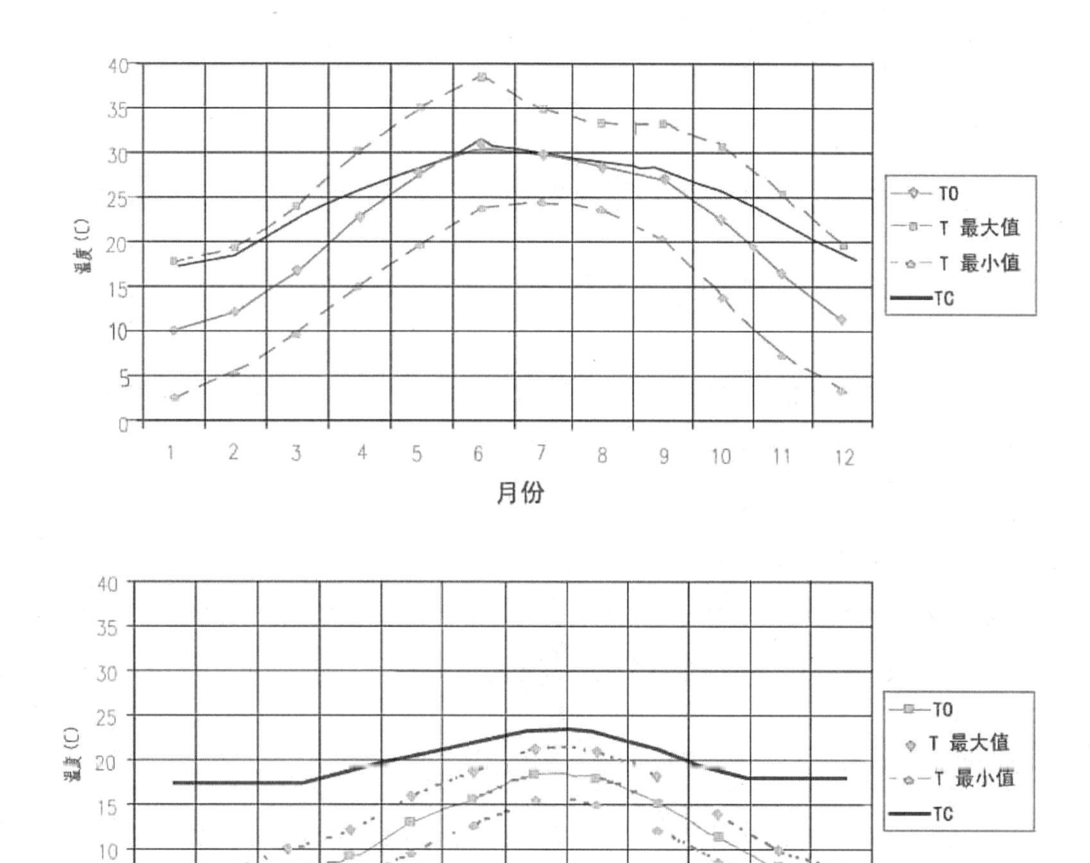

图 3—93 自然界与室内温度对比

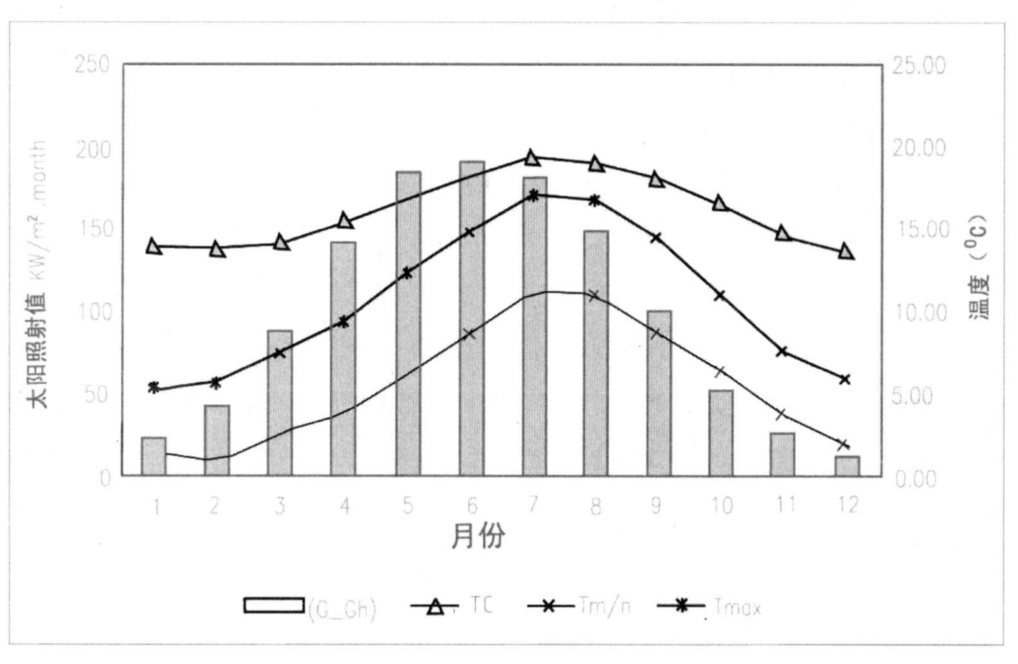

图 3—94 尼可图表

4. 其他考虑因素

尼可图表给出了建筑所应具有的最佳温度，这是设计师应该努力去达到的。而事情至此并未结束，因为还有一些其他问题需要考虑：

（a）在最佳温度的基础上我们能做多大范围的浮动而且不会引起其中人们的不舒适？

（b）舒适温度是否有极限？

（c）舒适温度的变化有多快？

5. 尼可图表

尼可图表(Nicol et al.，1994)的研究是以汉弗莱斯(Humphreys)和其他人的调查结果为基础的——能令人们感觉到舒适的室内温度是会随着平均室外温度的不同而改变，特别对于那些自维持建筑（即非机械取暖或制冷的建筑）更是如此。图 3—94(来源于 Humphreys，1978)将阐述当中的关系。

“舒适温度”是指一种能令人们在给定情况下感觉到舒适的温度，图 1 中的每个点代表着舒适温度的数值，这些数值的确定是根据一个对热舒适性的调查而来的，而这个热舒适性则是针对调查时室外的平均温度得出，并且假设人们都能适应他们所遇到的文化及气候的状况。图 3—94 中的室外温度是从气象记录中提取的，表示为

$$To = (Tom_{max} + Tom_{min}) / 2$$

Tom_{max} 是每个月的室外平均日最高温度，而 Tom_{min} 则是每个月的室外平均日最低温度(Tom_{max} 和 Tom_{min} 一般都能在气象记录中找到)。

6. 时间和尼可图表

尼可图表是基于人们对舒适温度值的要求会随时间的变化而变化这一假设而形成的，而图表在构建时假设温度只是在月与月之间发生改变（使用按月计算的数据），但事实上，舒适温度变化的频率应该是更高的，研究表明，舒适温度的典型变化频率应该是以周来计算，这就意味着如果周与周之间的天气发生变化的话，那么舒适温度也会随之而变化。故此，尼可图一般都不会直接说明在任何特定时间下准确的舒适温度值，而只会针对特定的气候给出舒适温度的平均值作为建议，那么，如何绘制尼可图表呢？

(a)从最近的气象站（或图书馆）获取一年中每个月的：

①室外空气的平均日最高温度(Tom_{max})；

②室外空气的平均日最低温度(Tom_{min})；

③水平面平均日太阳辐射（可选）。

（几年累积的平均值相对更可取，但也可以采用你所能找到的最好数据。）

(b)从当地人群中（可以透过经验或是进行调查的方式）确定你所设计的建筑类型的舒适温度的极限。

(c)计算每个月的室外温度 T_o：

$$T_o = (Tom_{max} + Tom_{min}) / 2$$

(d)利用汉弗莱斯方程式找出舒适温度 Tc：

$$Tc = 13.5 + 0.54To$$

(e)如果舒适温度Tc低于习惯上的舒适温度界限，那就意味着能使人们感觉舒适的温度将比我们凭直觉所预测的温度值要低，这种情况尤其会在冬季发生，故此，我们一般会把冬季的舒适温度曲线降低，而这时我们也可以保证当人们穿着合适的衣服处在一栋好的被动式建筑中时同样是能感觉到舒适的。

(f)绘制出一年中每个月的 Tom_{max} 、Tom_{min} 和 Tc 。

(g)如果可以的话还能绘制出每个月的太阳辐照度以便对是否可以采取被动式太阳取暖作指导（罗芙的扩展研究部分）。

定性定量地分析坡地别墅的舒适温度，对提升坡地别墅价值是显而易见的。

（四） 坡地别墅室内环境质量的检测

在完成室内装修后,其环境质量如何是每个居家必须关心的问题，尤其是坡地别墅，下面将从几个方面来关注室内空气环境质量的检测。

1. 受过污染的土地： 随着建设土地需求压力的增长，许多新的开发建设选择了受过污染的土地。第一步的任务是要分析受到过怎样的污染，什么污染。地方政府部门应该有该地段的历史记录，并且如果需要，应雇佣一名专业顾问公司，以确定土地会造成什么样的危害。然后，可以在地段内施放化学物质进行中和，或完全将表层土清除，置换干净的新土，或用水平向和竖直向屏障将地段密封以免受污染的地下水流向临近的其他土地。

2. 氟氯化碳类物质（CFCs）： 不要在任何建筑材料或系统中使用有CFCs、HCFCs、R11、R12成分的材料，而要使用R22产品，它带来的危害较小。

3. 甲醛： 许多木板材质品，例如碎木胶合板，都使用了会释放甲醛的胶水，特别是新出品的产品尤其明显。另外，墙体空腔内的尿素甲醛泡沫（UFF）保温层也可以是甲醛蒸发的来源。

4. 霉菌： 霉菌的毒性有时很高，会引起过敏，人体与潮湿建筑材料上生长的霉菌大量接触，可以导致“建筑病综合症”，甚至是死亡。它们还可以大大缩减建筑中许多产品的使用寿命。

5. 涂料： 涂料可能在两个方面影响人的健康：毒性以及使室内温度问题恶化。好的涂料可以呼吸，从而使墙体也能“呼吸”。它能够透气，湿气可以流通，从而使墙体、抹灰、粉底和其后的接缝中的水分得以蒸发。有一些新型水性环保涂料也有相当好的表现。诸如树脂、水、色素、遮光剂、蜡和水剂、松节油、挥发性有机物质、重金属（如铅、镉或者汞）以及甲醛。检查你将要使用的涂料所含的成分。

6. 聚氯乙烯（PVC）： 这种聚合体在其建筑领域广泛应用，且已经被证实是对动物和人致癌的材料。要关心的是那些长时间在新装了大量PVC且十分密闭的住房里的住户们。有一些有相当毒性的物质，会在生产过程中与PVC结合。应该使用木框窗户，避免使用PVC窗户和PVC家具。

7. 氡： 氡在家中的量，要看房子之下岩石的情况，还要看散发氡气的岩石上部覆盖了多少土壤或者其他物质。一般而言，除了黑色页岩、富磷酸盐的岩石之外，沉积岩的铀含量比较低，因而氡气的释放量也较低，而变质岩（如片麻岩、片岩），就要比大理石、板岩和石英的铀含量高。

氡进入室内有三种途径：1.地下水被抽至水井内；2.建筑材料，如石块有的会散发氡；3.氡气从岩石、土壤中散发上升，进入了地下室和较低的楼层。

为此，笔者通过和地质学家吴林奎先生的对话，（见第八章）我认为他对于这个问题的解释具有一定的参考价值。

8. 木材和木材防腐剂：多选用国际林业公会（FSC）商标，或者具有同等商标的木材产品。有许多不同的化学物质被用来保护木头免受虫蚀或真菌的损蚀，其中许多是具有潜在的健康威胁的，应该小心处理它们，且应避免皮肤与之接触。任何防止建筑遭受虫蚀的产品都只应该由专业人员来施用。

第五节　坡地别墅阻断视线分析

第一节中谈到坡地别墅主景点视线的整体设计，项目要求尽可能多的坡地别墅在上景、下景和侧景等方面有良好的视线走廊。而且，应该能保持这一视线走廊，但就某一栋特定的坡地别墅而言，使其尽可能多看外围一些，但并不希望外围多看它一些，特别是该别墅的露台、游泳池、卧室等私密场所。然而，由于坡地环境的加入，这种私密场所尽收眼底。那样就会大大降低坡地别墅所具价值，这里有两种方法可以加以改进。如图 3—95，甲户型的南露台和乙户型的北西阳台视线互相干扰。

那么，一是主动式的设计即回避视线，通过改变前后的顺序，图 3—95 可以改变为图 3—96。

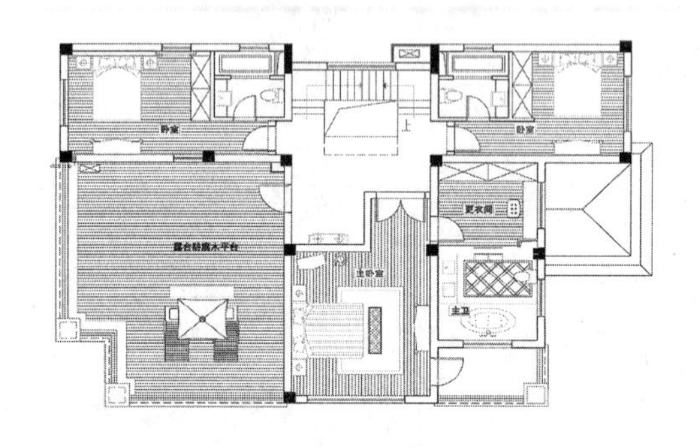

图 3—95 相互干扰的两栋别墅

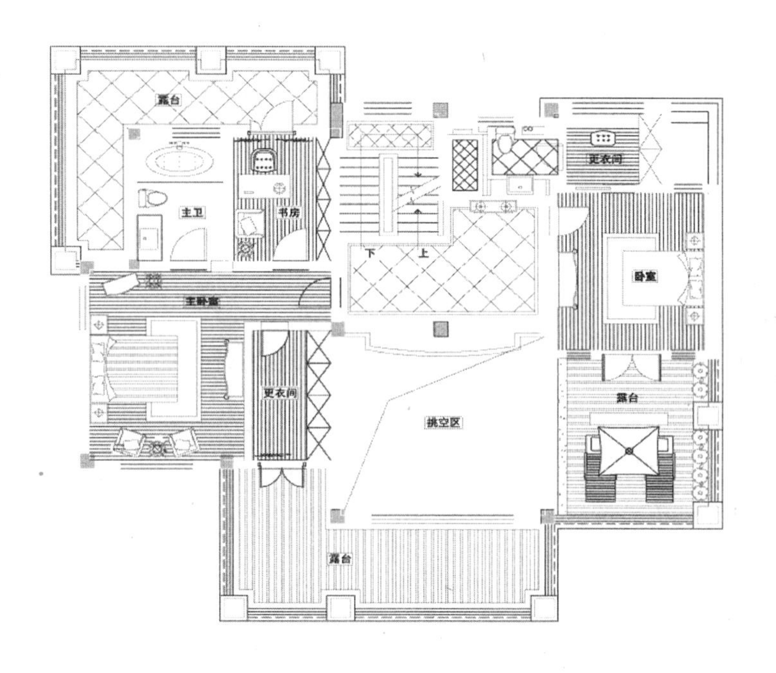

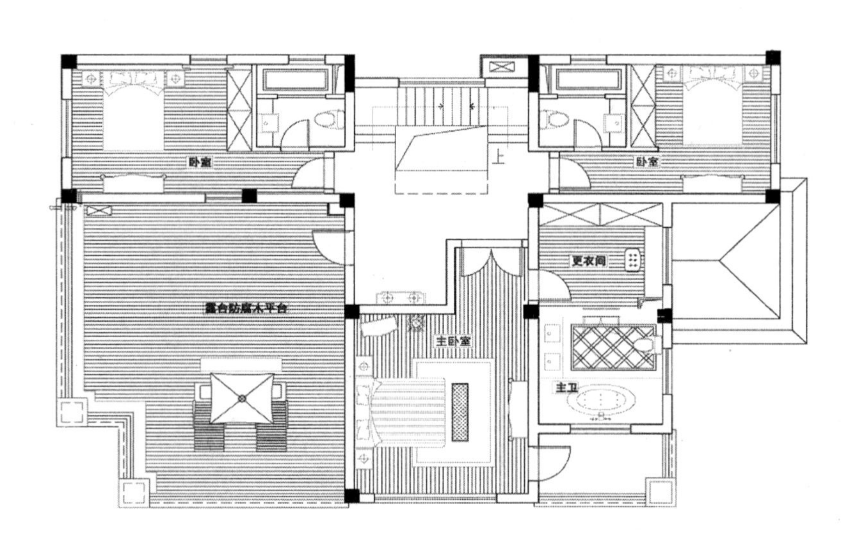

图 3—96 改变前后顺序后就不相互干扰的两栋别墅

二是被动的设计遮挡住视线，即用灌木和乔木进行视线遮挡，以解决坡地别墅设计时视线无法回避的矛盾。见图 3—97：

这样的视线分析必然对坡地别墅与坡地结合关系产生作用。必须要通过设计达到最佳的效果以提升其价值。

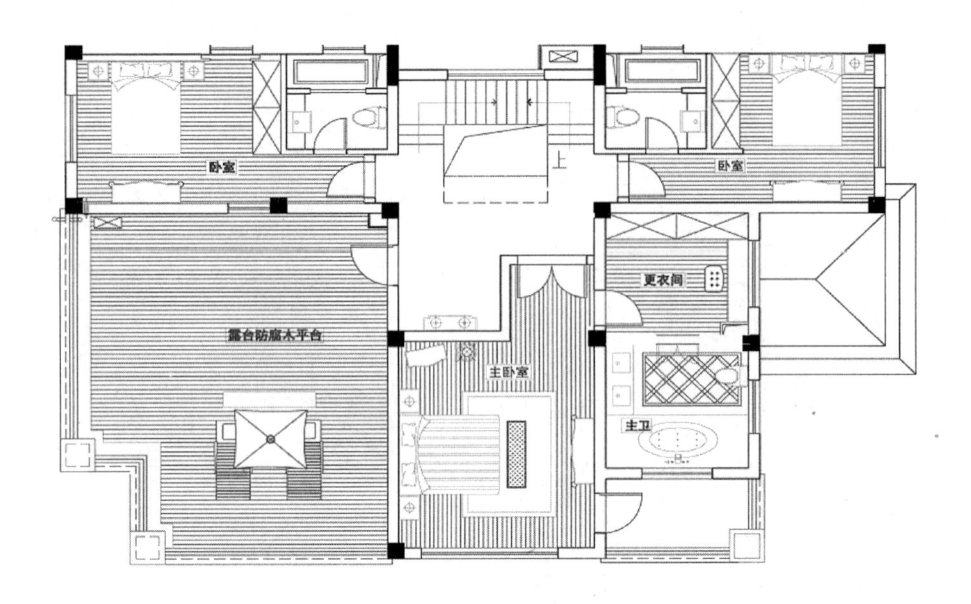

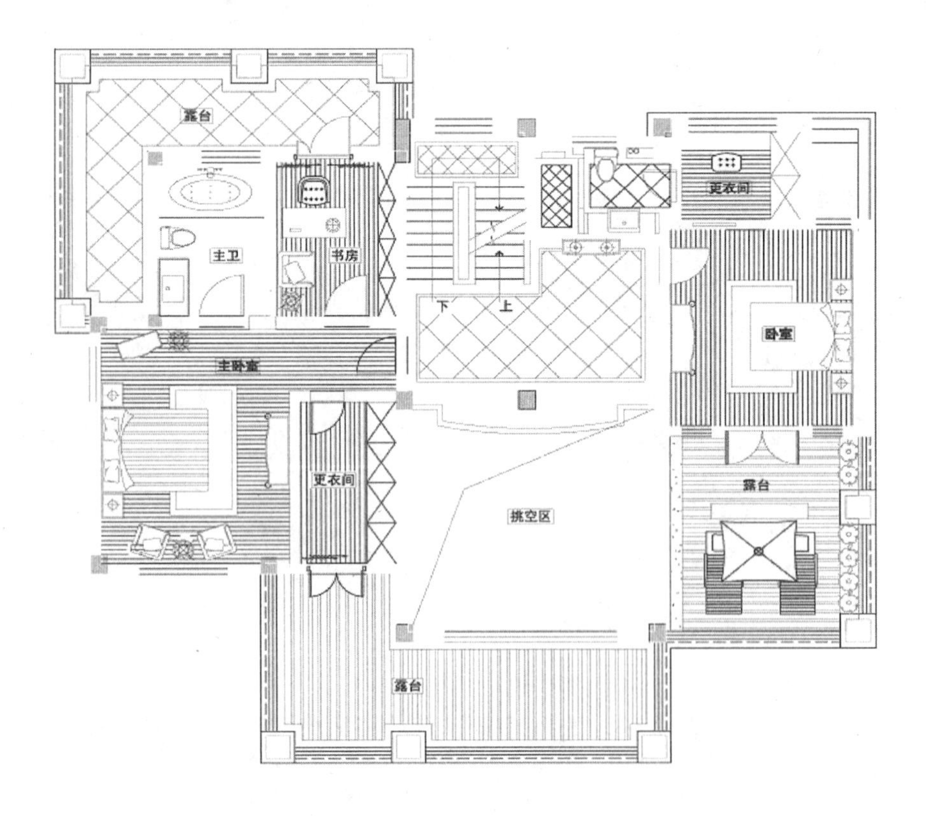

图 3—97 视线遮挡后就不相互干扰的两栋别墅

第六节　坡地别墅风水与坡地的组合形态

关于风水，学术界有称其为迷信的东西，但我认为至少其中有一些蕴藏一定的道理，甚至是当今科学所未发现的内在逻辑。这里，主要取其对身体健康、心理、心情等方面的因素进行一定的讨论，以支持和提升坡地别墅价值。

东晋著名学者——郭璞，他在《葬书》中记载道："气乘风则散，界水则止，古人聚之使不散，行之使有止，故谓之风水。"

可以说，风水学是中国的传统文化，是一种有关环境与人的学问，也是调整和改造命运的学问。它集中包含了自然生态建筑学、地球磁场方位学、地球物理学、地质学、环境景观学等学科，它是借助有形的住宅为载体，根据天、地、人气场和谐统一的原则，选择、选用和改造自然环境，使人达到居安吉利的一门趋吉避凶的学问。也是人类在长期的居住实践中积累的宝贵经验，并且，建立了一套严密的现场操作工具——罗盘，确定选址规划方位。

改革开放之后，文化学术领域出现了百废待兴、百花齐放的繁荣景象，风水学也再次迎来了发展的大好时机。尤其是伴随着当代物理学、建筑学、环境学等多门学科的迅速发展，从理论上为传统风水学的繁荣，提供了科学依据。其中主要的原则有：

坐北朝南原则

中国位于北半球，欧亚大陆东部，大部分陆地位于北回归线（北纬 23 度 26 分）以北，一年四季的阳光都由南方射入。朝南的房屋便于采取阳光。阳光对人的好处很多：一是可以取暖，冬季时南房比北房的温度高 1～2℃；二是参与人体维生素 D 合成，小儿常晒太阳可预防佝偻病；三是阳光中的紫外线具有杀菌作用：四是可以增强人体免疫功能。

坐北朝南，不仅是为了采光，还为了避北风。中国的地势决定了其气候为季风型。冬有西伯利亚的寒流，夏有太平洋的凉风，一年四季风向变幻不定。甲骨卜辞有测风的记载。《史记律书》云："不周风居西北，十月也。广莫风据北方，十一月也。条风居东北，正月也。明庶风居东方，二月也。"

适中居中原则

适中，就是恰到好处，不偏不倚，不大不小，不高不低，尽可能地优化，接近至善至美。

适中的另一层意思是居中，适中的原则还要求突出中心，布局整齐，附加设施紧紧围绕轴心。在典型的风水景观中，都有一条中轴线，中轴线与地球的经线平行，向南北延伸。中轴线的北端最好是横行的山脉，形成丁字形组合，南端最好有宽敞的明堂（平原），中轴线的东西两边有建筑物簇拥，还有弯曲的河流。

地质检验原则

风水学思想对地质很讲究，甚至是挑剔，认为地质决定人的体质，现代材料学也证明这是科学的。有的风水师在相地时，亲临现场用手研磨，用嘴嚼尝泥土，甚至挖土井察看深层的土质、水质，俯身贴耳聆听地下水的流向及声音，这些看似装模作样，其实不无道理。

整体系统原则

风水理论思想把环境作为一个整体系统，这个系统以人为中心，包括天地万物。环境中的每一个整体系统都是相互联系、相互制约、相互依存、相互对立、相互转化的要素。风水学的功能就是要宏观地把握各子系统之间的关系，优化结构，寻求最佳组合。

依山傍水原则

风水学家认为山体是大地的骨架，水域是万物生机之源泉，没有水，人就不能生存。考古发现的原始部落几乎都在河边之地，这与当时的狩猎、捕捞、采摘果实相适应。但是，这条原则运用在现当代也依然成立，因为依山傍水的地方，空气较为清新，有益于人们的身体健康。

因地制宜原则

因地制宜，即根据环境的客观性，采取适宜于自然的生活方式。因地制宜是务实思想的体现。根据实际情况，采取切实有效的方法，使人与建筑适宜于自然，回归自然，返璞归真，天人合一，这正是风水学的真谛所在。

坡地别墅风水表现在室外时，山水位置可以直接影响坡地别墅的好坏，别墅的后方有山，可称为有靠山，山不必很高，如朝别墅看，能看见屋后的山形，都可称为靠山 ，如果山的顶部平坦如平台，会有助于居住者的事业发展；如山位于住宅的西南或东北方位，而房子是位于东北、西南向，这是代表稳定的“不动生向”更能加强山的气场。

坡地别墅外轮廓宜设计为正方形，这样的设计阳气会很足，需要命比较富贵的人才能相配。长方形是比较中规中矩，没有什么不足，没有什么棱角，是所谓的“天圆地方”。

在坡地别墅主要出入口设计时要注意“大门为气口，纳气旺则吉，衰气则出”。 别墅门前的水，水流不能太急，否则气就不容易聚，也就不能旺财了（别墅不仅要有水，而且要清，更不能是死水）。在风水上，路也可以看做是水，以水喻路，水曲有墙，绝对不能处于道路的反方向，这种情况下气流十分冲，不宜于聚气，作围绕状态叫“玉带揽腰”，路面也要平整，门前路上的车流不要太挤，也不能太快。

另外，关于吉宅。按风水理论，则并不是非得“坐北朝南”或者“依山傍水”，因为一座房屋是吉是凶，不是在房屋本身，还要看主人的命相和流年，比如同一套房对你来说是凶宅，对我来说是吉宅，今年是不利，明年又可以了。但这距离建筑较远，不在我们讨论之列。

附案例：以江苏镇江某项目为例，确定建筑风格和主力房型及其面积

在确定坡地建筑组合形态后，对于开发商而言，其建筑风格和主力房型及其面积是非常重要的，这里以江苏镇江某项目为例，就如何确定建筑风格和主力房型面积简要阐明其过程。

（一）　建筑风格

关于建筑风格主要有两种意见。一是中式现代风格，二是欧式现代风格。很显然，建筑必须具有现代性，这一方面团队意见是一致的。关于中式现代风格，主要考虑这里具有历史文脉的米芾广场和米芾公园，具有中国的传统文化。因此该社区的开发应着力打造中式风格，正如苏州的一些苏式风格别墅案例或同万科第五园。更有激进的观点认为，这才是中国的别墅。但这一建筑风格的弊病是，不洋气，显得单薄，一不小心等于告诉购买者：和你家原先的自有房屋没什么区别，且没有购买价值。第二种建筑风格为欧式现代建筑风格。这种建筑风格在国内成功案例较多，市场接受度较高，也具备经典型、安全性和传承性。所以，最后的结论意见是，以欧式建筑风格为主，但在三个风貌区打造以一种建筑风格为主，辅以略有差别的风格。如托斯卡纳采用意大利建筑风格、普罗旺斯采用法式风情建筑风格以及塔利艾森的北美建筑风格。但是在以会所为中心的五个点，可以采取现代建筑风格或者中式建筑风格，与整个别墅建筑风格相协调但又有区别，达到一种对比的协调。

从上一节研究坡地别墅的窗户、通风和温度等几个方面的因素，其实已基本决定了坡地别墅建筑风格的取向。就欧式建筑风格而言，一般包括：南洋欧式建筑风格、地中海风情和北欧风情三种形式。

1. **南洋欧式建筑风格。**即以欧式建筑和当地建筑风情结合的与之对应的热带区域建筑风格，图 3—98、3—99 中的别墅主要分布在新加坡、马来西亚以及我国的深圳、香港和海南一带。

2. **地中海风情。**图 3—100 和 3—101，是以地中海周边国家如：法风南部、意大利和西班牙为代表的温带区域建筑风格。

图 3—98 南洋欧式建筑风格的别墅

图 3—99 南洋欧式建筑风格的别墅

图 3—100 地中海周边国家别墅风格

图 3—101 地中海周边国家别墅风格

图 1—102 北欧风格别墅

3. 北欧风情。北欧风情是指欧洲北部地区国家，如英国、德国和挪威北部为代表的寒带区域建筑风格。见图 3—102 至 3—104。

很明显，我们采用的地中海风情，以地中海周边国家如法风南部、意大利和西班牙为代表的温带区域建筑风格。在这种建筑风格基础上进行深化设计。

（二）　主力房型及其面积

当时在确定主力房型面积时，由于在准备阶段我们定在400平方米、500平方米及600平方米建筑面积，甚至包括1000平方米建筑面积的楼王。这样的房型提出，争议较大。有人认为房型面积偏大，镇江这种中小城市不具备如此购买力。也有人认为在这种独一无二的地段，就要建造这种超前的独一无二的大房型别墅。为此，我们通过对海南别墅、苏州别墅及上海别墅中有关成功案例进行了进一步的考察，最后认定，主打房型的面积为280平方米左右建筑面积（包括地下室在内约400平方米）、350平方米左右建筑面积（包括地下室在内500平方米）、420平方米建筑面积（包括地下室在内600平方米），并且，考虑花园和地下室的在销售时仅为成本价。这样的房型面积，既考虑到镇江及周边地区的购买力，同时也考虑到了地段的特点，使意见基本得到一致。

接下来就是房型基本要求：280平方米左右建筑面积，要求三房一厅、中厅可考虑挑空以及二层屋顶平台；350平方米左右建筑面积，要求四房一厅、中厅挑空以及二层屋顶平台；420平方米建筑面积，要求五房一厅、中厅挑空以及二层屋顶平台。

图1—103 北欧风格别墅

图104 北欧风格别墅

第四章　坡地别墅景观价值

这里所探讨的坡地别墅景观价值，一是发现特定项目环境所固有的价值，并加以保持；　二是在一定条件下（如每平方造价不变）如何提升其已有价值，主要包括总平面阶段、单体阶段以及景观手法等方面。特别是总平面阶段，由于竖向因素的加入，随坡就势的“自然主义”得到发挥，而欧式几何构图将受压制；视线的平视、仰视和俯视将迫使设计者对整个场地（以及其周边环境）做全面视线分析。可以通过电脑模型进行定性定量的视线分析，以达到对其固有价值景观的全面挖掘，也为下一步的景观价值提升设计打下伏笔，至少先进行景观价值设计，再进行规划建筑的设计可能是一个不错的选择，为此，通过和景观工程师张赫女士的对话（见第八章），我认为她对于这个问题的解释有一定的参考价值。

第一节　坡地别墅景观总体价值设计

任何一个项目的总体景观价值设计，都有一个主体景观，这个主体的确定来源于两个方面，一方面是根据前面所说的坡地别墅总体建筑形态组合的“魂”的理解和提炼，另一方面是景观本身的价值要素提炼。而这种主题景观往往是项目景观的总体平面景观设计，而这种主题景观的挖掘、深化设计也是提升项目价值的一个重要方面。

（一）　坡地别墅总平面的景观价值设计

以江苏镇江某项目为例阐述坡地别墅总平面特色以及其主题景观价值设计（见图4—1）。本项目选址在丹徒区龙山村，南临已建成的庄园，北界龙山村居民区，东侧是龙山村南山山脉，西侧是高尔夫球场和自然水库。项目位于三大经济活跃板块之间，即丁卯经济技术开发区板块、大港经济技术开发区板块和正在新建的官塘新城板块，项目距这三个板块中心车程均仅要10分钟，距新行政中心和镇江老城区大市口也仅需20分钟，是目前丹徒区辛丰镇龙山村镇政府所在地，通过Z004道路至沪宁高速和过江大桥，30分钟可达常州、泰州和扬州；60分钟可达南通、苏州、无锡和南京；90分钟可达上海。

项目用地面积45公顷，约675亩，总投资约18.8亿元，共约3000床位，其中，二星500床位，三星500床位，四星500床位以及五星1500床位。总建筑面积约有72万平方米，容积率约为1.6。分三期工程，其中一期约109亩用地，二期约73亩用地，三期用地493亩，建筑密度为25%，绿化率为46%，该项目是集多种功能于一体的大型综合高档社区，提供五星级VIP和产权式养老居所，集运动中心、培训中心（老年大学）、美食（药食）中心、商业中心、诊疗（体检）中心、护理中心、会所中心、论坛会议中心和旅游度假中心等九大功能。即“九个中心一个家”，其中有三组高层综合体。

图 4－1 镇江某养老中心项目鸟瞰图

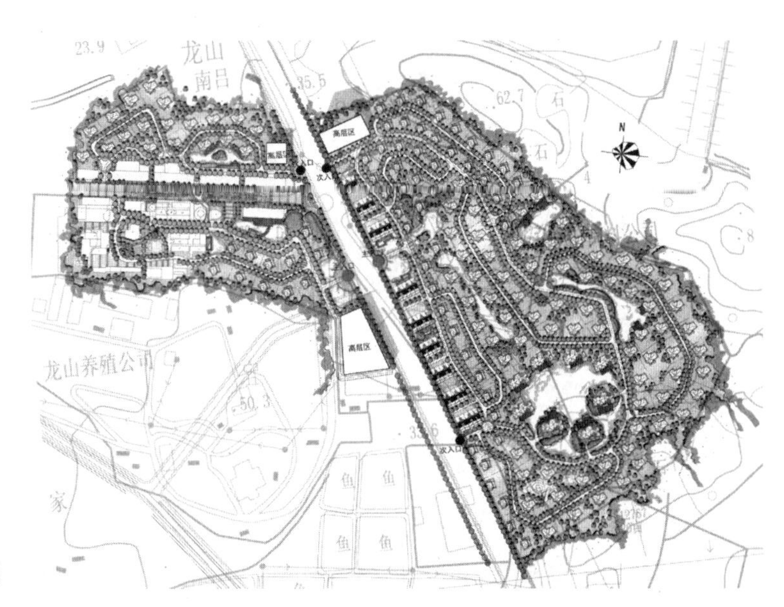

图 4—2 项目总平面图

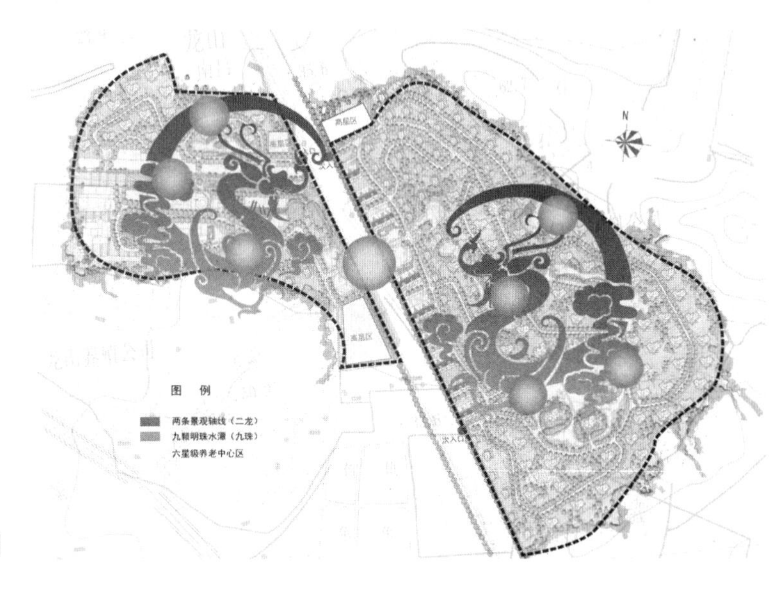

图 4－3 项目二龙戏九珠文化隐喻示意图

图 4—4 项目“九个中心一个家”分布示意图

根据地块总体的环境特征，因地制宜，充分考虑了龙山村龙的文化以及与山地和水体的结合，设计出“二龙戏九珠”主题景观的平面结构特色，二龙为中间的 Z004 城市道路以东的龙形水系，似为升龙，而 Z004 城市道路以西的龙形水系，似为降龙，九珠即其中的九个水池，每个水池都是一个景观小主题和建筑功能的结合。这样的平面结构为养老中心的长远建设打下了龙的文化背景和鲜明的项目个性而成经典。

（二） 组团级以及居住单元景观绿地

在通常景观绿地规划设计时，一般分居住区级、小区级、组团级以及居住单元景观绿地四个层次，但坡地别墅居住区总平面景观绿地除这一般规律外还有其特有的景观特色。主要是组团级和居住单元级这两个层次的景观绿化往往不设置，即使设置，也是结合道路设置，而不单独设置。

在坡地别墅中，居住区级或小区级景观绿地设有集中公共景观绿地，而且，通常结合主入口（见图 4—5 小区主入口，主入口采用欧式大门和两侧柱廊、体现尊贵和气派，突出坡地别墅的高端定位）、会所（见图 4—6）以及小区级或者组团级的结合部。会所中心规划在湖畔，通过浮水曲道通向远处，亲水的台地，住宅区级公共景观是户外休闲的又一种方式（见图 4—7）。

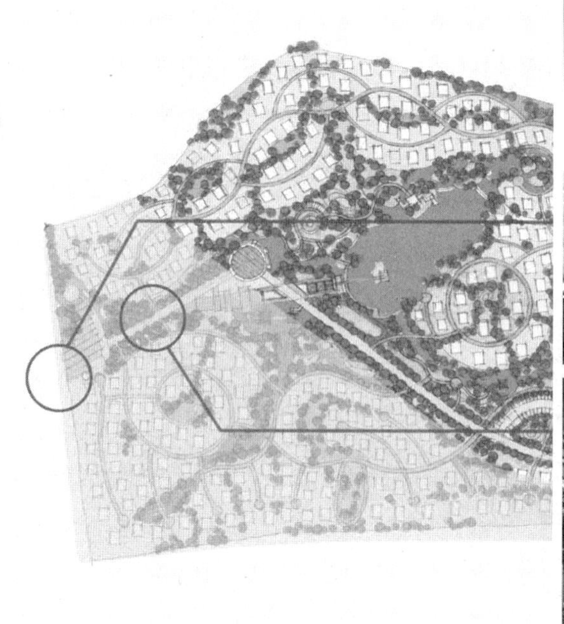

图 4－5 欧式别墅风格的大门和柱廊

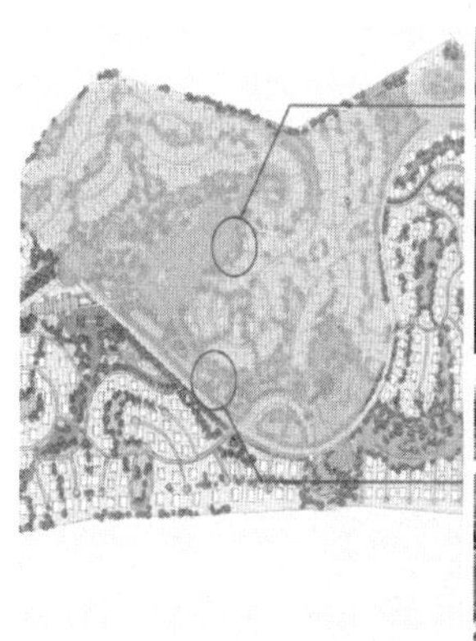

图 4—6 亲水的台地

图 4—7 住宅区级公共景观的展示

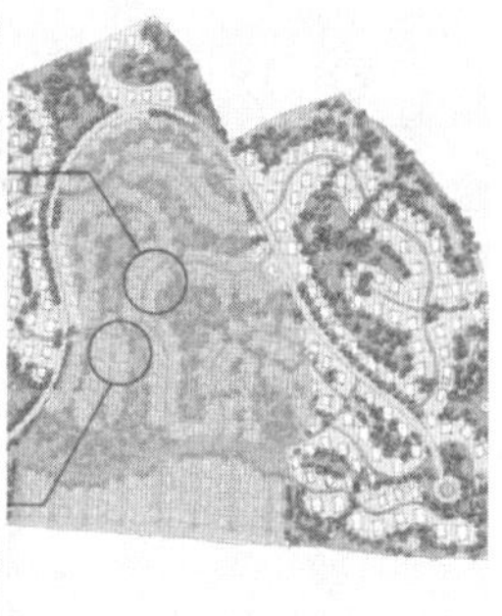
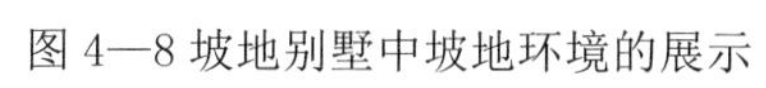

图 4—8 坡地别墅中坡地环境的展示

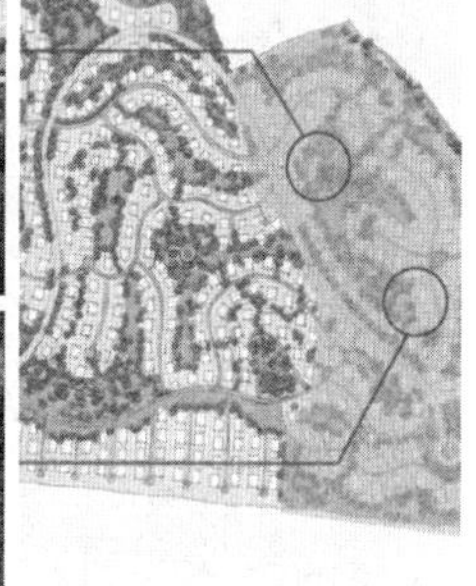

图 4—9 组团级的结合部公共景观

这一集中公共景观绿地是体现居住区结构性景观的绿地，也是体现主题景观特色的最主要部分，这些主题景观常常表现为总平面景观串联型，主题景观通过小区道路或者道路式景观进行串联。就某个项目主题景观，常常又表现为坡地型或坡地叠落型，而坡地叠落型又常与景观水面相结合。在坡地别墅中，组团级以及居住单元景观绿地没有别墅间集中公共景观绿地，除水面公共景观以外，即使是水面公共景观，也仅是可视（数栋别墅公视）并且还是不可以进入（见图 4—10）。

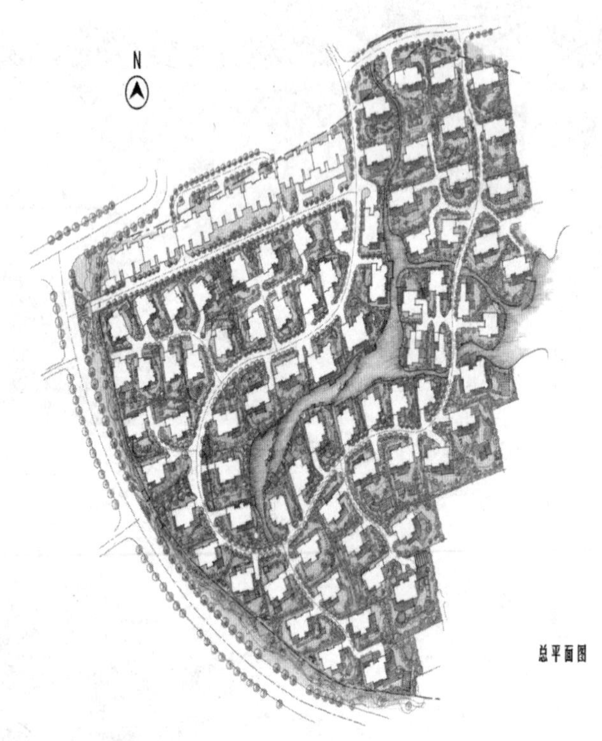

图 4—10 项目总平面图

组团级景观公共绿地一般结合组团主要道路两侧用地，设置沿道路景观，一方面是驾车或步行进入自己别墅时，看见的是景观道路而不是看见路两侧一栋栋别墅，另一方面路两侧的别墅也不受路过自己家门口的其他住户车辆的干扰影响。这一道路景观又被称为公共景观界面，有的城市规划管理部门一定要求设置组团级公共绿地指标要求时，可以利用这一公共景观界面加以解决。

（三） 主题空间视线景观分析

坡地别墅主题景观从空间内容上主要体现在平面和立体二个空间方面；而从空间范围上体现在基地内部和基地外部空间上。

一是被视景观，即本身是一个景观点或景观主题，透过建筑应有相当的山中绿化相间，而透过山的立面也仅是看到零星的建筑（如图 4—11），这里，主要指基地内部景观；二是在项目处向外观看项目所在环境的景点，即在小区主要公共活动场所可以观看景点，包括让绝大多数的坡地别墅住户也能够看这个景点，这里主要指基地外部景观。这对提升坡地别墅的景观价值不言而喻。

图 4－11 透过建筑有相当的山中绿化相间，而透过山的立面也仅是看到的零星的建筑

在立体空间确定景点和观景点后（包括平面空间），要留有视线通廊空间，以保证视线景观价值的最大化。但同时，对一些不利的景观点，也要通过遮蔽、遮挡的方式加以减弱。

在平面空间确定景点和观景点后，也要留有视线通廊空间，以保证视线景观价值的最大化。但同时，对一些不利的景观点，也要通过遮蔽、遮挡的方式加以减弱。

例 1. 恒顺 116 生态园（如图 4－12），通过小区主入口和城市主干道都可以观看其北侧的京砚山一脚，这样当然可以大大提升该小区的景观价值，进而提升这个小区的坡地别墅价值。

图 4－12 恒顺 116 生态园

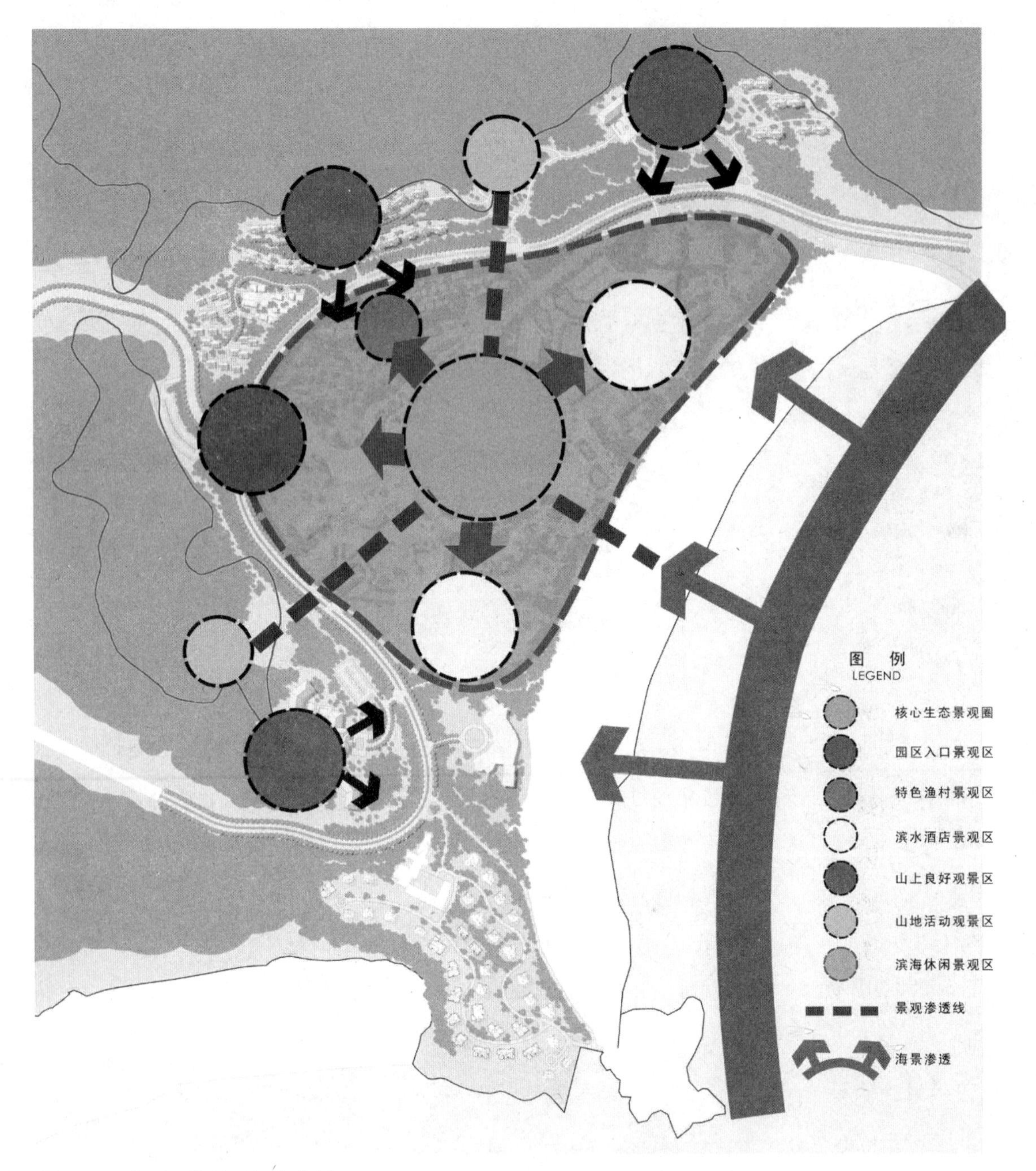

图 4—13 某项目的景观视线分析

例 2，图 4—13 为某项目的内部和外部景观视线分析，这里外部观察面可以看到内部景观，而内部景观点也可以看外部景观。

这里，应该是结合项目基地周边的重要景点，以及自己规划的主要景点，留出一定的绿化空间作为视线通廊，但相关景点区也要着手进行精心设计和建造，以提升和体现其景观价值，从而提升坡地别墅的价值。

第二节 坡地别墅单体的景观价值设计

（一） 坡地别墅院落景观功能分析

作为单体的坡地别墅院落功能主要注意以下三点：

一是周边距离，距北界不小于 3 米，也不应大于 6 米；距东和西界不小于 2 米，距南界应大于 10 米。

二是功能布局，主要包括别墅入口景观、过渡景观、主体景观区 3 个部分。

三是小品绿化配置，主要是结合主人和区域进行合理小品绿化配置，如图 4—14。

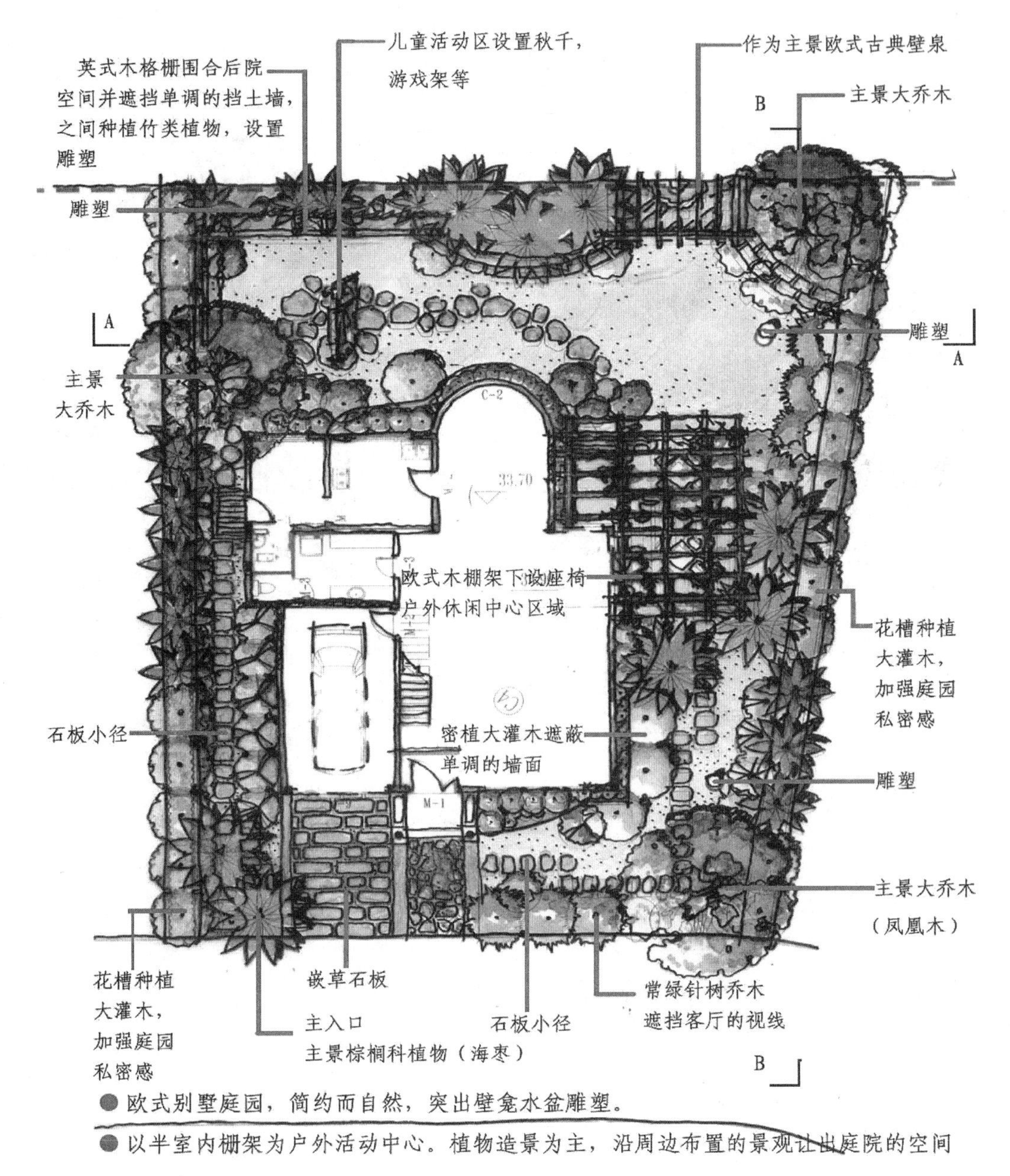

图 4—14 主要功能和景观以及小品均在图中有所说明

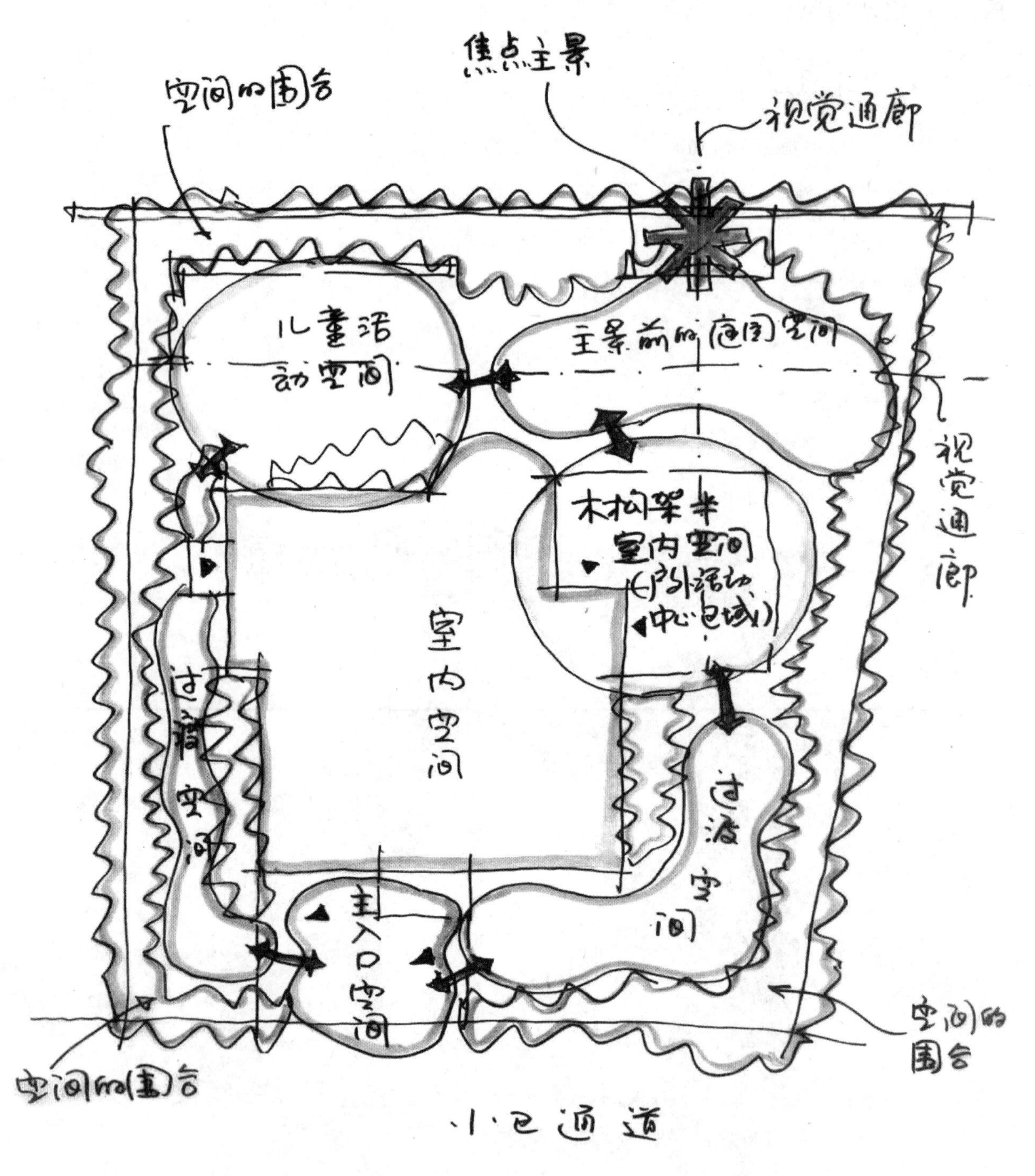

图 4－15 主要功能活动区草图

（二） 坡地别墅主要功能区和景观的呼应价值设计

1. 客厅的景观要素价值

客厅的外部景观，称之为别墅景观的第一景观，一般指室外设计活动空间（如坡地），这里是整个别墅住家的最重要部分，在客厅内部设计时，往往有四个要素：a. 有一定的面积要求（一般在 60～100 平方米，可以占整个别墅面积的三分之一）；b. 设计有客厅主楼梯，随着主人的上下楼，客厅的内部和外部景观会步换景移；c.至少有一面有夹层空间对着客厅，而且，对着室外有中景和远景；d.一般有一个聚焦点，如壁炉、电视、字画等。

图 4－16 从外部看客厅外景以及院落景观

图 4－17 从客厅内部看外景以及院落景观

2. 入口的景观要素

入口（主要包括庭院入口，人的主入口和车入口）适宜布局有符合别墅主人个性的对景、休息空间等要素，以体现个性价值。

图 4－18 从小区道路看人入口景象

图 4－19 从小区道路看机动车入口及车库景象

图 4—20 从别墅内部车库出来或者进入主人入口看景观

图 4—21 室外空间

3. 卧室的景观要素价值

卧室的窗外不应设计停留空间，同时注重视觉景观，宜布局温馨、宜入眼的要素。同时植物香味不要太浓（见图 4—21）。

图 4－22 室外餐厅空间

图 4－23 可以看见室外餐厅或茶廊

4. 厨房、餐厅的景观要素价值

厨房、餐厅的视觉景观，宜布局清洁、活跃、舒心的要素；要设计停留空间，如铺地可以作室外餐厅（见图 4－22、4－23）。

以上景观除植物配置外，还可以是石头、花卉或木包饰小品等，以体现其价值。

第三节　坡地别墅院落景观价值设计

当购买者花巨资去买这样一栋房屋时，当然不只看重建筑本身，而是把整个外部空间都考虑在内的，外部空间的表现之一就是私家花园，其价值是可想而知的。因此，我们是这样考虑进户道路和独栋建筑的用地范围以及建筑本身三者之间关系的：在用地范围内，建筑所处的位置如前所述一般在西北角，该建筑距北部的小区道路不大于 3 米，建筑距离西部的用地边界不大于 2 米，距离南部或东部用地边界至少有一边应在 10 米以上。这样的建筑和所在地块的花园关系以及和小区道路的关系，将为该社区、该建筑本身的长远价值以及打造一个极具个性的景观设计埋下了伏笔。

在坡地别墅院落景观要素设计中，院落踏步和挡土墙往往是不可或缺的。这也是坡地别墅院落景观的重要要素之一（见图 4—24）。

图 4—24 别墅西侧连接北侧入口空间和南侧活动空间的走廊踏步

图 4—25 别墅南侧走廊空间看亲水院落活动空间

图 4—26 别墅南侧院落活动空间的烧烤中心

图 4—27 远眺别墅南侧院落活动空间以及坡地别墅全景空间分析

图 4—28 远眺别墅南侧院落活动空间以及坡地别墅全景空间效果图

（一） 交通入口在坡地别墅单体的东侧

当坡地别墅交通出入口在东侧时，一般坡地别墅单体位于西北高东南低坡势，半院落私人空间在东，主私人院落在东或在西。由院落景观外楼梯上一层平面（如图 4—29，客厅外有室外客厅活动平台，餐厅有室外餐厅活动平台，但卧室外部则没有室外活动平台，而必须是生态树木）。

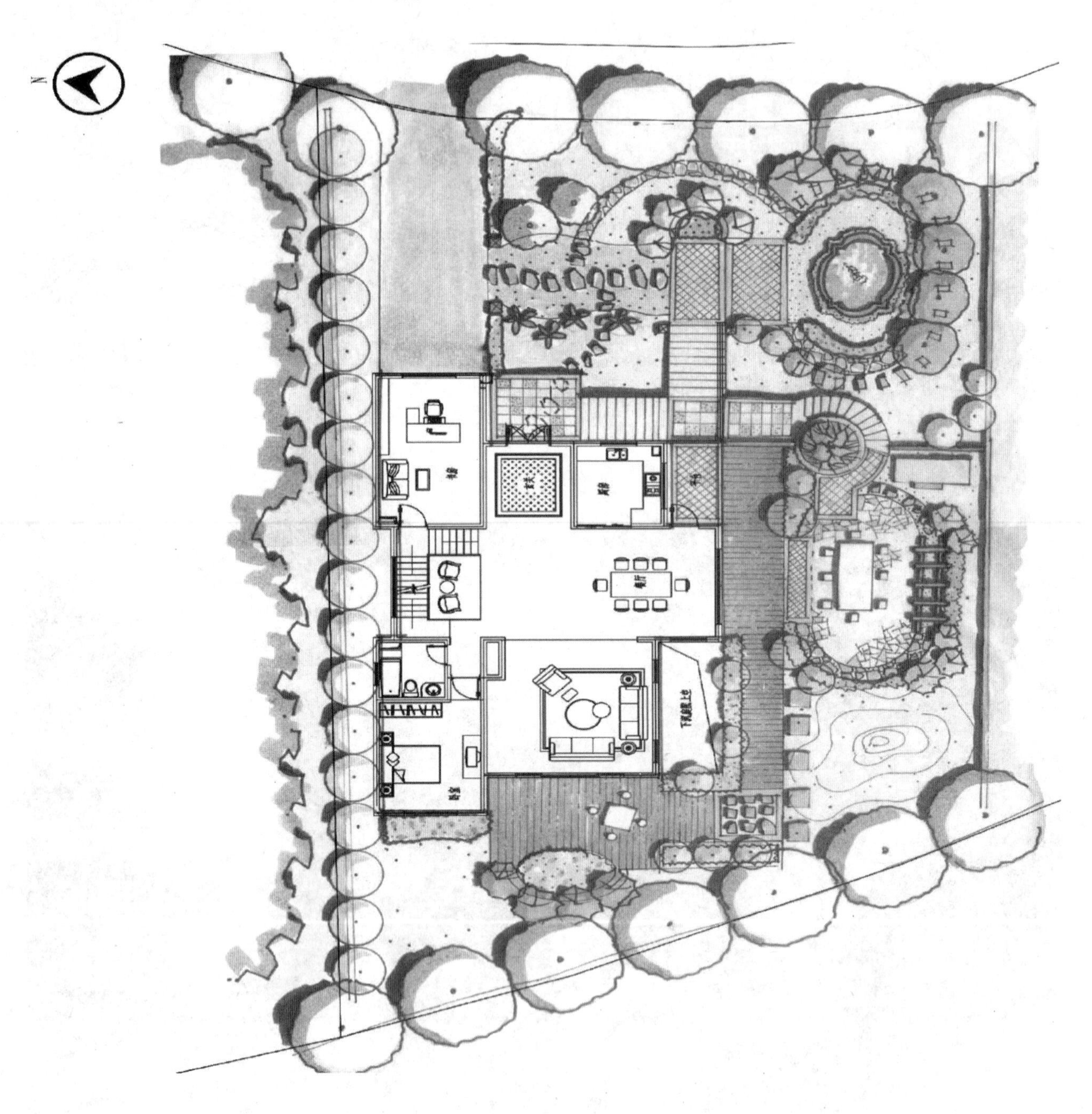

图 4—29 院落设计平面图

但是，也可以位于东北高西南低坡势，半私人空间在东，主私人院落则在西。可以从地下室至主私人院落，也可以从在东的半私人空间通过院落的踏步至主私人院落。

（二）　交通入口在坡地别墅单体的南侧

当坡地别墅交通出入口在南侧时，一般坡地别墅单体位于北高南低坡势，半私人空间在南，主私人院落也在南。可以从一层平面至半私人院落，也可以从在南的主私人空间通过院落的踏步至半私人院落。

（三）　交通入口在坡地别墅单体的西侧

当坡地别墅交通出入口在西侧时，一般坡地别墅单体位于西北高东南低坡势，半私人空间在西，主私人院落在东或在西。可以从地下室至主私人院落，也可以从在西的半私人空间通过院落的踏步至主私人院落。

但是，也可以位于东北高西南低坡势，半私人空间在西，主私人院落则在西或东。西侧由外楼梯上一层平面。可以从一层平面至主私人院落，也可以从在西的半私人空间通过院落的踏步上至主私人院落。

（四）　交通入口在坡地别墅单体的北侧

当坡地别墅交通出入口在北侧时，一般坡地别墅单体位于北高南低坡势，半私人空间在北，主私人院落在南或在东南。可以从地下室至主私人院落，也可以从在北的半私人空间通过院落的踏步至主私人院落。

（五）　景观与水体

当景观有水体时，一般是最佳景观设计，这里的水体一般是指居住区中心的公共水体，如图 4—30。

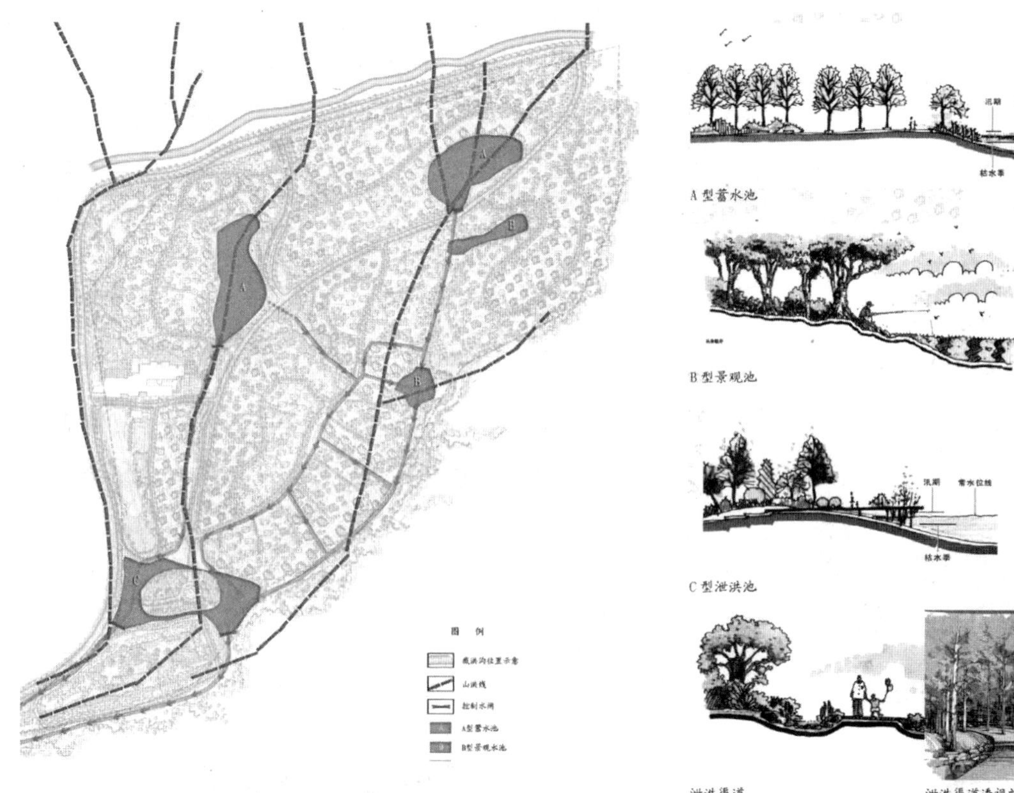

图 4—30 小区中的水系图以及各个节点的大样图

（六） 景观与冲沟

由于坡地别墅的地理位置，一般是北靠山体，所以一般会有山洪冲沟，这种冲沟雨季时流水湍急，而旱季时则枯水，这里一般要采用截洪沟的景观设计，以及冲沟的旱雨两种效果，表现状态是流水景观和干涸景观，以体现其价值（见图 4—31）。

图 4—31 通过冲沟景观看别墅

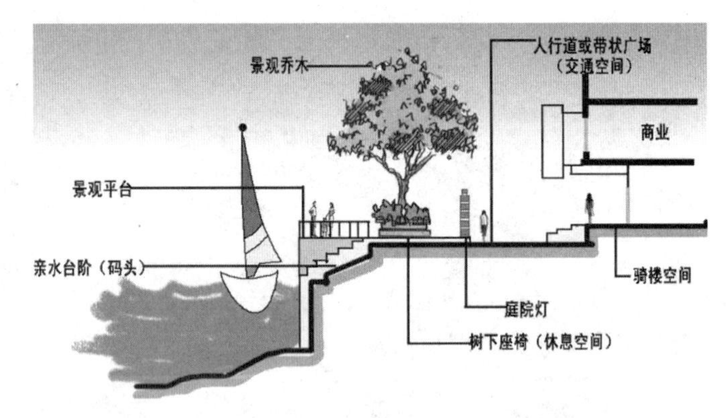

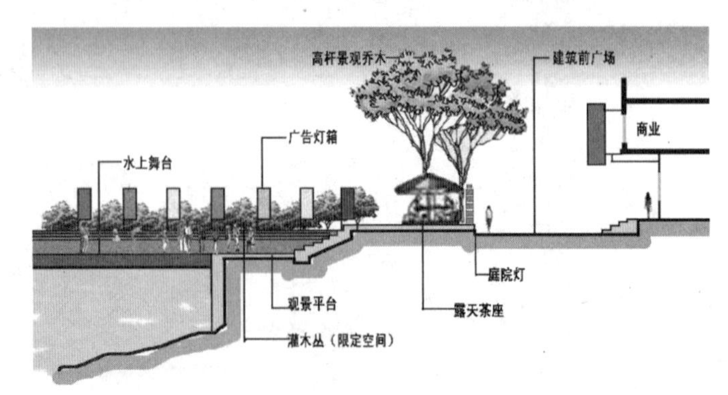

图 4—32 冲沟景观水面与岸边的不同结合处理

第四节　景观三景即远期景、中期景和近期景

在坡地别墅开发建设中，有一种开发方式，是先做环境，后造房子。这就使得每栋坡地别墅更显个性而更具价值，特别容易带动购买者的购房欲。这就有一个远期景、中期景和近期景的问题。

建筑师在提交整体效果图时，一般是指项目的终极效果，即"远期景"。很显然，"近期景"是指开始施工时的景观效果，而"中期景" 是指施工过程中的景观效果。这是一个综合问题，一方面对购房者而言，有一个自始至终的景观再现，另一方面对当地政府而言，也有一个中间检查过程，也就是说，远期景、中期景和近期景不仅是指单栋别墅，也涵盖整体项目范围，因此，项目在建设过程中，特别是坡地别墅，在"近期景"和"中期景"状态时会出现视景"盲区"，如果很好地解决好这个"盲区"，将会产生意想不到的效果（见图 4—33 至 4—35）。

图 4—33 前期景

图 4—34 中期景

图 4—35 远期景

第五节　坡地别墅景观手法价值

（一）　“小、散、隐”

坡地别墅位于山地环境中，其布局方式对山地景观具有重要的意义。传统的中国山地建筑在东方哲学和宗教思想的影响下，多追求“小、散、隐”，以达到归于自然的境界。例如，以庄子为代表的道家常说提倡“人们应醉心于自然的美，而不必看重由建筑而带来的感受，它们只不过是一种生活上的实际需要而已”。因此，所谓“深山藏古寺”，其主要意境在于“藏”，这样可使建筑隐匿在自然的环境中，获得“虽由人作，宛自天开”的效果，达到“羚羊挂角，无迹可求”的艺术水准。从中国传统审美思想出发的山地建筑在自然山林中常常表现出一种谦逊的态度。不少大规模的建筑群为了力求分散、隐蔽，往往扩大用地范围、限制建筑体量，顺应地形的起伏，以求与自然环境的契合。如四川灌县的二王庙、青城山的古常道观等，布局分散，不僵硬地强调规整的中轴线，配合地形，灵活安排。

当然，中国传统山地建筑多提倡“小、散、隐”的布局方式，在某种程度上还受制于其特定的物质技术条件。由于古代经济水平的有限与技术能力的低下，人们在山地建设中受地形的制约较大，只能因势利导地以若干单栋建筑进行组合；另一方面，相对于西方的石结构传统建筑，中国传统的木结构体系建筑有一个致命的弱点,即“怕火”的问题。历史上，绵延三百余里的阿房宫和四十丈高的永宁寺，被火灾毁于一旦的惨重教训使人们不敢再将大规模的木结构建筑集中布置，不敢再将建筑物造得又高又大。

在现代山地建筑设计中，很多建筑师也遵循“小、散、隐”原则，将建筑“化整为零”，提出“建筑体量宜小不宜大、建筑层数宜低不宜高、建筑布局宜疏不宜密”，使山地建筑融于自然山体环境之中。

“小、散、隐”的布局方式是使建筑融于环境中的手法，但是，这种方法也存在着一定的局限性，并不是山地建筑布局的唯一方式。

因为，随着社会经济的发展，人类山地活动的增多，人们对山地建筑的需求量日益增多，尤其在一些具有较高景观价值的地区，出于旅游需要的山地建筑发展极快。例如，在瑞士阿尔卑斯山的附近，旅游旅馆多达数千家，加上简易客栈、宿营地、饭馆、咖啡馆等设置，可接纳旅客近 200 万人。显然，面对建筑需求量的增大，分散布置会浪费风景区内宝贵的土地资源，减少绿化覆盖面积。即使用了“散”的手法也达不到“隐”的效果。同时，化整为零的布局方式必然会使建筑占据大量的土地资源，减少了山地风景区的自然植被，而这又是我们所极不愿意看到的事情。因为，相对于一定的自然环境范围，分散的建筑所带来的也是分散的自然环境，相对集中的建筑往往能留下集中的自然地带。

此外，要发展现代山地建筑，我们就必须面对现代的生活方式和技术水平。我们知道，现代建筑的功能与技术要求已经日趋复杂即使在山地区域，人们也会对建筑的规模有一定的要求，以保证建筑具有起码的功能设置和配套设备，为人们的生活、工作、交往等活动提供合理、有效的物质空间。而一味地追求分散式布局会使建筑的各种设备、工程系统效率降低，增长了给排水、电力、暖通等设备管线的铺设长度，加大了室外道路、通廊、室外管沟的施工工作量，提高了投资。

因此，在一定条件下，面对大规模的坡地别墅建设，集中式布局的山地建筑在使用、经济、技术和生态方面都具有明显的优点，我们应该努力研究这种布局的建筑与山地自然环境取得协调的方法，例如共构手法等，以获得美好的山地景观。

（二）　景观价值三要素

1. 实体要素

景观的实体要素，即客观实体是构成景观的物质组成。它的形成受自然界与人类活动的影响，充分体现了自然界的能量转化和生态平衡规律。对于景观的客观实体，人们最初仅把它局限于人类视知觉所能感觉的范围，如树林、水域、起伏地形、建筑、街道、开放空间等，而忽略了构成自然环境的其他要素。

首先，作为景观实体的山地环境，具有较大程度的原生性和独特性。因为，一方面，相对于平坦地区而言，山地区域受人类活动的影响较小，大部分地区的原生环境还没有被破坏；另一方面，山地地肌的丰富变化也使山地景观具有独特的视觉特征。当然，由于地表坡度的变化，山地区域的生态环境是比较脆弱的，景观实体还依赖于生态系统的整体稳定与协调。其次，从景观意象的产生过程来看，人类对山地环境的感觉、情感交流已经积累了相当的基础，对山地的空间领悟、文化认识、感情体验已经形成了一定的认同感，使山地景观的认知过程与认知方法包容了丰富的内涵。

2. 视觉要素

景观的认知意象则是人类凭感官获得的一种心理意象，是客观实体在人们意识中的反映，是人类审美心理活动的结果。人类认知过程对于景观的形成是极其重要的。认知是指接受信息、储存信息时涉及的一切心理活动，如感知、回忆、思维、学习等等。不同的认知角度、不同的心理状态与社会背景都会造成认知意向的差异。传统意义上的专家学派关注于视知觉在景观认知中的作用，他们认为视觉要素（线、形、色、质）是形成景观美感的根本；心理学派则认为外界的因素是多方面的，有形态的因素，也有许多非形态的因素，如声音、光线、天气等物理因素；认知派以环境场论、信息接受理论为依据，强调人们对三维空间的感觉；而经验学派却致力于对人的个性及其文化、历史背景情趣意志进行研究，把景观认知与人类情感、社会文化结合在一起。

3. 情感要素

由山地景观的“情感认同性”我们知道，人们对景观会产生某种程度的心理认同，即活动情感体验，而这种情感的积累与传播，又能对我们的观景活动产生特殊影响。

要在山地建筑的景观设计中把握“情感”的意义，我们需要引入对景观意境的研究。意境是人们在观景活动中所产生的一种意象与境界，它的存在离不开文化范畴和景观客体，是人们对景观客体的深刻理解与联想。由于意境与文化范畴的密切关系，我们知道，景观情感在很大程度上有赖于文化的积淀，文化背景是人类情感的底蕴，景观情感是文化背景的显露。

因此，山地建筑对于“景观情感”的表现，离不开设计者对文化背景的深刻理解。对于各种不同的景观意境——宗教性、纪念性或隐逸性等，采取不同的实体布局与处理，以使建筑的象征意义与所应达到的“境界”相符。例如，为了表现宗教的神圣、威严，可以采取类似布达拉宫的手法，以庞大的体量、高耸的地理位置来突出其景观地位，为了体现坡地别墅的悠闲与趣味，可以像流水别墅一样，把建筑与溪流、山石结合在一起，使其充满自然之趣。

景观认知的实现，离不开景观客体，也离不开人类的主体认知活动。千百年来，人们之所以会把自然山水作为景观的重要内容，是因为它承载着人们的情感，构成了相当程度的心理认同，体现了人类文化的积淀。

对于山地景观的情感认同，不同的文化背景会有不同的心理体验。在中国，“天人合一”、“君子比德”及“尊法自然”的思想使人们对山地景观产生了“比德”情结；寄情山水、崇尚“隐逸”的情结；而神仙思想的附会和宗教文化的发展又赋予了人们“宗教”情结。

“比德”情结

产生于春秋、战国时期的儒家学说,推崇“智者乐水，仁者乐山”，把山水景观当作人类道德品质的反映，表明了自然界的景观形象和人类的高尚情操具有“共通”的特性，人类社会的道德观念应该像高山一样高尚、质朴。

“比德”情结的理想景观应该是高大、自然、开朗的山体形势。

“隐逸”情结

寄情山水、崇尚隐逸，这是魏晋南北朝士大夫们所推崇的思想作风，他们逃避政治，鄙视追名逐利，追求精神的独立和自由。由于南北朝时期的“隐逸”文人多有极高的文化素养（如竹林七贤），代表了当时文化层次的尖端，因此，他们对后代的知识阶层影响很大，在文人画家之中形成了返璞归真、游山玩水的热潮。

例如，中国古代的杰出书法家、诗人王羲之就常在越中会稽的青山绿水之中邀友饮宴、吟诗写字；“少小适谷韵，性本爱丘山”的陶渊明四十一岁弃官归隐，村居庐山脚本下，过着“采菊东篱下，悠然见南山”的闲适生活；山水旅游家谢灵运也在《山居赋》里写道“昔仲长愿言，流水高山；应璩作书，邙阜洛川”，意为人在山川之中，既可以像仲长统那样归隐自然，又可以像应璩那样尽情赏玩山水，表达了其对隐逸山水的陶醉。

符合“隐逸”情结的山地景观多强调环境的幽静、灵秀、别有情致。

“宗教”情结

以神仙思想和神话传说为基础的各种宗教都不约而同地把山地作为求仙得道的神圣场所。道教认为奇山异水是教徒得以登仙的捷径，他们还因山之隐蔽、雄伟选择在山中炼丹、修道。如《西岳华山志》中有：“凡古之士，合作神药，必入名山福地，不止小山之中，何则？小山无正神，谨按山经去，可以精恩合作神药者，华山、泰山、霍山、恒山、嵩山，有正神在其中……其药必成”；而佛教则把自然山水当成了现世的净土，僧人可以在山水之间感受宁静无求的虚空境界，以至于形成了“天下名山僧占多”的现象。

由“宗教”情结出发的审美观多要求山地景观的态势符合风水思想，即以“四灵兽”式为准则，以求获得大自然的庇护与恩宠。

（三）　坡地别墅景观视线因素分析

景观视觉是由视觉主体（人）对视觉客体（景观的客观实体）产生的一种认知意象，是人们对景观实体的视觉感觉。我们研究景观视觉，主要是研究坡地景观的视觉形式，寻求具有一定普遍性的美感特征。在坡地环境中，由于地形的凹凸，坡地地表的三维特征异常明显，坡地建筑常与坡地景观一同进入人们的视线，构成了丰富的视觉界面；同时，地形的变化也使观景者的视点、视角发生变化，这也造成了景观视觉的多变性和复杂性。

1. 视觉界面的优化

视觉界面，在这里指的是景观实体的轮廓。视觉对象对观察者的多方面的感受，包括形状、色彩、肌理、细部和轮廓等。图形知觉研究表明，不同质的两部分，其边界信息量最大。为此，视觉对象的轮廓线往往给人的刺激最大。在山地建筑环境中，视觉对象既包含建筑，还有山体，它们都可以天为背景形成轮廓，也可相互作为背景，形成轮廓。在景观设计时必须深入地研究这些轮廓的关系，使视觉界面优化。

图——底关系

在山地环境中，当建筑位于山体中部或下部，而且山体的尺度远远超过建筑时，形成了建筑形体以山体为背景。这样，我们可以把建筑形态与具有相对独立性的自然山体形态看成“图——底”关系的界面形式，它们的叠合构成了视觉界面的整体形状。恰当地处理建筑与山体的“图——底”关系，是建筑与山地环境和谐相处、获得高质量景观视觉的基础。

对于山地建筑与山体形态“图——底”关系的处理通常从两方面考虑：一是在视觉面积的控制上寻求山体形态与建筑的协调；二是调整建筑轮廓与山体轮廓的关系，使它们相互配合，共同构成完整统一的景观。

视觉面积控制

对待山地建筑与山体自然环境这一对具有“图——底”关系的视觉客体，我们应该注意保持其视觉关系的均衡与稳定，避免双方在面积分布上的接近或对等，使人们的视觉重心游离不定，产生紊乱的视觉感受。一般说来，当山体尺度压倒建筑，作为“图”的建筑面积小于作为“底”的山体面积时，其“图——底”的关系较易取得协调。而当“图”与“底”的面积接近时，其视觉景观较难处理。

轮廓线的协调

各视觉客体的交接部位是吸引人们视线的敏感位置。要处理好山地建筑与山地环境的“图——底”关系，山体轮廓线与建筑轮廓线形态的协调非常重要。

为了减少建筑形体与山地环境的冲突，人们多以山体自然地形的趋势作为建筑轮廓的出发点，运用调和的手法，使建筑轮廓线与山体趋势相似，让建筑与山体相互呼应、浑然一体。方形建筑在形状浑厚、起落突兀的山上，建筑与环境协调；同样方形建筑建设在清秀、平缓的山上就显得欠协调；同样清秀、平缓的山体上建造轮廓丰富的建筑，便显得和谐统一。

阿尔卑斯山下的某旅游综合体以自然伸展的平面结合山地地形，并根据作为背景的山体形态，在强调水平发展的同时，运用局部垂直的建筑体形，组成完整的构图，与富有变化的山地环境取得了统一。

共构天际线

当山地建筑位于山顶、山脊或山冈时，建筑与山体不再是图——底关系，山体不是建筑的背景，而是与建筑共同组成的图像，共同构成明显的天际线。共构天际线给人的刺激特别强烈，山地建筑设计时，应倍加注意。

共构天际线时，建筑的轮廓首先要与山体轮廓的趋势一致，以达到相得益彰的效果。美国旧金山是个起伏地形的城市，20 世纪 70 年代初制定了总体城市设计，为了保护自然地形特征，对于山头的建设，要求建筑总体天际线与山体一致，应避免天际线与山体轮廓相悖。

交通银行无锡会议培训中心是建筑与山体共构天际线的一个实例。建筑坐落在小山岗上，原有山冈轮廓线平缓、线型简朴，设计者将建筑高低错落，并设置水箱塔楼，使起伏形成高潮。共构天际线丰富了原有山体的轮廓线，活跃了自然环境。

欧洲古城堡建在小山丘上，其体量与垂直向上的线条强化了山体的趋势，建筑与山体共构天际线气势雄伟。我国拉萨的布达拉宫与山体共构的天际线也属此例。这类建筑将山体的趋势引导、加强，称导势手法。

位于支脉下坡山脊上的建筑，其共构的天际线没有位于山顶的强烈。但是，由于人们视点的变换，在某些角度同样也有明显的共构效果。如无锡太湖饭店，坐东朝西面对太湖，建筑从小山头向西沿山脊跌落延伸，低调地顺坡依山，共构天际线融合在自然环境中。

2. 视点变化的考虑

在山地环境中，地形的高低起伏会使人们的观景点与观景角度有较多的变化。当视点处于较高的位置时，人们多采取俯视的视角，这样可以观察较大范围内的景物，获得清晰、明确的鸟瞰效果；而当视点相对较低时，人们学会采取仰视的视角，把高处的山体轮廓收入眼底，这样，不同高低的山峰、不同位置的山体叠加会形成丰富的层次感。为此，对于山地建筑，我们既要研究其鸟瞰效果，又要考虑仰视景观，同时还得注意利用高差组景，以丰富景观的层次感。

在通常情况下，人们只能看到建筑的垂直外表面，也就是人们常说的建筑立面。因此，建筑师们往往对立面的设计非常重视。而在山地环境中，由于基地的坡起，人们在高处就能看到低处建筑的屋顶及群体形态，获得具有鸟瞰图效果的俯视景观。这就要求我们对于山地建筑的第五立面——屋顶面及总体形态做更多地考虑，以保证鸟瞰效果的完善。运用坡顶能增加第五立面的立体性，而建筑的平面轮廓在俯视时，一目了然，更应认真推敲。福建武夷山庄是一个充分考虑俯视效果的建筑，山庄位于武夷山大王峰东麓，无论是平面构图还是屋顶组织都经仔细推敲，建筑随地形起伏高低错落，运用闽北乡土建筑风格——不同形式的斜坡顶、出挑垂篷柱檐口、白墙、暴露的木构，生动地穿插在自然环境中。瑞士奥赛里纳台阶式住宅群，结合地形和基地形状，将建筑群的平面轮廓自由伸展，丰富变化，俯视景观优美，克服了一般台阶式住宅平面轮廓平直单调的状况。

当山地建筑位于高位，观察者可能位于低位空间，建筑应注意其仰视效果，建筑的悬挑、架空底面必须加以考虑。

肌理协调

肌理是构成山地景观视觉的重要因素，它与形状相结合就组成了完整的视觉形态。在山地环境中，山地自然地表肌理的类型很多，有以各种树木为主的植被肌理、植被稀疏的石砾肌理、由断层所呈现的各种岩石肌理等。如能使山地建筑的人造环境融洽地组织到自然肌理中，就有可能产生较为理想的视觉景观。

建筑与石砾肌理协调

岩石是山体主要的构成物，露头岩能为山体增加景观，人们往往将岩石作为山地环境的象征。建筑形体与露岩结合使建筑整合于环境。也门的很多山村是建筑群与山岩整合的佳好实例，石砌建筑高低错落，拱券小窗坚实浓厚，屋似山岩从大地生。也门萨那高效的卡索尔哈克尔宫是建在山岩上的独幢建筑，建筑沿岩石逐级建筑，岩屋融为一体，相得益彰。

就地取材是建筑融于山地环境的另一手法。特别是运用石材建房、筑基、铺瓦，使建筑自然与山地产生认同感。我国四川老卡寨羌族碉房民居、也门石块建筑、以色列某集合住宅和贵州山区住宅都是用当地盛产的石块砌墙筑台与环境融合；北京西部深山中的川底下村是具有500年历史的古山村，村民们巧妙地运用石材筑台、护坡，如悬崖上自然生长的石堡，山村的石材色质感单一，但砌筑粗放不拘一格，形成了特有的质朴、粗犷的景观。

另外，人们还运用现代技术，充分利用混凝土的塑性特征，塑造粗糙的封面和不规则形体，与山体肌理响应，整个建筑似山岩，旅游者犹如以山洞而居。

建筑与断层岩石肌理协调

山体运动常常出现各种形态的断层，形成各具特色的悬崖峭壁，不同的地质构造、裸露岩呈现出丰富的肌理特征。在这种环境中，山地建筑要与环境协调，需注意建筑趋势与岩石肌理的结合。例如，我国山西浑源的悬空寺就是以山岩肌理的倾斜势态为建筑的出发点，运用建筑组群逐渐上升的布置形式，使建筑表现出与岩石层理相同的势态，达到了与山体肌理相协调的效果。

第六节　坡地别墅景观空间价值分析

同建筑环境一样，自然界的景观也具有空间的意义。人们在观景的过程中，会根据不同的客体环境形成多样的空间感觉，即空间意象，这是景观的认知意象诸要素中的重要组成部分。

（一）　景观空间的特征

景观具有空间性的描述，最早见于我国唐代文学家柳宗元的作品中：“游之适，大率有二：旷如也，奥如也，如斯而已……”，文学家将山水游赏的感受分为“旷”和“奥”两类，1979年，冯纪忠教授从风景评价规划的角度，又阐述了这一概念，首次提出以“旷、奥”作为风景空间序列的设想。

景观空间的性质取决于其墨盒程度，即空间的限定性。两种极端的表现形式分别就是“开敞”与“闭合”。开敞的空间就产生“开阔的、平坦的、表面质地统一的场面”，也就是“旷”的空间；闭合的空间是

"由天穹、山体、林木等各种不同质地的界面所限定的围绕合场面"，也就是"奥"的空间。所有景观空间都处于一定"旷"与"奥"相整合的状态中，呈现出多变的特性。

对于山地景观空间而言，不同的山体部位往往会具有不同的空间属性。在山顶山脊部分，视线开阔，至少在中景范围内没有视觉障碍物，景观空间有全向性的特点；在山腹、山崖、山林等部位，人们的观景视线为半开敞性，只能一个方向或几个方向延伸，景观空间为赣性或多向性；而在山谷、盆地等处，四面环绕的山体构成了封闭性的景观，人们身处其中会有被隔离的感受，因此，其景观空间有封闭性的特点。

（二） 建筑与自然景观空间的关系

山地建筑作为人们山地活动的栖居地，具有一定的实际功能需要，因此，其空间格局形成往往有一定的独立性与实用性；然而，山地建筑的存在又离不开山地环境的依托与限制，建筑所处的山地地段往往决定了建筑的外部空间特征，并进而对建筑内部空间及其序列组合产生影响，所以，山地建筑也受到山地自然空间的制约与影响。

很显然，山地建筑与自然景观空间的理想关系是：建筑在满足其使用功能的前提下，服从于山地自然景观的总体特征，并成为山地自然景观空间的延续。

山地建筑空间成为自然景观空间的延续，出发点是自然景观向建筑空间渗透。这既有生态意义，又有景观价值，对于景观建筑更显得重要。习习山庄是空间设计追求与自然结合的实例。山庄位于浙江建德市灵栖风景区，是天然溶洞——清风洞的洞口建筑，洞口处在半山腰，而山庄入口位于较低部位，通过山庄的开敞长廊和单坡顶覆盖的通向洞中的踏步空间，将旅客引向溶洞。长廊内保留山石、树木、藤蔓，与周围山地环境融于一体，使拾级而上的旅游者置身于大自然的怀抱中。

（三） 山地景观空间的塑造

山地景观空间是由山地自然景观与山地建筑共同组成的，因此，要塑造统一、完整的景观空间，需要把注意力集中于协调山地自然景观与山地建筑空间的关系上。

1. 营造空间序列

人们在山地环境中的观景活动是对一系列变化的空间逐一感受的过程。而这些空间的不同组合结合高差的变化形成序列，会使观景都带来不同的心理体验，强化人们的空间感受。

要使景观空间序列获得完美的效果，就得把握好空间序列感与变化感。没有空间的变化，我们只能得到乏味、平淡的心理感受，不能调动人们的情绪变化；而缺少了秩序，就很难给人形成一种整体的感觉，使诸空间的组合缺乏高潮，失去主题。因此，秩序是对空间序列的控制，而变化则是对空间序列的丰富。

山地建筑景观空间序列的营造，其最大的特征是与空间高差变化紧密联系，这也是区别于平地上的空间序列。四川灌县二王庙是多向空间序列型号建筑群。二王庙位于青城山上一块坐北朝南的坡地上，面对岷江，基地高差达 48 米，有 3 个出入口，在不同位置联向主轴，主轴序列为：东(西)山门—照壁—乐楼—灌兰亭—灵官楼—大照壁平台—戏楼—李冰殿—二郎殿—圣母殿。序列中的空间由踏步联系，依地形转折、升高，运用仰视的视觉特征增强空间的庄严气氛，室内和室外空间，通透和封闭空间，使序列在严谨中求得活泼。

踏步是山地建筑群消化高差的必要手段，可以安排在室外，也可以布置在室内，对空间的变化起到十分积极的作用。

以自然空间为主的空间序列，多利用山地自然环境在形状、明暗、旷奥上的变化，渲染气氛，以对各空间单元的差异性感觉来提高人们的心理兴奋度。位于我国佛教胜地峨嵋山中的伏虎寺是一个运用了以上手法的例子。伏虎寺的入口是一个被当作山门的牌楼，进了山门，是长约一华里的香道，该香道随山势地形而延伸，过虎溪三桥、路坊、牌楼，极尽“曲径通幽”之能事，渲染了气氛。过了牌楼，山路被笼罩在浓密的山林中，呈现出幽暗的气氛。等山路出了密林 ，环境豁然开朗，人们眼前就出现了院落重叠的伏虎寺主体建筑，此时，整个建筑群的空间序列达到了高潮。

由于各空间序列的目的不同，人们在山地环境中的观景活动也具有不同的高潮。有时，建筑空间只是为人们提供了观景点，真正的主角是山地自然环境保护；有时，自然环境空间只是人们进入建筑空间的前奏或过渡，对建筑空间起着衬托的作用。

2. 选择空间界面

空间界面决定了空间的形状、质感、开合，对于空间性质的确定是至关重要的。山地景观空间的界面可包括自然界面和人工界面。自然界面通常是由山石、水体、植被等构成的；人工界面包括平台、立柱、长廊、实墙、屋顶等，它们决定了建筑空间的特征。

山地建筑景观空间的性格、气氛形成与界面选择息息相关，根据功能的需要可以是全自然界面，也可以是全人为界面，人为和自然界面结合更能创造丰富多彩的景观空间。

第五章　坡地别墅交通价值

第一节 坡地别墅交通概念

在坡地环境中，特殊的地理条件既给坡地交通的发展带来了很大的困难，也为坡地交通带来了独特的个性。坡地别墅交通除满足交通联系的基本功能外，还具有两方面因素：满足道路竖向的坡度要求和完善道路空间景观要求。而恰恰这两个因素就是提升坡地别墅价值的重要方面。

在坡地环境中，交通的首要作用是帮助人们在各坡地别墅之间建立联系，它可以表现为道路、台阶、坡道、电梯、缆车等不同的形式，以满足人们不同的运动方式（如车行、步行等）的需要。

从功能需求出发，坡地交通必须满足人流与货流的有序进出、停车场地的妥善安排、消防通道的畅通等；对于建筑群体来说，坡地交通必须根据流量的大小、需求速度的快慢，设置不同级别的道路或选择不同的交通方式。

然而，由于坡地环境的制约，坡地交通的组织要比平地交通困难得多。首先，因为地形的坡起，人们实现竖向联系的需求和频率大大增加了，这无论是对车行交通还是步行交通，都增添了不利的因素，为了达到爬坡的目的，车行路往往会因地形的曲折、车辆爬坡能力的限制，而增加线路的长度，使坡地车行交通的效率大打折扣；步行路则会包含许多台阶或坡道，消耗了人们更多的体力和时间。但正因为如此，坡地交通才彰显项目空间整体组团形态的唯一性，使其项目本身价值大大提升，进而提升坡地别墅的价值。

第二节 坡地别墅交通的特点

在坡地区域，人们所面临的最突出的问题是地形的变化。由于地形的起伏，各别墅单体或群体之间的位置在高差上常会发生变化，因此，坡地交通的空间轨迹呈现出明显的三维特征；由于地形的起伏，人们在实现交通活动过程中常会感受到因地表凹凸而形成的丰富视景，于是，坡地交通又具有独特的景观特征；由于地形的起伏，常规的交通方式（车行、步行）常会受到限制，一些适合坡地环境的特殊交通工具（如缆车、桥梁等）应运而生，所以，坡地交通还体现了交通方式的多样性。因此，坡地别墅交通特点具体体现在三个方面：

（一）　立体化

与平地交通不同，要实现坡地空间之间的交通联系，除了要考虑它们的水平位移以外，还需特别考虑它们在竖直方向的位移，使坡地交通呈现出立体化的特点。交通的立体化，会使我们在经济、技术等方面遭遇比平面交通大得多的障碍，对地块资源的消耗与破坏也更剧烈，但与此同时，也会为坡地交通带来平面交通所无法比拟的便利。对于坡地别墅来说，立体化的交通，将为别墅组群及形态组织提供丰富的选择可能，使别墅的复杂流线可以得到很好的立体分流组织。

例如，道路可以在房顶的水平面进行（见图 5—1），也可以在地下室水平面进行，进户交通可进入坡地别墅房顶、顶层、二层、一层甚至到地下室，这种情况，对于坡地建筑而言，创造了特别的居住形态个性而突显其价值；这对于别墅建筑而言，创造了特别的居住景观个性，而大大提升其价值。

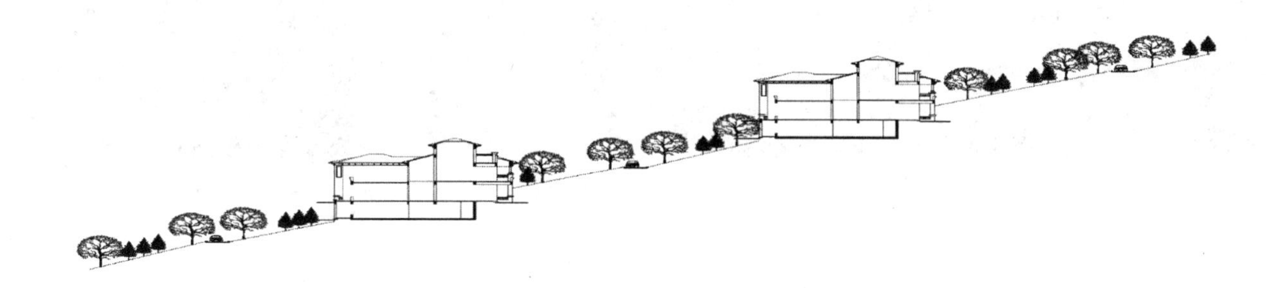

图 5—1 坡地与道路关系剖面图

（二） 景观化

在坡地环境中，由于交通的三维特性，人们在途中获得的视景比在平地显著，而且不断发生变化。随着道路的升降、曲折，人们的视点高低、视角、视域开合都会产生丰富的变化，这会为人们带来富有情趣的景观感受，使人们的感觉置身于风景之中，有时是鸟瞰景观，有时是仰视景观，但更多的是仰视和平视相结合的综合景观。而不像在平地，任何景物都只是在人们身旁一闪而过而且仅是平视效果，体会不到强烈的空间感受（见图 5—2 至 5—7）。

图 5—2 道路旁不仅有挡土墙，而且有立体绿化

图 5—3 道路中间的挡土墙和立体绿化

图 5—4 道路旁的坡地立体绿化

图 5—5 道路旁不仅有挡土墙，而且有立体绿化

图 5—6 道路旁的挡土墙和立体绿化

图 5—7 道路旁的挡土墙、坡道支路以及立体绿化

（三） 多样化

坡地地形的凹凸起伏，大多数区域仍可以用立体交通道路系统，只要能满足竖向要求。但对于极端情况，为常规交通制造了障碍，人们不得不运用多样化的交通方式，如架空道、隧道、索道、缆车等。这对于别墅建筑而言，创造了别具一格的居住个性，从而提升其价值。

第三节 坡地别墅总平面的交通价值设计

山坡是有特征的，别墅是有性情的，而只有当人类去体验去理解它们时，才能显现。在良好的交通格局及线路导引下，借助各式交通方式，人们得以接近、经过、环绕或穿越有形的坡地和无形的空间。正是在这过程中，别墅蕴意得以展现，山水的个性得以表达。交通格局是规划项目的重要内容。它除了提供人们到达目的地的方式之外，还得到感知和视觉展现的愉悦。

图 5—8　某项目的坡地别墅的交通规划设计

江苏宝华山南麓某项目的坡地别墅的交通规划设计（见图 5—8），图中字母分别代表：C—中心广场会所广场的开敞，F—过街楼的停滞和穿越，D—滨水广场的开敞和秀丽 G—景观干道的惊喜和轻松，E—三岔路口的心理停顿，A—主干道随着坡地等高线 的曲折滑行，B—支路也随着坡地等高线的曲折幽深，H—临水相望的景观水景，W—随着山坡起伏的景观高低异动，X—在开阔处的开敞视野，Y—在心动内向时的视线汇聚，Z—环路汇成的景观品味，行进是生动的、令人愉悦的。

在坡地别墅的设计中，交通的路线沿着逻辑（大多数指山体等高线）的演进序列，沿着最小的阻力线路，沿着景观指引的方向，朝着令人愉悦的山水、人文景观，朝着接纳型的地点，有集中还力求避免陡坡、避免单调的行车直线、避免一目了然的单调景观效果。沿道路的空间序列是完整而令人喜悦的。

在有限的景观环境面前，变化的欣赏角度充盈着人们的视觉。设计师追求巧妙的空间过渡，力图使人们在不知不觉间通过了功能和感受完全不同的空间。有时候过渡是强烈的，从林荫密叶里豁然进入宽敞明亮的广场，有时候是舒缓的、丰富的景色在人们目光中徜徉。如此通过变化的设计来调节人的情绪、反应和心理，就如同音乐的交响一样上下起伏。

决定路网的走势是整个规划结构的关键。应依坡形地势，环形路网设计既显而易见又极具创造力。主路顺依地形而行，赋予各住宅组团以良好的可达性，同时与地形产生良好的吻合度。交通规划深深扎根于基地的山水家园中。如果地形地貌是起伏的肌体，那么路网就是它遍带肌肤的脉络。以舒缓遒劲的走势，在基地上绵延生长，将无限的生机和生趣从四周输送到肌体的每一单元。

主干道是顽强生命力的代言。支路有机地从主路向外缘衍生。

考究的设计还从行人和行车的角度考虑，身临其境地感受每一个支路出入口的角度和宽度。假想着行进在丛生的绿荫和错落的黑瓦之间，目睹着直行的飞驰和弯路的舒缓，凝神感受着迎面吹来的微风和过耳的鸟鸣。

根据现代社会的物质水平，坡地车行交通是联结坡地建筑及其群体的主要方式。当然，在某些情况下，车行道只需通到建筑群体中的入口，其余的交通联系由步行系统和其他交通工具解决。由于坡地地形的起伏多变，坡地车行系统在纵坡设置、道路布线、截面处理及停车场的设置等方面均有其特殊之处。

坡地的极端情况是图 5—9，其停车场地距到达的坡地别墅将如右走 4 至 10 栋别墅的距离。图 5—9 显示，图中 A、B、C、D、E 五处均为车辆可达之处，特别是 B 处的地下车库，但从图中可以看出，从 B 处至最远处坡地别墅 Y 以及 X 将有 10 栋别墅的距离。

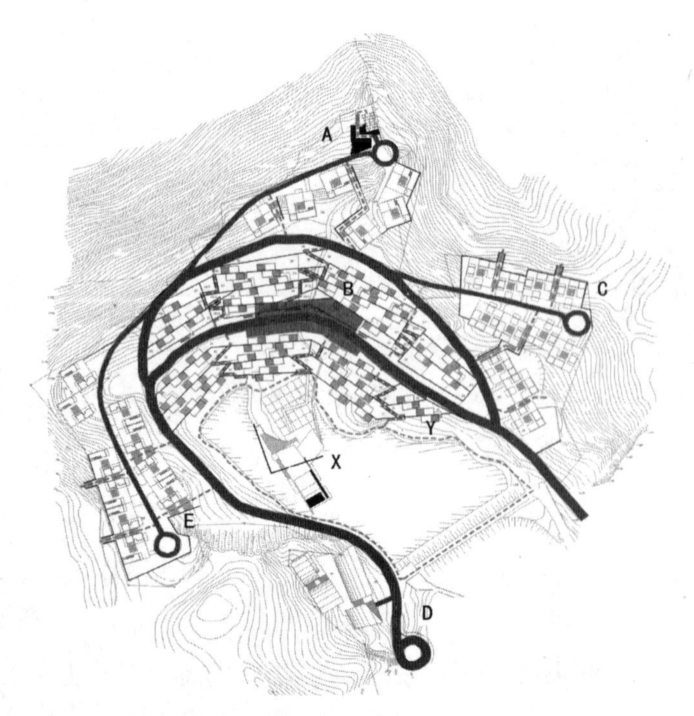

图 5—9 某坡地别墅停车场位置示意图

（一）　纵坡设置

在坡地环境中，车行交通经常面对的是爬坡，因此，我们应首先对坡地道路的纵坡设计有所了解。

坡地道路的纵坡不宜太长，地段也不宜太长。因为，汽车行驶在陡坡上时，其发动机牵引消耗增加、车速降低，若陡坡过长，还可能会使水箱中的水沸腾、气阻，致使机件过快磨损，驾驶条件恶化；同时，当汽车沿陡坡下行时，由于频频使用制动器减速，也会使汽车驾驶性能减退，严重时会使刹车部件因过热而产生失灵，引发交通事故。

坡地道路的纵坡设置取决于道路的功能，同时与汽车的车种、车速有关。按照有关道路工程的相关规范，坡地公路的最大纵坡应小于 9%，而且，根据不同坡度还应有适当的限制坡长。当然，根据经验，对于别墅小区或群体内部的车行路，由于设计车速较低，其最大纵坡可以放大至 10%，特殊情况下，甚至达 13%。如果道路同时容纳汽车和自行车时，我们还需考虑自行车的升坡能力。根据国内有关城市的调查资料分析，适于自行车行驶的纵坡宜在 2.5%以下，对于小区内的自行车道，其最大纵坡可放大至 3.5%。

（二）　道路布线

在坡地区域，车行道路的布线通常是复杂的问题。既要使不同标高的建筑或建筑组群实现功能联系，又要满足车行交通的爬坡、转变等技术指标，人们很难自由地选择道路线型。在通常情况下，道路的布线只能顺应地形，沿等高线蜿蜒曲折。而在平地常见的直线型道路在山地会碰到很多困难，因为，这需要运用隧道、开山、架空或架桥等手段，增加工程量，增加投资。山地道路的布线应该因地制宜，充分考虑与地形、建筑的结合。

1. 布线与地形的结合

在坡地环境中，道路线型号的选择首先要取决于地形。从生态观出发，我们一方面要使山地道路适应爬坡的要求；另一方面要尽量减少对原有地形的改变，使道路布线与坡地景观协调。

显然，尽量使道路沿等高线布置在大多数情况下是明智的选择，因为，通过调节道路与等高线之间的夹角，我们可以把纵坡控制在一个适当的范围内，并避免了因道路横幅空等高而产生的生硬边坡。沿等高线设置道路一般有以下几种线形：如果建筑布局及场地允许的话，道路可以均匀坡度地上爬或绕山上爬，这时一般不会出现急转弯；坡度不大时也可以均匀蛇形上爬，但在有些情况下，如坡度较大而场地又较小时，需设置回头线，当然，回头曲线必须满足转弯半径及加宽要求并且可能劈山较多。

当然，主张道路布线与地形结合（如图 5—10，小区干线道路与过境的沿着海景观道路一起形成了一个一个的曲线环，连接了各幢单体建筑用地），并不意味着我们只能设置沿等高线爬升的道路。在某特殊情况下，如原有山坡过于陡峭、道路绕线太长，采用架空道路或隧道的形式往往更为有利，缩短线路，并减少对地表的破坏。

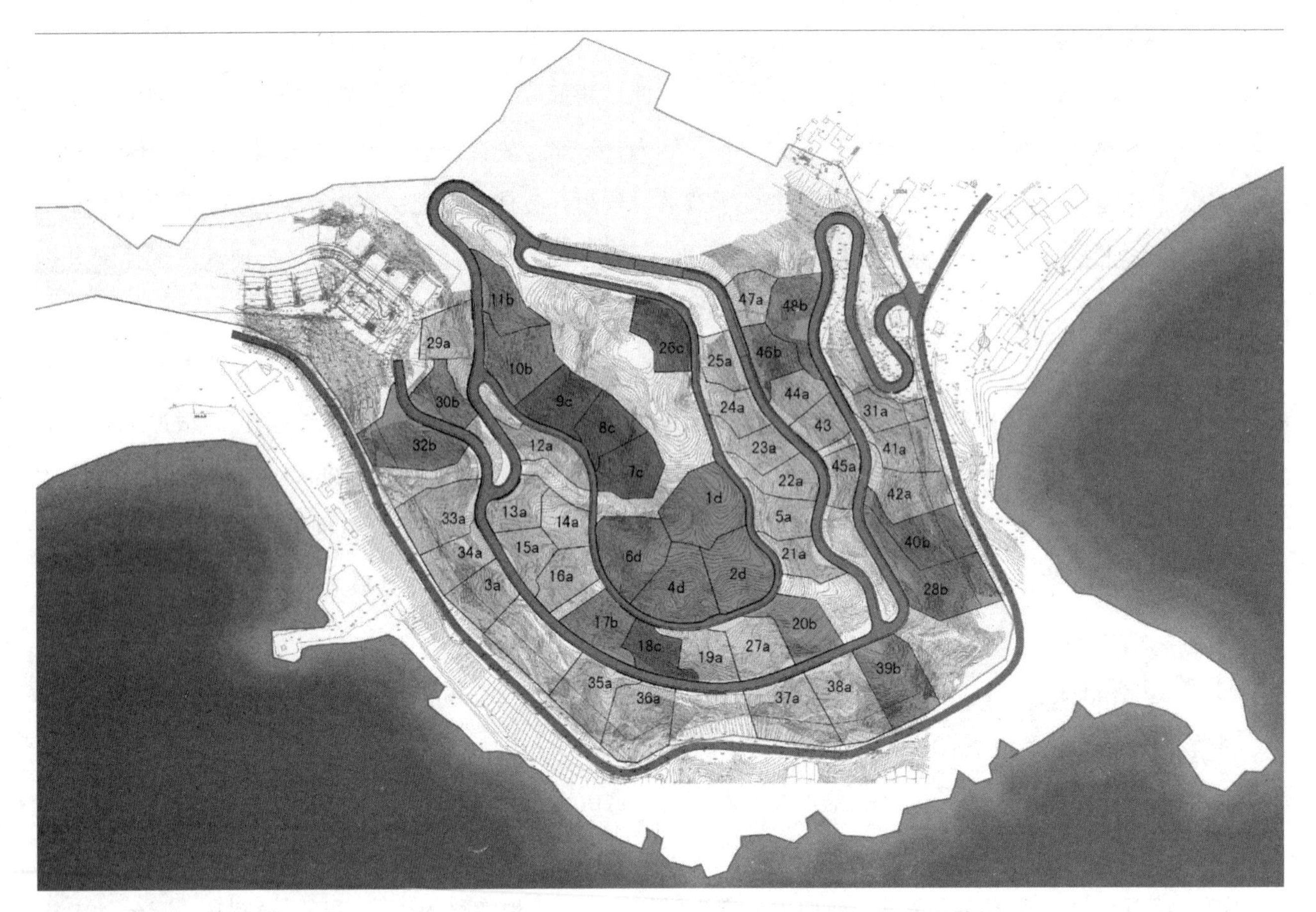

图 5—10 小区干线道路示意图

2. 布线与别墅的结合

除了地形因素以外，山地道路的布线还需考虑与建筑布局的结合。

在坡地别墅的群体布局中，道路线型往往是别墅排列的骨架，它的形成对于别墅的功能组合、空间布局影响较大。一般说来，道路系统的线型包括棋盘式网格状、环状、心形放射状、枝状、立交等。其中，就联系方便程度来看，网格状、环状、放射状等形式较为有利，但是由于地形高差的制约，它们的应用范围比较有限，不如枝状和立交线形更能适应山地环境。当然，根据建筑功能的需要，以上各形式的道路线型可以被混合运用。例如，在香港置富花园内，小区干线道路与过境的城市道路一起形成了一个大环，其内部支线则或为枝状或为环状，连接了各幢单体建筑，适应地形的变化和建筑群体布局的需要。

道路布线还需与建筑形体组织和布局、出入口位置的选择相结合。比较常见的情况是，道路与建筑物相邻，道路的一侧或两侧布置建筑；而当山体坡度较大、建筑形体与山体等高线垂直时，道路有时会穿越建筑，因为山地道路大部分是与山体等高线平行或斜交的。有时，一个建筑会有不止一个的出入口，因此与其相连的道路可能也会不止一条，且是位于不同水平标高的，这对于满足建筑的功能分区、人车分流或增加层数等，都是有力的措施。

交通入口在坡地别墅单体的东侧

当坡地别墅交通出入口在东侧时，一般坡地别墅单体位于西北高东南低坡势，半私人空间在东，主私人院落在东或在西。由外楼梯上一层平面。但是，也可以位于东北高西南低坡势，半私人空间在东，主私人院落则在西。可以从地下室至主私人院落，也可以从在东的半私人空间通过院落的踏步至主私人院落。

交通入口在坡地别墅单体的南侧

当坡地别墅交通出入口在南侧时，一般坡地别墅单体位于北高南低坡势，半私人空间在南，主私人院落也在南。由外楼梯上一层平面。可以从一层平面至半私人院落，也可以从在南的主私人空间通过院落的踏步至半私人院落。

交通入口在坡地别墅单体的西侧

当坡地别墅交通出入口在西侧时，一般坡地别墅单体位于西北高东南低坡势，半私人空间在西，主私人院落在东或在西。可以从地下室至主私人院落，也可以从在西的半私人空间通过院落的踏步至主私人院落。

但是，也可以位于东北高西南低坡势，半私人空间在西，主私人院落则在西或东。西侧由外楼梯上一层平面。可以从一层平面至主私人院落，也可以从在西的半私人空间通过院落的踏步上至主私人院落。

交通入口在坡地别墅单体的北侧

当坡地别墅交通出入口在北侧时，一般坡地别墅单体位于北高南低坡势，半私人空间在北，主私人院落在南或在东南。可以从地下室至主私人院落，也可以从在北的半私人空间通过院落的踏步至主私人院落。

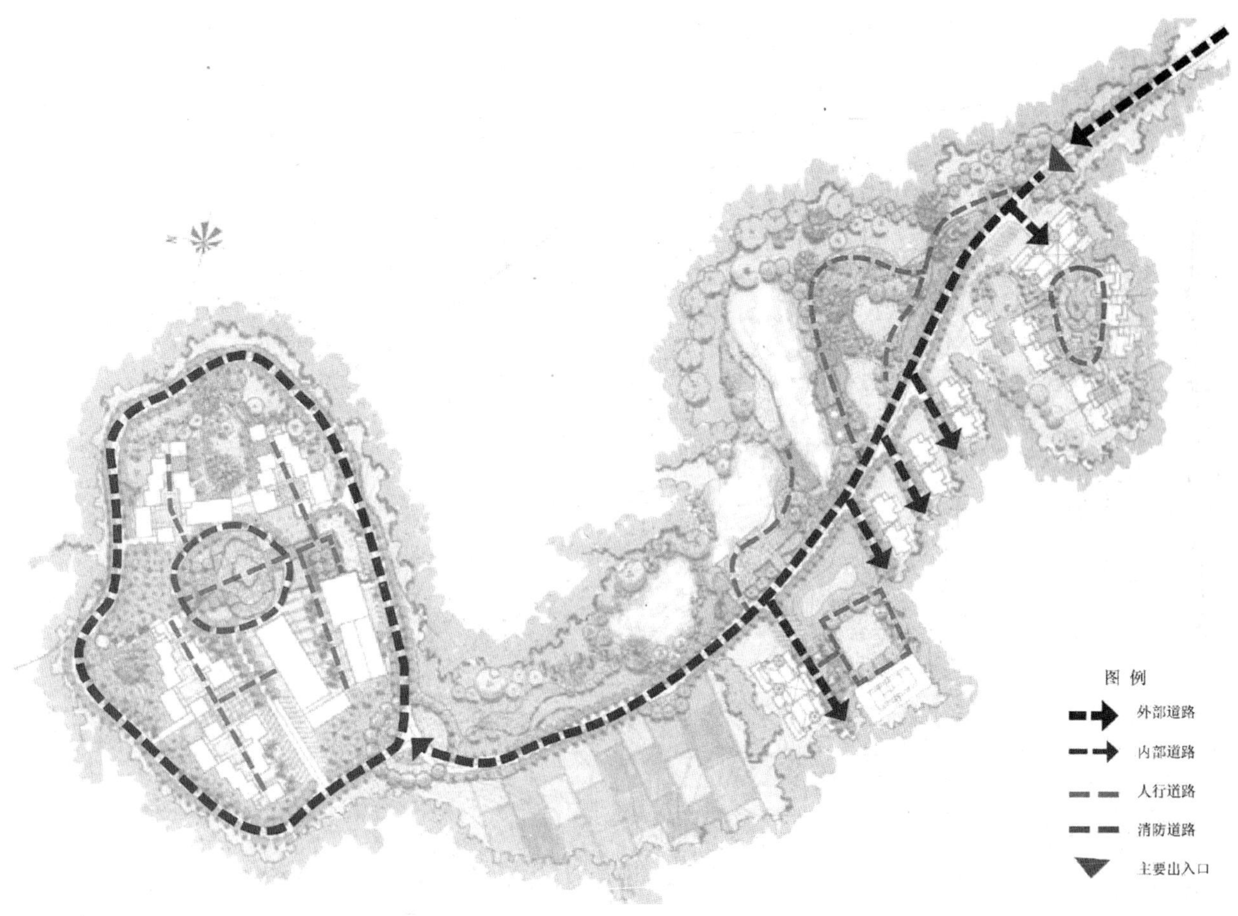

图 5—11 交通分析

结合坡地将道路与建筑有机结合是很多建筑师的追求，例如在江苏镇江市残联托养培训中心的设计中（如图 5—11 交通分析），道路网的布置及其标高设置就充分考虑了与建筑的结合。残联托养培训中心位于镇江市西南郊的山坡地上，是供残疾人居住、疗养的场所。为了减少残疾人的爬高，所有残疾人住宅的设计，均保证爬楼不超过一层。在南坡上，道路、住宅均平均等高线，并合理地控制道路间距与高差，使两侧的建筑面对道路最多为上一层、下一层，这样，在两条道路之间的建筑跃然高达五层，但是老人爬高仅有一层，在西北坡上，住宅垂直等高线，两条道路通过建筑，同样使从不同道路进入住宅的残疾人仅爬高一层。建筑群的道路布线设计，通常是在建筑设计之前进行，然后将建筑单体填入。也可根据建筑单体设计的要求，同时考虑地形特征，综合组织路网结构，以达到建筑群总体空间布局的合理性（如图 5—12 至 5—16）。

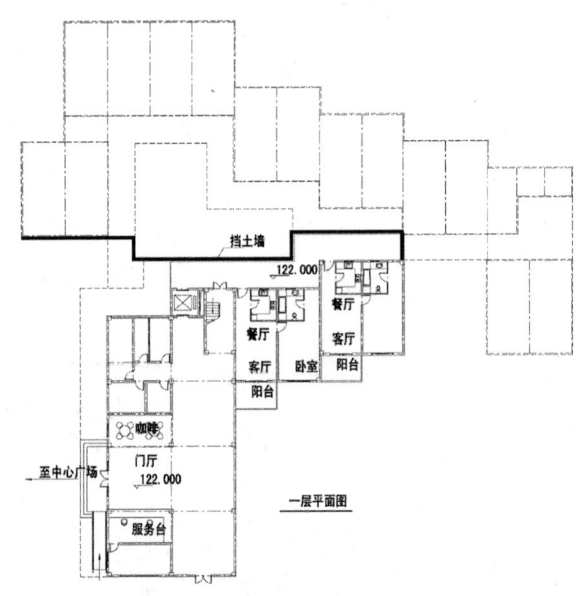

图 5—12 建筑出入口在 122 米高程进入中心广场

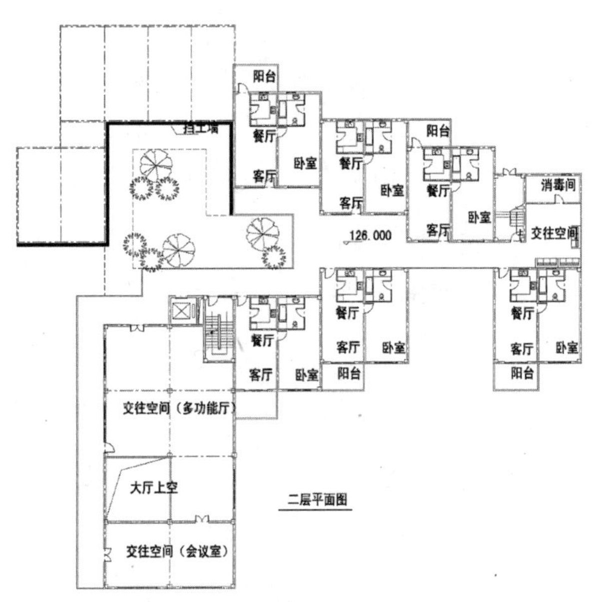

图 5—13 没有设置建筑出入口

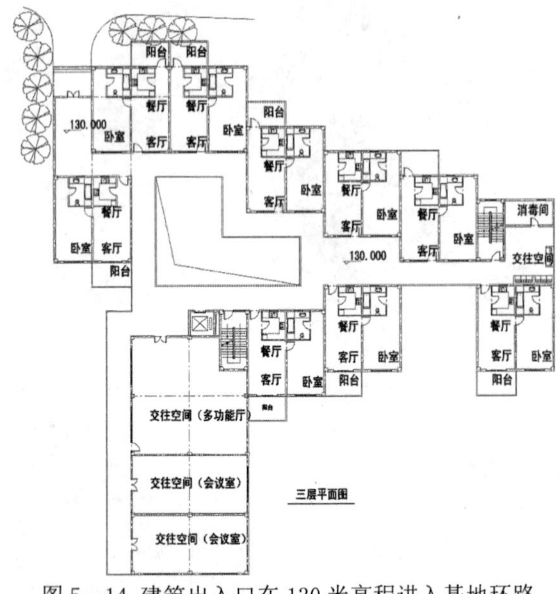

图 5—14 建筑出入口在 130 米高程进入基地环路

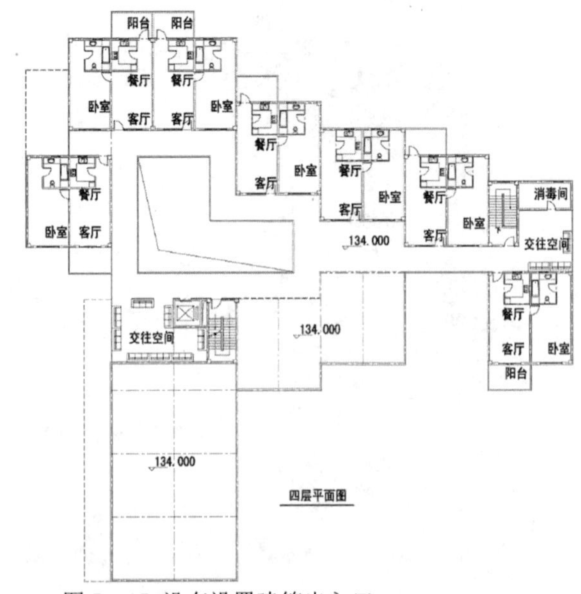

图 5—15 没有设置建筑出入口

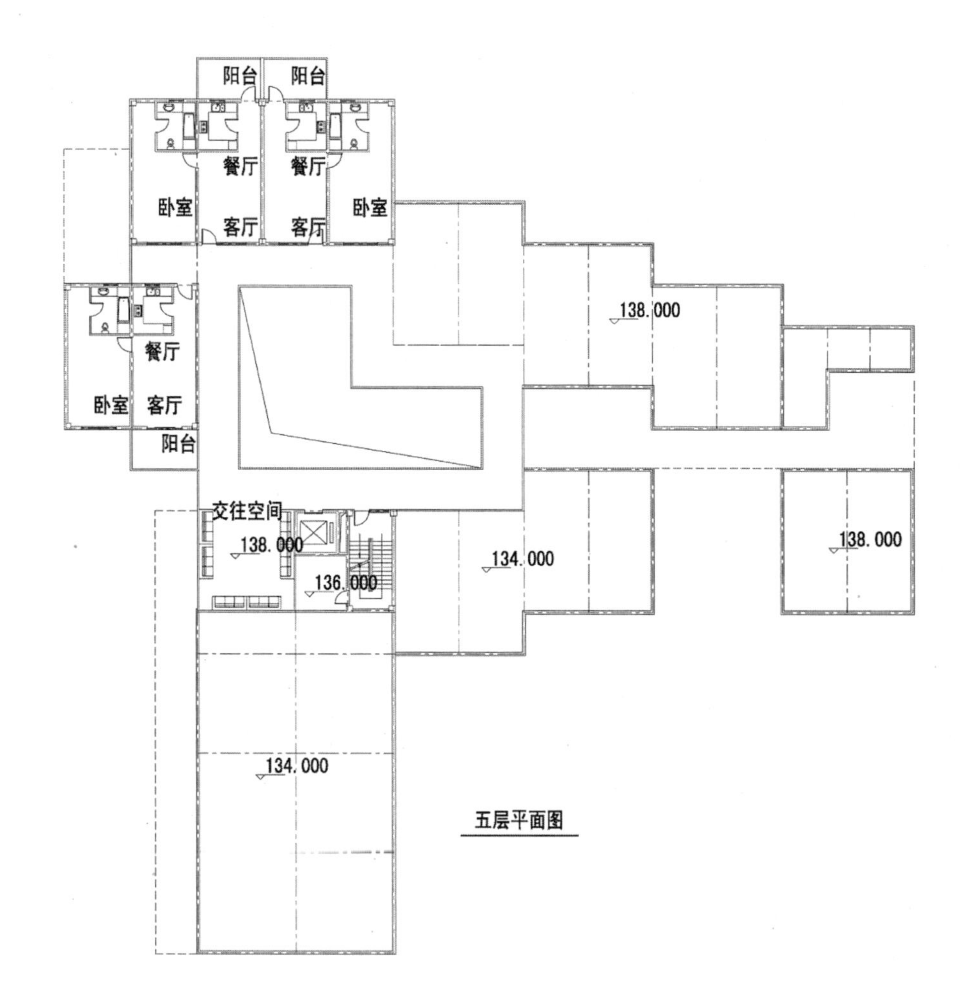

图 5—16 没有设置建筑出入口

（三）　道路截面

在通常情况下，山地车行道路的截面有路堤、路堑和半控半填式等几种方式，在某些情况下还可以局部采用架空、悬挑或隧道等方式。在实际工程中，后几种方式对经济及技术的要求较高，没有前三种方式简便易行，但是它们较能适应陡峭的地形，而且能增加趣味特色。

不论挖方式或填方式道路，都需注意其侧坡的稳定。为有效地防止冲刷、保持一定的排水坡度，对道路侧坡进行恰当的处理是必要的。

此外，我们还需注意道路截面形式与建筑的结合。为了减少车行交通对建筑或步行交通的影响，还可以利用地形高差来形成适当的分隔、增加绿化，以减少噪声和车辆尾气的污染，改善步行空间和建筑空间的环境质量。

道路截面有城市型和郊区型二种。城市型道路在车行道两侧或一侧布置人行道，郊区型道路在车行道二侧布置路肩，以保护车道。

道路截面设计时（如图 5—17），应考虑排水问题。通常要在道路截面靠山坡部位设置排水沟，以防止山上水流冲垮道路。排水沟的断面尺寸应根据水量大计算确定，宽度不宜太小，以利于清理垃圾；同时在一定距离横跨车行道布置排水管，或统一进行有组织排水。

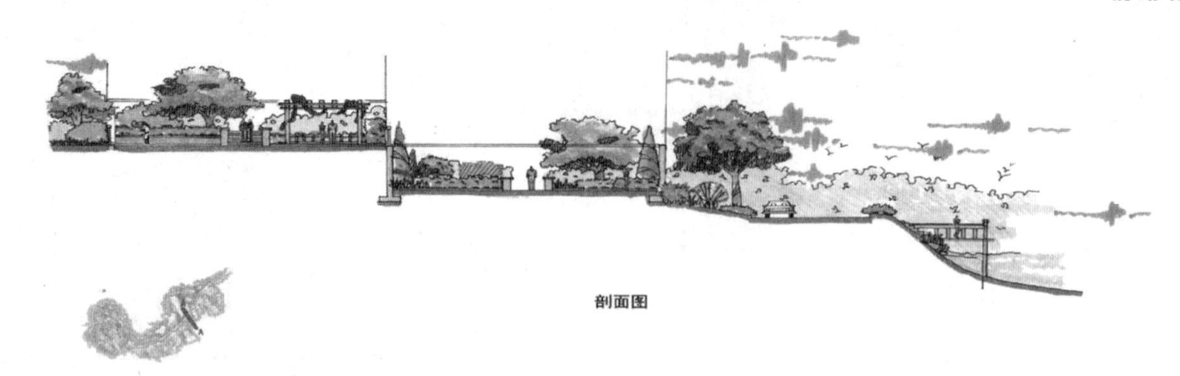

图 5—17 某别墅园区剖面图

（四） 坡地步行交通

同车行交通相比，步行交通的布置受地形坡度的限制较小，其形式也较自由。在步行交通中，人是交通活动的主体，因此，步行交通的设计应从人的行为能力及心理感受两方面去考虑，除了满足交通的功能以外，山地步行系统还是山地建筑室外空间的有机组成部分，它常常与步行广场、庭院、室外运动场地等相连接；同时，山地步行交通还应与建筑形态、建筑景观结合。

1. 基本要求

从人的行为能力出发，我们应注意山地步行系统的功能合理性和安全性。对于室外踏步来说，其尺度应比建筑室内楼梯更平坦、舒适，一般应为 130 毫米高，最好不超过 150 毫米高，并需设置栏杆扶手，以保证行人安全。从人的体力方面考虑，应适当控制踏步级数并设置休息平台。坡道的坡度一般应控制在 1/12 以内，并且地面铺材需选用防滑材料。

从人的心理感觉出发，我们应在步行系统的细部处理上注意保持山地特征，以视线联系的多样性、地貌地物的参与性来获得丰富的景观变化，激发人们对环境的兴趣，减弱因地形多变而带来的疲劳感。

2. 踏步

踏步是山地步行交通的主要形式，山地的起伏、高差通过踏步来沟通。山地建筑环境能通过踏步创造丰富的空间和景观。在踏步的组织、设计时，既要适应山地的坡度，又要考虑结合自然环境。

适应坡度，选择各种踏步形式

踏步结合树木、花坛、跌水、岩石等自然要素组织空间，形成丰富的环境，使步行空间充满自然的亲和力。

踏步与坡道结合

随着社会的进步，尊重所有人的权利，已成为社会的共识。在山地与平地一样要考虑适合伤残人的无障碍设计。为此，坡地上的踏步往往需要同时注意设置坡道。香港大学图书馆前的大踏步，在一侧布置了为伤残人服务的坡道，并结合坡道的平台安排休息坐凳，提供师生们歇脚、交往的场所。

3. 联系建筑空间

坡地别墅空间的步行系统，一般局限在会所等公共建筑区域，通常运用踏步、坡道、人行天桥和电梯等手段进行综合组织，以适应建筑功能的需要。

第四节　坡地别墅交通情感价值

坡地别墅交通情感价值主要体现在线性和轨迹、情感特征和适用场合三个方面。这里，

直线代表刚直宏大、有气势，一般适用于主入口区域；

穿越代表有抑有扬、柳暗花明，一般适用于主入口街楼；

汇合代表喜悦、明确，一般适用于主干道回合处、支路交合处；

交叉代表丰富、层次便捷、交往型，一般适用于主干道与主轴相交；

分岔代表有机、柔和、友好，一般适用于从主路进入。从支路进入户路，入户路基本形态；

集中代表交汇、凝聚、亲合，一般适用于主要控制路点；

有条件交叉代表步移景异、峰回路转、激动喜悦，一般适用于主路的组成形态、支路的存在方式；

偏移代表跳跃感、游离感、内涵丰富，一般适用于道路与山坡有偏移动，路绕山转；道路与水有偏移，路绕水转；

回返代表亲切、回归，一般适用于组团中心环岛、主干道环路。

附件　以镇江某坡地别墅项目为例，说明坡地别墅总平面的交通设计

（一）　主入口

住区主入口设在基地南部，开向长香公路。主入口结合了景观规划。沿主入口至交汇处自然形成一个公建景观围合的活动、休闲所在地，是建筑功能的重要组成部分，也是规划设计点睛之笔。该出入口在交通、景观方面均占有相当重要的地位，主入口道路宽度不小于 15 米（即 9 米车道，两边各 3 米的人行道）。同时主入口的位置为居民提供良好的可达性。

（二）　景观干道

景观干道宽 12 米，沥青黑色路面，设中央隔离带，在滨水广场附近与场地有机融合，共同构成开阔的活动场所。行道树选择高大、树冠开敞的乔木。道路两边种植整形绿篱，然后是开阔的公共绿地，间植季候性景观树种。保持视线在 35 米以上，不受屏蔽性遮挡。地面铺装在深化设计中另行仔细考虑，整体风格应统一而且精致。路旁设置自然主义风格的休息座凳，街道家具同住区风格相协调。此外，需兼顾临时访客的停车系流（见图 5—18）。

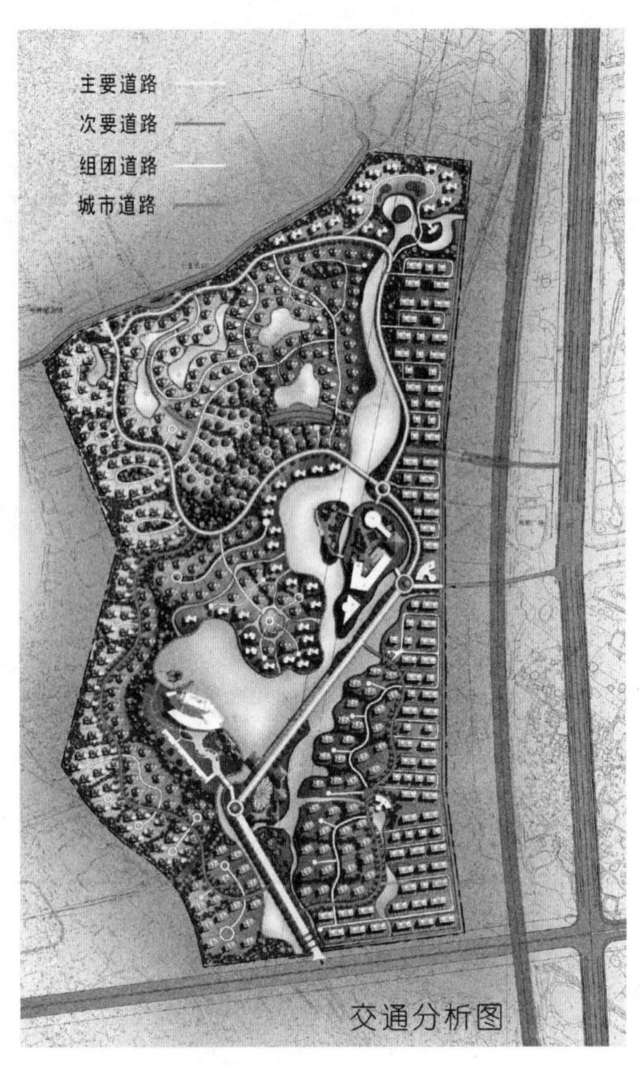

图 5—18 交通分析图

（三） 主干道

主干道宽 9 米，（主车道 6 米，双侧 1.5 米人行道）双车道沥青路面。纵坡不大于 8%，根据局部山坡转弯情况设置朝向内侧的单向横坡。具体坡度应结合道路构造和标准住区行车速度，在深化设计中逐一计算。

主干道两侧和私家庭院用地之间密植灌木状，线状公共绿地，宽度基本不少于 4 米。沿路侧种植 1～2.5 米宽整形绿篱，绿篱形态整个住区保持统一，以圆叶或卵圆叶常春绿篱为主，避免使用带刺绿篱，以避免行人在避让车辆时被刺伤，公共绿地内间植一般阔叶乔木和中等高度灌木。公共绿地住区物业统一维护。

主干道旁侧，每隔 500 米左右设休憩座凳，可利用本地自然材料或石材，街道家具风格应保持住区风格的协调统一。

主干道转弯半径不小于 12 米，交通频繁处适当扩大，保证消防车辆转弯半径不小于 12 米。逐个上呈环路，方便消防车辆通行。

沿主干道的管线敷设在地势较高一侧的地下，地表为绿地区域，方便维修、敷设。

主干道的设计还考虑到以下几种因素：

减少支路出口和设置间距：对于主干道，支路出入口既是行进轨迹的心理休息点，也是行驶障点。尽量减少支路的出入口，延长不停顿行驶的距离对交通的畅通至为重要。本规划中多数组团采用尽端式支路或则内环式支路即源于此。

考虑转弯半径，中速缓行。住区主干道呈环状流动走势。同样大弯环而无急转弯，使行驶车辆保持中速缓行，加强行车安全。道路的宛转营造了柳暗花明的景观转换效果。

丁字路交叉：过于快速行车的十字路交叉容易形成交通滞障。本规划主干道和支路适当使用十字路，尽量采用丁字路导引，以使在没有有形交通管制的情况下住区车辆能顺畅行驶。

路绕山转，路绕水转。山和水是本住区的用地条件和景观构架。主干道与山体、水体的接近和游离使行驶体验成为一种景观延续的间歇性和序列。整体规划结构也因而呈现出自由生动的体势。

（四）　支路

组团路宽 3～4 米，宅间入户路路面宽 3 米，钢筋混凝土路面，表面饰硬质防滑广场砖，根据不同组团的建筑风格拟有不同的质感、色彩和铺砌方式，结合其他硬地和绿地，成为组团公共场所设计的重要组成部分。

支路两侧和私家庭院之间绿地隔离细节设计在深化设计中表达。较长的支路考虑消防车通行与回车。支路和主干道的接合方式基本设计成分岔式，避免直交形成冲撞，避免锐角形成超过 180° 的大转弯。

支路的回车方式有以下几种：

进端环岛路：组团有一个口开向主干道。适合中等纵深距离的组团。

尽端式组团路：设置回车场地，尽端回车。适合中等纵深距离的组团。

分岔式组团路：不设置专用回车场地，通过短距离倒车结合三岔路转变车行方向，以减少硬地铺装，增大绿化景观，适合于纵深不大的组团。

多种方式综合：根据组团的不同特征，因地制宜。综合运用两种或多种方式，力求使组团交通更便捷，又有更好的景观。

（五）　步行道

本住区步行道形成了完整的系统。步行道的休闲性同时使之成为景观规划的重要组成部分。

步行道是区内公共建筑设施、景观环境以及各组团的连接枢纽。同规划结构相协调，以中央亲水步行道为主线，向东西两侧各组团辐射型展开。联系着住区的每一个组团。

步行道的路面宽根据景观视线的组团是变化的，从 1.5 米的小径到 5 米宽栈桥廊道不等。

步行道的形式根据不同地势而有所变化的。卵石铺砌的健康步道，青石砖的乡村小路，木条板的沿河栈桥，登高望远的台阶、高台，风行水上的巨石汀步，铺装精美的漫步小路，风格各成一脉，精彩随之纷呈。

步行道的个性也是多样的，大体可分为亲水步行道、沿溪步行道等。自由的步行交通，就像一条静静的小溪，循着蜿蜒的线路流动。缓慢的交通正如和缓平静的河水流淌于河湾。漫滩涌动的回流以及偏离主流的静流区，孕育着宁静、清闲，偶尔也边有激情和喧闹。这种庇护性的浅滩特性在交通设计上应与主题交通相关，但又不在主要交通道上的规划功能。漫步在自由的步道上，自在地呼吸着住区自由的空气，慢慢地望着交相错置的优美环境，是多么怡然的坡地别墅生活。

沿水步行道：可分为沿湖、沿溪亲水步行道

景观步行道：指向各小区和区域景观中心和场所的步行道。

（六） 停车场

为了使用方便，公共停车场位于小商业广场及会所活动区域内，VIP 酒店及别墅另行设置独立的停车位。

会所停车：考虑到会所等公建有一定的对外功能，会所停车应设在外围，并结合水景进行新颖的空间处理尝试。停车场与绿地景观、与会所间有树种隔离。

私家停车：别墅设置停车库。对个别设置停车库的单元可考虑露天停放在庭院里，具体需结合每一单体的地形环境，拟在深化设计中进行详细设计。

第六章　影响坡地别墅价值因素的工程技术

从坡地别墅的组合形态、景观和交通等方面的价值设计中不难看出，影响坡地别墅的价值因素往往是提升其价值的因素，为此，有必要进一步研究提升坡地别墅价值因素的工程技术保障措施。

前面已讲述影响价值因素中的人为因素和自然因素，就工程技术而言，主要涉及自然因素，即地质、坡形、气候、水文和生态等。

由于宏观环境的地质、水文和生态的变动具有一定的不可避免性，我们应该加强预见性研究（这一过程城市区域规划以及城市总体规划中一般已有研究），所以，在项目选址时，基地应避开地区性的断层区、新生的活动断层带、火山爆发区以及相关塌陷区，以规避地质灾害的影响以及相关水文和生态等方面的灾害影响。这不是本书所说的重点内容，以下主要着重基地微观环境的地质、水文和生态系统等做工程技术保障措施的探讨。

第一节 坡地别墅影响因素的表现形式和原因

（一）　坡地地质灾害

坡地地质环境是在千万年的时间中逐渐形成的，它的稳定来源于坡地生态系统诸要素的相互牵制与作用。如果生态系统的平衡被破，就会使坡地地质环境发生异常变动，引发地质灾害。坡地地灾具体表现为下列四种类型：

断层：是山体岩层受力超过岩石本身强度时，而发生的断裂和显著位移现象。从理论上来说，越是新生的断层地带，将来再发生断层的可能性越大。这种情况一般发生在宏观环境的地质变动，但在微观环境而言，发生的概率很小。一般应选择坡地别墅基地的避让。

滑坡：是指山体岩石或土壤在重力、水或其他作用下，失去平衡，向下坡方向沿一定的滑动面整体下滑发生的位移。它的移动方式包括堕落、倾翻、滑动及流动，一般有滑坡体、滑动面、滑动壁、滑动石、滑动鼓丘、滑坡洼地和滑坡裂缝等形态。它的范围可大可小，速度可快可慢，有时每年可能只蠕动数厘米，非常具有隐蔽性。滑坡对于坡地别墅建筑的破坏是致命的，因为如果有别墅建筑存在于滑坡所在的地点和所经过的地区，它将被彻底毁坏。所以，一般也应选择坡地别墅基地的避让。如果是在基地的上坡势，可选择治理性使用。

崩塌：崩塌与气候有密切关系，如在气温热较差、年较差都很大的干旱、半干旱地区，物理风化强烈，很容易崩塌；暴雨、强烈的融冰化雪，爆破和地震都是崩塌的诱发因素。这种情况一般发生在宏观环境的地质变动，但在微观环境而言，也有发生的概率。一般也应选择基地的避让。如果是在基地的上坡势，也可选择治理性使用。

下陷：在以石灰岩为主的坡地区域，地下水会将水深性的石灰岩沿节理与层面慢慢溶解，形成很多洞穴，这些洞穴扩大以后即变成溶洞，会产生洞顶塌陷和地面漏斗状陷穴。当然，地层下陷也有可能是由人为因素所造成的，如地下水过度抽采或地下矿藏的挖掘。这种情况一般发生在宏观环境的地质变动，但在微观环境而言，也有发生的概率。一般是应选择避让。

（二）气候水文灾害

山洪：坡地水灾的主要表现形式是山洪。它常常表现为：地表径水流突然增大，溢出了原有河道、沟渠，形成对山体地表的冲击。它的特点是作用的时间短、暴涨暴落、流速大，对山地人为环境的破坏力极大。例如。爆发于 1933 年 12 月 31 日的洛杉矶“新年水灾”，冲毁了 400 多幢房屋，淹死了 40 人，毁坏了许多农作物、道路及其他建筑物，总损失量达 5000 万美元。2012 年的大雨竟使中国首都北京造成多人死亡、许多车辆受损。城市设施的落后，山洪的爆发常常伴随或引发了泥石流。这里，在基地上坡势可选择治理性使用其建设用地。这一类防治措施主要为项目进行洪水截水沟设计（见图 6—1）。

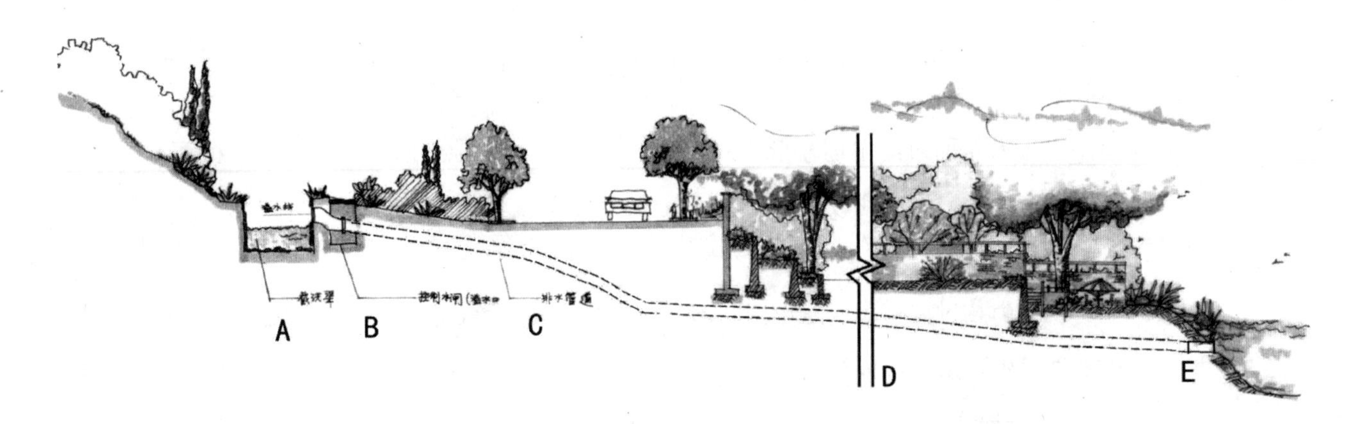

图 6—1 项目洪水截水沟设计

泥石流：是指在山地环境中突然爆发的含大量泥沙、石块的洪流。它的运动速度较快，能量巨大，破坏能力极强。在其爆发时，往往伴有巨大的声响，使山谷雷鸣、地面颤动。在我国的一些地区，它又被称为“走龙”、“山啸”或“水炮”。泥石流的形成有三个基本条件，地形条件制约泥石流形成，运动规模等特征。主要分析山峰和山谷（图 6—2 是江苏某坡地别墅式旅游项目的山洪分析图。其中红线为山峰蓝线为山谷即为山洪冲沟）这里，在基地上坡势可选择治理性使用其建设用地（防治方式同上）。

（三）　生态系统灾害

生态系统对宏观环境的影响是不可估量的，主要表现为气候变暖、洪水泛滥、泥石流、沙漠化等，但就微观环境而言，主要表现为局部滑坡和绿化以及水环境的恶化。

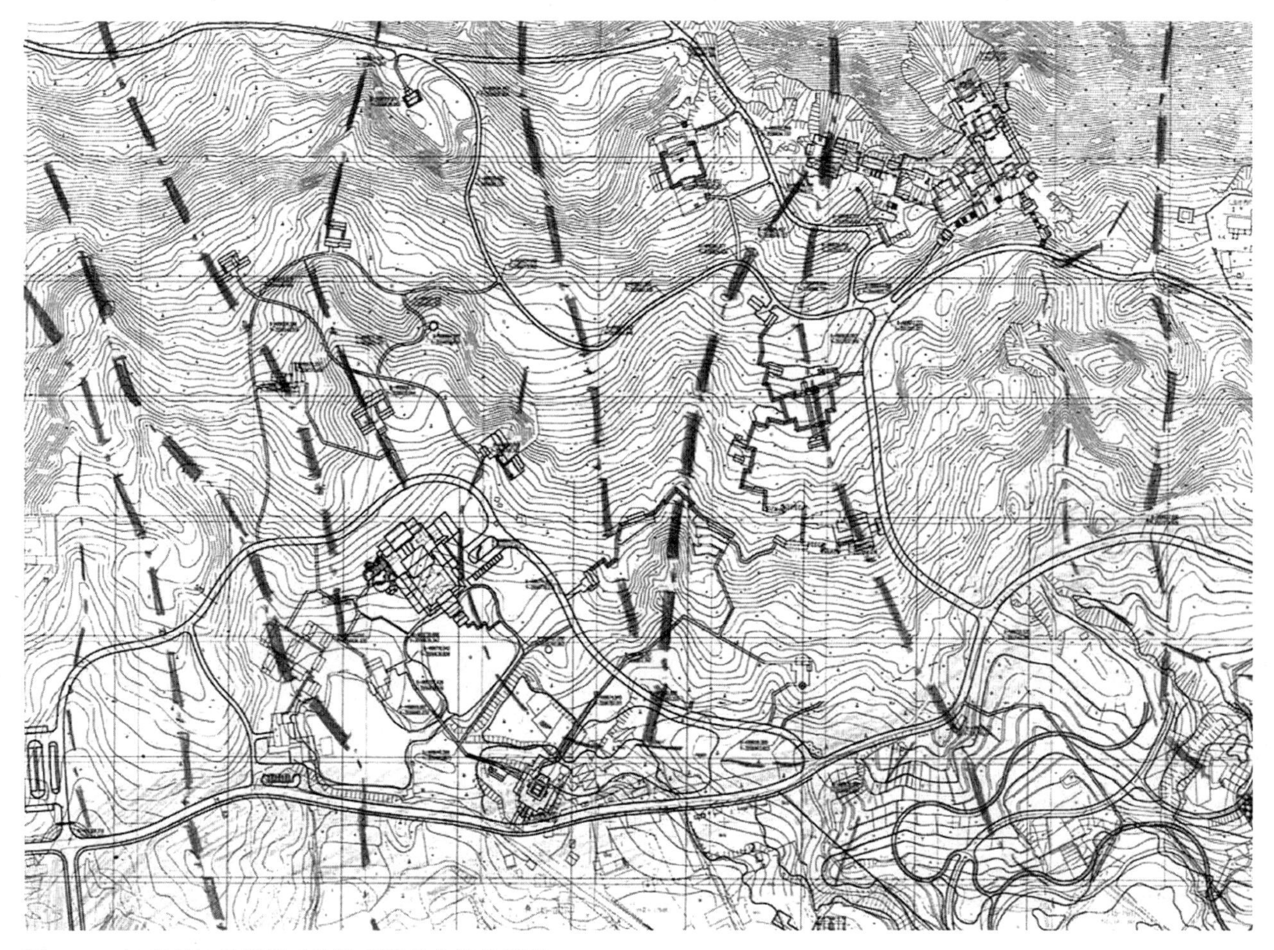

图 6—2　江苏某坡地别墅式旅游项目的山洪分析图

第二节　坡地地质工程技术保障

从坡地微观环境的角度来看，要维持坡地及其周围环境的地质结构稳定性，坡地比平地有较大的困难。一方面，被开发为建筑用地的坡地区域多硬地和裸地，地表的储水率、渗透率、蒸发率减少很多，雨水落于地面大多直接变为径流，对于建筑基地的冲蚀很大；另一方面，在建筑、道路的基础挖、填方过程中，常会破坏山坡的基脚，使上部山体失去支撑，形成坍塌。为了防止因水文状况紊乱而导致的环境破坏，维护山体边坡的稳定，我们必须采取一定的措施，如进行适当的水文组织，防止水土冲蚀，修建挡土墙、进行边坡绿化、采取有效的防水措施等。这些都需要我们有科学的、有效的坡地地质工程技术手段。

对于坡地的防灾、结构稳定和技术设施等诸项要求，我们需要借助地质学、结构力学、水文学等学科的知识来进行分析，掌握各种工程技术手段的运用，找出解决问题的对策，不可否认，真正解决问题还应寻求相关专家的通力合作，然而，这并不是我们的全部目标，仅仅靠纯工程技术的运用并不能使坡地别墅获得理想的效果。科学的坡地地质工程技术应该符合坡地别墅的生态观和美学观，强调工程技术与生态学、美学相结合。

在上一节中我们强调注重微观环境的地质、气候水文、生态的工程技术特点，但是，就坡地地质而言，微观环境也包括基地界面外部微观环境和基地界面内部微观环境两部分。

1. 关于基地外部微观环境的坡地地质工程技术保障

关于基地外部微观环境的影响因素（包括断层、滑坡、崩塌、下陷、泥石流等），我们采取三个措施：措施一，根据山体的坡度情况决定设立基地的缓冲距离区。根据多方调查和统计，得出坡地平均坡度和基地界面之间应预留的缓冲区距离。

措施二是在基地的缓冲防护区设置多道（至少一到两道）加强缓冲防护区挡土墙，一般两道加强防护墙之间是山洪排泄沟。

措施三是根据山体的高度情况决定设立基地的缓冲距离（见图6—3至6—9）。

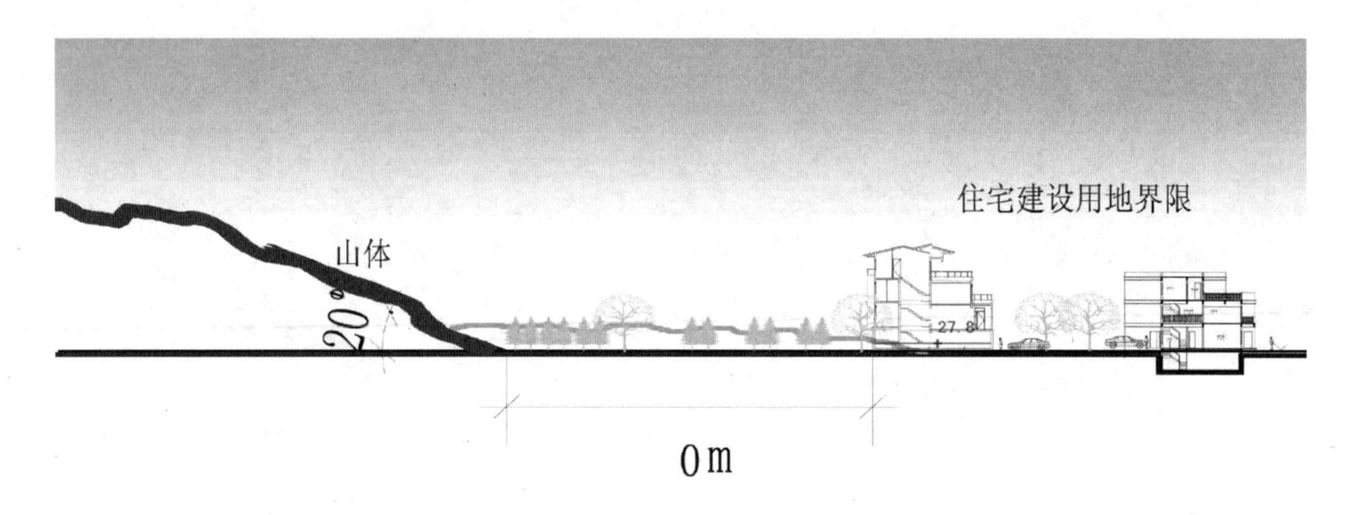

图6—3 安息角20°与住宅建设用地界限距离关系

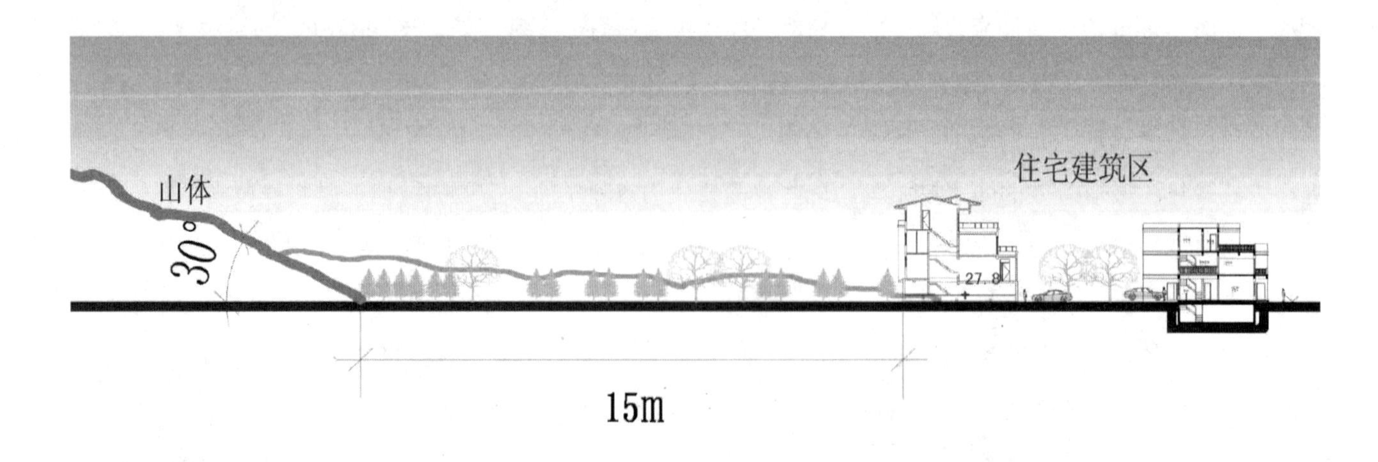

图6—4 安息角30°与住宅建设用地界限距离关系

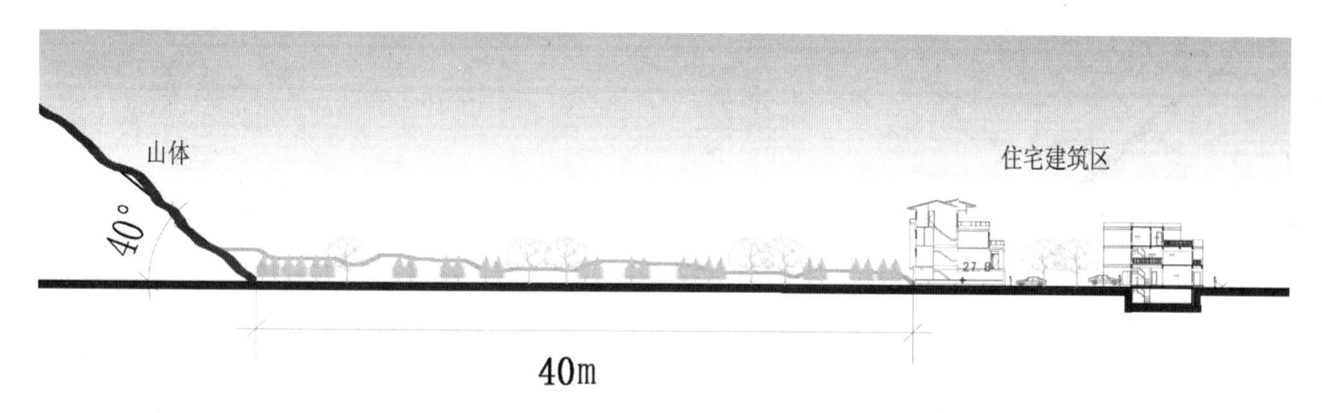

图 6—5 安息角 40° 与住宅建设用地界限距离关系

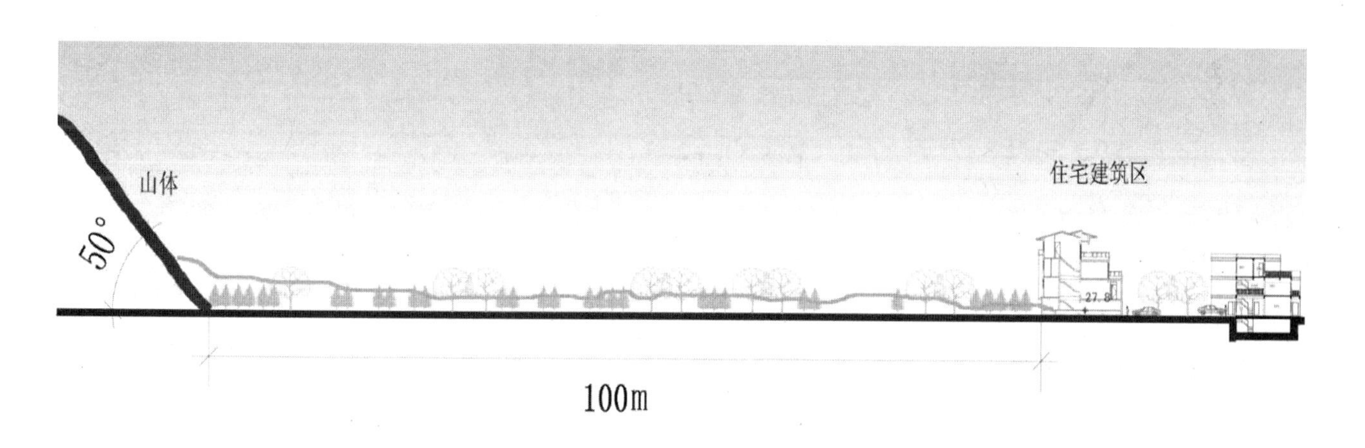

图 6—6 安息角 50° 与住宅建设用地界限距离关系

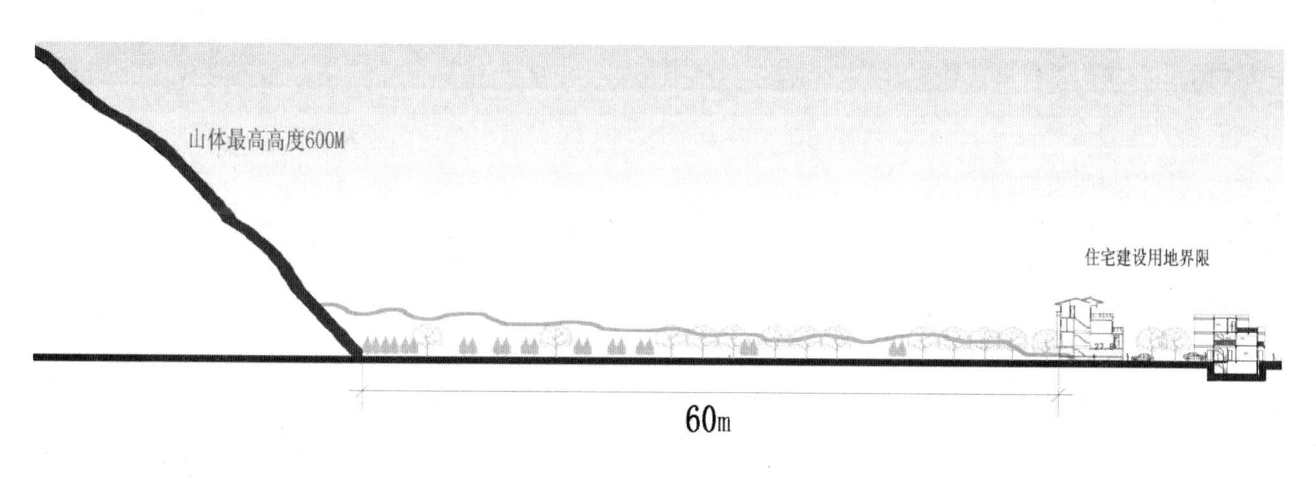

图 6—7 山体最高高度 600 米与住宅建设用地界限距离关系

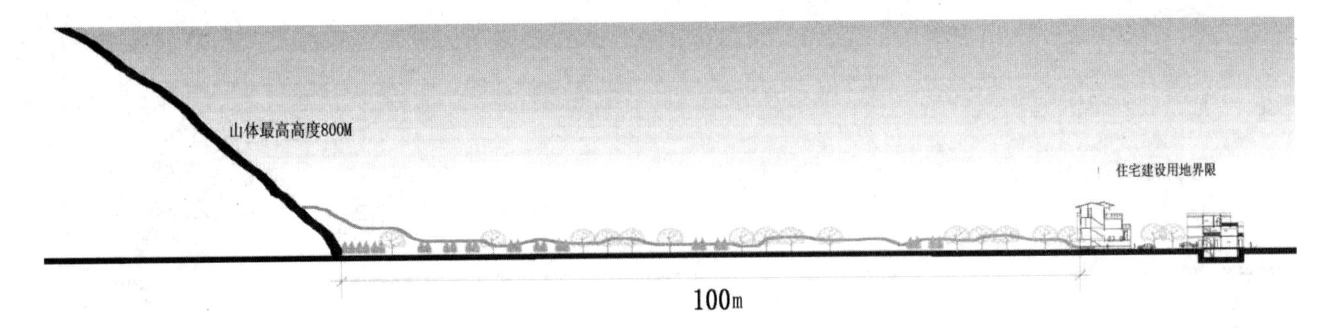

图 6—8 山体最高高度 800 米与住宅建设用地界限距离关系

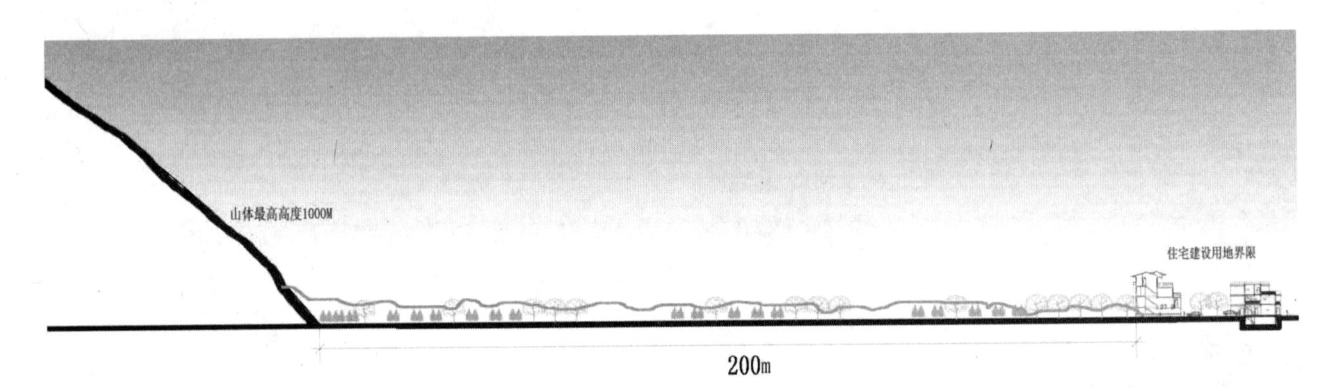

图 6—9 山体最高高度 1000 米与住宅建设用地界限距离关系

2. 关于基地内部微观环境的坡地地质工程技术特点

坡地灾害与生态系统的平衡

通过对山地生态系统的分析，我们知道，系统的平衡与地质、地形、气候水文和生态植被有关，它们之间相互作用、互为因果，具有系统的整体性。其中，大规模的人工开发与植被破坏对山地生态系统的影响尤其严重，它改变了山地水文状况，使山地地表的径流集流时间缩短，土壤冲蚀量加大，水土流失严重。

从生态系统与地质结构两方面考虑，我们能找出各类坡地灾害的具体成因。如滑坡，它产生原因可能是自然环境的变迁而形成层理面滑动，也可能是人为破坏、地下水侵蚀、水土失衡；而坡地水灾的成因往往是由于山体生态系统恶化而引起的地表排水系统不畅或严重水土流失，当然，其直接的催化原因常常是雨量的突然增加。

结构稳定与生态原则的应用

为了维护坡地别墅建筑及其周围微观环境的结构稳定，我们需要谨慎地选择建筑本身的结构形式和遵循坡体边坡保护原则。

对于建筑结构形式的确定，应从坡地地质、地形出发，根据不同地质的承受能力和地形的陡缓选择合适的基础形式。由于坡地别墅建筑的基础形式往往决定了坡地别墅建筑的基础接地形态，决定了别墅建筑对坡地地形的适应程度，因此，在确定坡地别墅建筑的结构形式时，我们既要从地质、建筑结构等方面去考虑，也要注意对自然生态的保护。

对于山体边坡的防护，应有整体的观念，从生态防护和工程防护两方面去考虑，尽量减小或缓解坡地地表的运动势能。由于坡地地表势能的大小往往取决于坡地的坡度、高度和地表附着力，而坡地的坡度、高度往往较难改变，因此我们应尽量注意保持坡地地表的附着力。

影响坡地地表附着力的因素可以是降雨、降雪、寒暑变化、风等自然现象，也可能是不适当的人工开发、植被破坏等人为因素对环境的破坏；另一方面应采取适当的工程技术措施，完善挡土墙系统，特别是合理地组织水文，对有隐患的边坡进行结构加固，并注意别墅建筑及挡土墙的排水和防水。

技术设施与环境协调的可能

坡地建筑的技术设计主要是指建筑的设备用房和工程管网。其中，工程管网包括建筑的给排水管线、暖通管线和电气管线等，它们与各类设备一起满足了建筑的技术机能。受坡地地形、山位、坡度的影响，坡地工程管网及其设备用房的设置有较大的困难。例如，由于地形的曲折变化、坡地别墅建筑布局的不规则，很难以直线的方式来连接各类管线；对于给排水管网的设计，需考虑山位变化，针对坡顶、坡中、坡底等不同地段采取不同的处理手段；使管网的分布充分结合地形，既可利用自然地形的天然坡度导水，又要注意因坡度太陡、水流流速太大对管线的冲蚀。

为了满足坡地工程管线敷设的需要，做法是采取工程的手段，或者对山地地形进行一定的改动，让地形适应管线的走向、坡度，或者让管线架空，使之克服地形的障碍。显然，一味地改动地形必然会形成对自然地形和植被的改变，而一味让管线架空，会对山地景观产生影响。

随着技术水平与人们环境意识的提高，人们在坡地工程设备的设置方面有了更多的手法：为了尽量避免对坡地地表的破坏，我们可以把设备管线相对集中，设置埋于地下或建筑连廊之下的共同沟。例如，建于太湖东侧的交通银行无锡培训中心，就在服务走访的下部设置了共同沟；对于规模较大的山地建筑群体，可以把给水管线分区设置，如可布置多源多点管网、分压管网、分质管网等；对于排水管线，尽量利用原有的天然沟渠、河道；可以利用地形高差，把朝向、通风条件不好的地下室作为设备用房。

在现代工程技术条件下，使坡地技术设施兼顾技术与环境的要求是可能的。

由防灾与坡地生态系统的关系，我们知道了人与环境“共生”的必然性，了解了水土保持对坡地防灾的重要性；由坡地结构工程的生态意义，我们发现，生态原则的把握是维持坡地微观环境结构稳定的有力保证；由坡地技术设施运用与环境的对立、统一关系，我们找到了技术设施与坡地环境协调的可能性。

因此，我们认为，坡地工程技术的内涵是对生态思维的运用。从生态观念出发的坡地工程技术主要包括坡地环境的水土保持、边坡防护及减少设备设施对地貌的损坏等方面。其中，水土保持的主要手段是山地绿化、水文处理；边坡的主要手段是坡面绿化和挡土墙的设置。

坡地工程技术的实施必须通过一定的物质手段，从机能上来说，这些物质手段满足了各种技术要求，具有明显的技术特征；从形态表现来说，这些物质手段是坡地别墅建筑及其整体环境的组成部分，是表现别墅建筑艺术美的一个载体。因此，坡地工程技术的物质表现往往体现了技术与艺术的融合。

例如，在坡地环境中最为常见的挡土墙，人们在选择其结构选型时，既会考虑其边坡稳定的结构需要，也会顾及它与建筑造型或外立面选材的协调；对于坡地冲沟的设置，人们既要从防洪、排洪的角度去推敲，又要从与坡地建筑空间组合的角度去安排。

第三节　坡地水文工程技术保障

在坡地生态系统中，水体是实现生态循环不可缺少的因素，它有利于植物的生长，对于维持地表环境的稳定具有极其重要的作用。但是，过量的、失去控制的山地径流又是非常有害的，它们一方面会对地表产生冲蚀作用，破坏地表植被，并在暴雨的催化作用下，携带大量的土壤及岩悄冲向下游，堵塞河道、沟渠，引发山洪或泥石流；另一方面，它们会渗入地下，形成地下溶洞或暗河，使山体地表的抗剪强度降低，导致滑坡现象的发生。因此，要保持坡地环境的水土平衡，我们应当组织合理、顺畅的排水系统，对坡地环境中的各种径流进行有效的控制。毫无疑问，山地排水系统的组织，给坡地别墅建筑带来了安全保障，也同时对坡地别墅建筑的形成产生了制约。因此，怎样使水文组织与坡地建筑的布局相协调、将水文需求与建筑需求相结合，也是我们必须研究的一个问题。

（一）　坡地排水系统的组织

在山地环境中，每一个排水系统的形成都是一个汇水单位，它们之间以山体脊线（分水岭）为界限。汇水区的范围有大小之分，有时范围较小（或脊线相对高度较低）的集水区可以被忽略，它的排水将被合并到与之相邻的大汇水区中去。

山地排水系统包括自然排水系统和人工排水系统，其中自然排水系统是山地环境长时期自然平衡、自然衍化而来的，能解决一般情况下的排水需要，但是对于突发的径流增大或大规模的环境改变则无法适应；人工排水系统是自然排水系统的补充和改进，对于因人为开发而形成的环境改变，它具有补救的作用。

任何排水系统，其对水文状况的控制，主要体现在对地表径流进行合理的“蓄”与“排”。因为，适当的“蓄”可以削减径流的流量；有效的“排”可以使径流迅速疏导，减少对山体地表的冲蚀。当然，具体怎么“蓄”怎么“排”，应根据不同的排水系统、各个山体地段的径流总量和径流走向来决定，并尽量考虑与自然地形、建筑形态的结合。

（二）　自然排水系统

坡地自然排水系统是由各种形式的山地自然水体及冲沟所组成的，其中自然水体包括湖泊、水洼、溪流、沟涧等，它们多位于水区域的下游或地势低洼处，既能贮存自地表流下来的水流，又能疏导一部分水流到水体下游；而冲沟则一般位于山体汇水面的交界处，在大多数时间里它并没有水，或只有很小的水流，但是在排水量激增或洪水爆发的时候，它的水位陡涨，成了重要的泄洪通道。

对于自然排水系统，我们应尽量予以保护。因为，它们的形成往往经历了很长的岁月，是各种水文因素综合作用的结果，如果轻易地改变了其中的某个环节，可能会造成难以估量的损失。

（三）　人工排水系统

山地人工排水系统的组织，需要依据各汇水区排水量的大小来确定。显然，排水系统的最大设计排水量应大于该区域排水量的峰值。对于排水量峰值的确定，目前人们主要依靠两种方法——实测记录和理论计算。前者较为准确，但需经长时期的资料积累或民间调研和实地考察，不易得到，但是很实用；而后者较为简便，但是它的准确性较差，目前国内外水文专家对于山洪峰值的计算公式不统一，各种计算公式均含有很大的经验成分，误差较大。

水文学家对于山地汇水排水峰值计算公式的分歧，主要集中于对各影响因子的归纳及其影响系数的确定。因为，他们会从各自的经验出发，罗列出不同的影响因子，并根据各因子的权重确定不同的影响系数。

比较一致的是，水文学家都把山地区域的排水量与汇水区的汇水面积、山体坡度、地表肌理（土壤和植被）的状况以及雨量峰值联系起来。认为，汇水面积越大，坡度越陡、植被越差、地表入渗量越小、雨量峰值越大，其排水量的峰值也越大。

山地人为环境对山地水文的影响不可忽略，因为大规模的山地开发，必然会改变山地自然水文状况，使坡地的排水更集中、更快速。此外，汇水区形状亦应关注，有例子表明，面积相同但形状不同的汇水区，其排水量的差异非常明显。

通常，区域雨水排水量的峰值，即洪峰流量 Qp 的获得，可根据汇水面积的规模，运用不同的经验公式进行估算。

根据经验公式估算出的区域排水量峰值，减去自然排水系统所能容纳的排水量，就是人工排水系统所需解决的排水量。

对于人工排水系统的设计，我们主要手段仍是“蓄”与“排”。

“蓄”

从具体手段来看，蓄水的主要途径有两种：1. 利用地形，拦蓄径流，如修水库、扩大原有河面、设置水平沟等，这样可以在径流量突然加大时积蓄水体；2. 增大地表粗糙度及土壤渗透能力，减缓径流速度，如改善植被，设置地坑、鱼鳞坑等，这样可以防止径流集中、减缓土壤冲蚀。

“排”

排水的目的是让汇集而成的地表径流迅速流走，它的主要途径也有两种：1. 利用山体原有地形高差，留出排水通道；2. 设置人工管网，形成由集水口、输送管线、出水口组成的排水系统。人工排水管网包括明沟和暗沟。明沟排水——山地地表的排水明沟包括截洪沟和纵向沟。为了分散山体地表的径流，应在坡面上设置较为均匀的截洪沟，它们多为平行山地等高线，并根据各段的径流量，在沟的截面和坡度方面有所区别。为了连结上下的截洪沟，应设置纵向沟。对于排水明沟，如果坡度较为平缓，可以采用草沟，如果坡度较陡，则需采用砌石排水沟或混凝土沟。因为，坡度越陡，水流对排水沟表面的冲蚀越厉害。暗沟排水——由于地下水会使土层的摩擦力和黏着力减小，引发山体滑坡，因此，我们需要在地下水位较高的坡面上修建排水暗沟，来降低地下水位和土体的含水量，从而削弱水流对土体的冲蚀，减轻土的重量，增强土体的稳定性。暗沟的种类可有砾石暗沟、石笼暗沟等，其深度常取决于地下水位的高低，其上面或前面应有防淤泥措施。对于过长或弯的暗沟，需设置观察孔。

当然，对于人工排水系统的设置，我们应该设立不同的级别。因为，考虑到山地开发的效益性，建筑师没有必要为 50 年一遇或 100 年一遇的大洪水而把大量的地放弃不用，或者花费极大的投资去排设极粗的排水管道。一般来说，我们可以把建筑单位或群体周围的排水管线设计成防 5～10 年一遇的洪水，而当洪水来临时，可把建筑周围的活动场地、绿地、停车场等公共空间作为排洪通道，既最大限度地利用了有限基地，又节约了排水管线设施的投资。综上所叙，对于在基地外部微观环境的雨水，特别是山洪，主要手法是自然排水系统为主，人工疏通排水系统为辅，并采用少量的“蓄”，主要是为了基地内部的补水需要；对于基地内部微观环境的雨水，主要手法是人工有序管理系统为主，自然排水为辅，以“蓄”为主，以“排”为辅，并结合景观水面注重此“排”彼“蓄”的良性循环。

图 6—10 是江苏宝华的某坡地别墅项目，在两条山洪排泄区，由于项目为近山处设置裁洪沟，故这里就可以规划设计成两条景观水系，其中有一定面积的景观水面，这是坡地水文的一种积极尝试。

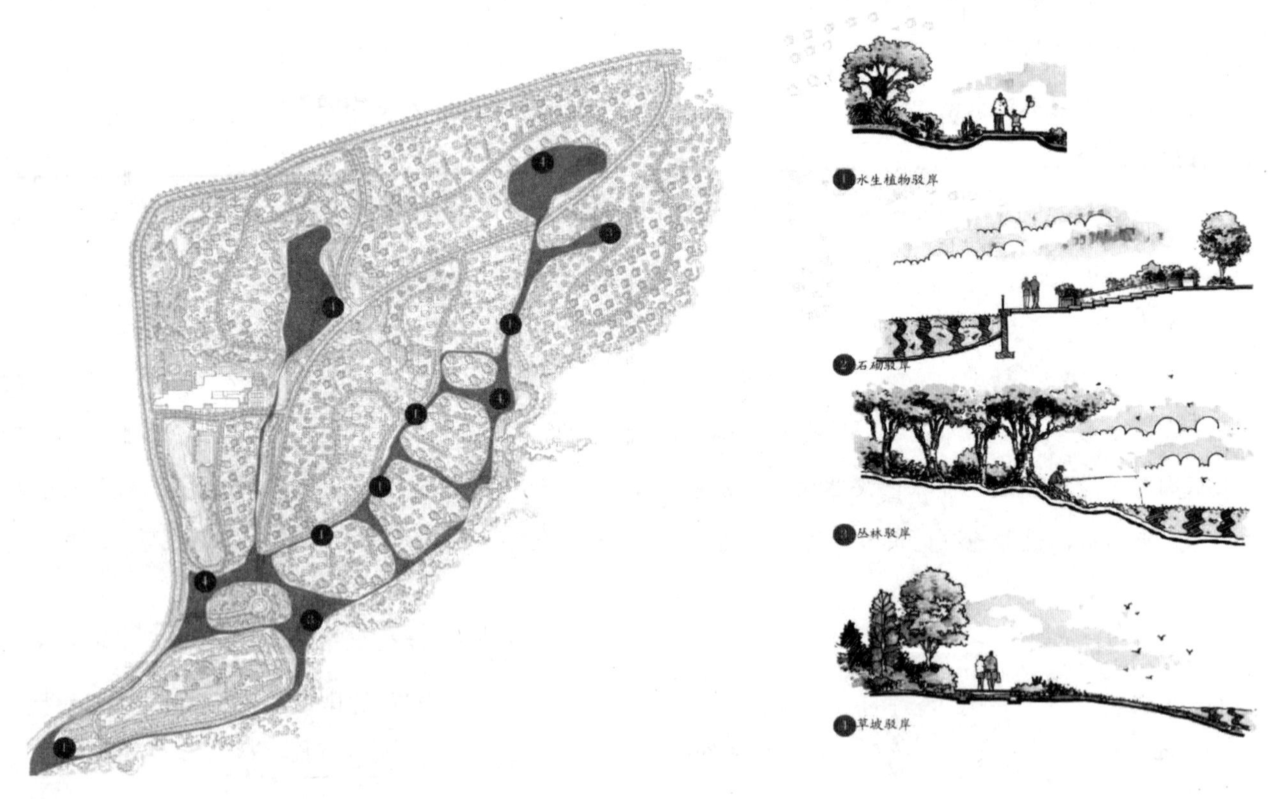

图 6—10 江苏宝华的某坡地别墅项目

第四节　坡地生态系统工程技术保障

坡地生态系统工程技术的一个主要特点是坡地水土保持，水土保持所涉及的工作主要包括两个方面：一是保护和改善山体地表的肌理，即“保土”；二是很好地控制山体地表的水文状况，即“保水”。 这两个方面是相互影响、相互作用的。其中，地表肌理的改善有助于地表径流的控制，地表径流的合理组织可以保护地表肌理的完善。

要做到“保土”，植被的作用不可忽视。因为，在地表，植被既可以通过巨大的表面积以截流的形式依存相当部分的水分，又能以叶面蒸发的形式消耗水分，并通过生物活动，改善土壤的下渗，增加土壤对水分的吸收，保证地表的储水能力，削弱了地表径流和地下径流的总量，减小山地环境受冲蚀的可能性。

要做到“保水”，则必须加强对山地环境的水文组织。因为在山地环境中，地形和人为开发的因素使水文状况仍不稳定：坡面愈长愈陡，地表径流的汇水量愈大、汇水时间愈短，对地表的冲蚀愈严重；人为开发的范围愈大、土地利用愈分散，对山地生态系统的扰动就愈大。

因此，山地环境的水土保持主要应采取以下两方面的措施：一方面绿化——根据环境条件，采取不同的绿化手段，保持植被占山体地表的适当比例，尽可能减少地表的裸露；另一方面水文组织——保持山地各自然排水系统的通畅，适当考虑人工排水系统，合理组织各种形式的地表径流。

为了维护山地建筑及其周围环境的结构稳定性，一些工程措施的采用不可避免。在边坡防护的诸项工程手段中，挡土墙的功能并不局限于结构上的作用，它也是建筑环境的一个组成部分，是构成建筑形态和景观的重要元素。

绿化对于山地环境的水土保持有着非常重要的意义，它能通过植被面积的增加或保持，减少、迟滞地表径流的形成，有效地增强山体地表的保土能力。山地植被对水土保持的作用主要体现在以下诸方面：1. 树冠、树叶能一部分的降水量，并缓和雨滴对土壤的冲击力；2. 草地、落叶、树干等使山体地表的粗糙程度加大，能降低地表径流的流速，延长径流的集流时间，增大水分入渗的机会和数量；3. 植被的根系具有强大的固土作用，能保护土壤免受径流侵袭。

除了水土保持的作用外，山地绿化还对完善山地建筑的形态、景观有着重要的意义。因为，不同形状、颜色和分布的植被，可以更好地衬托建筑形体，丰富建筑环境的景观构成。

山地植被的存活和稳定，取决于植物对各地区土壤类型、气候特征和地形条件的适应能力及其本身的特性。因此，根据基地的生态环境和各类植物之间的相互关系，选择合理的植物种类和绿化施工方法至关重要。

应该选择生长速度为持久性的、以水土保持为目的的绿化，首先强调的是植被覆盖的面积和速度，即在最短的时间内最大限度地减少地表裸露。符合以上要求的绿化手段首推植草，因为它实施手段简便、多样，植被成活周期短，容易在短时期内见效。而灌木、乔木的存活时间则依次比草地长。

然而，要维持山地植被的长期稳定，只有草本植物的存活是不够的，还需尽量培育或保存一定的木本植物，因为，草地虽然生长较快，但其寿命常常较短，况且，其根系较多地集中于土壤表层，在坡度较陡的基地易被水流冲掉，不如根部深长、粗壮的乔木、灌木稳固。有了灌木和乔木的保护，草地的生存能力也会大大加强。

因此，从植被形成的速度和持久性来看，应提供草本植物和木本植物的结合。

防病虫等灾害的需求

对于大面积的山地绿化来说，为了便于施工、管理，我们常常希望选择的树种越单一越好。然而，多数情况下，在一块基地上混种两种以上的树种，形成“混交林”，往往好处更多。因为，树种不同，病害、虫害、火灾等发生后不易蔓延，且能充分利用地力、发挥水土保持的作用。

例如，针叶树的枝叶带酸性、富含油脂，既不利于改良土壤，又易发生火灾。而如果把它与阔叶树混种，不仅可以改善土壤的渗水能力，减轻毛虫的危害，还能利用阔叶树含水较多的特点，隔离火灾。

环境条件的需求

各种植物有不同的生长特征，根据各地土壤、气候条件的差异，选择人工绿化的植物类型，应优先考虑在当地生长良好的乡土树种。植物的生长、发芽是否充分，通常与土壤的硬度、酸碱度、干燥度等细微因素及环境气候有关。

对于草本植物而言，可在比较广泛的气象范围内使用的有白三叶草、艾蒿、铁扫帚等；酸性土壤的山地，可选择虎杖、爬行红酥油草、百慕大草、果园草、红顶草等；而土壤干燥的地区可选下垂爱情草、百慕大草、爬行红酥油草等。

对于木本植物来说，在荒山光坡上，应选择耐干旱、耐而瘠薄土壤的树种，如松树、荆条等；在河岸、侵蚀沟周围，应选择分枝多、耐水湿、耐盐碱的树种；而在陡坡、山崖处，应选择有匍匐茎或可利用根蘖和压条来繁殖的树种等。

在山地环境中，山地地形的变化，会使植物的生存条件出现差异，因此，植物类型的选择还应考虑地形的因素。在这方面，民间有许多谚语，生动、形象地反映了一些树种的特征。例如，南方常有“松树岭，衫树，栎树（谷称‘柞树’）高山把根札”的说法；而在北方，人们则常说“阴坡油松阳坡槐”、“洋槐阴阳弯，桑树插地畔，自椿立崖头，核桃栽沟边”等。

植物的生长取决于获得养分的多少和难易程度。在山地区域，山地地表土层和水分的移动较快，这会破坏植物的根系，影响水分与养分对植物的补给。因此，山地绿化的施工应把重点放在保证植被基盘的稳定上。

对于植草工程来说，我们可根据实际情况，采取以下诸项措施：铺网、铺面，为了防止表层土砂、岩块的移动，吸附种子，可将纤维网、金属网铺设于山坡上，并用铁锚予以固定，或者以野草、席垫、布纤维等黏附种子及肥料铺植于坡面上，使坡面植被迅速成长；框格保护，为了减少边坡侵蚀、固定植被用土，可将预制的框格在坡面上装配成各种形状，用锚和桩固定，然后在框格内推土种植植物；种子喷植，用湿式喷枪等将种子、肥料、水、土等混合物以压缩空气向坡面喷射，然后再洒布沥青乳液等防腐剂进行养生，运用此法施工速度较快，但是常易被施工后的降雨所冲蚀，因此，一般需与铺网工程组合进行；点穴、挖沟，在土壤硬度较高、土砂流失较严重的山坡地段，我们要采取点穴、挖沟的方式方法来实施绿化，点穴工程的过程为：首先在坡面上挖掘直径为 5～8 米，深 10～15 米的洞，其密度约为 8～12 个/平方米，然后，将固体肥料等放入，埋上土砂，进行种子洒布。挖沟工程是指，在坡面上按水平间距 50 米的距离挖沟，其深度约为 10～15 厘米，然后再放入肥料、土壤、洒布种子。

对于植树工程我们主要应采取适当的整地手段，以减少土壤流失，保持一定的水分。鱼鳞坑口整地法：在坡度小于 25°、冲蚀较严重、地段比较零碎的小坡基地上，每隔一定距离和高差开挖一些土坑；水平阶整地法：在坡度不超过 30°的石质山区、黄土山区或土质虽好但日照较差的阴面山坡上，可将坡面修成里低外高的一个一个台阶；水平沟整地法：在干旱的陡坡上，可自上而下每隔一定距离修筑一些水平沟，沟的间距一般为 1～5 米，但也可随坡度陡缓、土层厚薄、雨量大小、种植树种等情况做相应的改变。

有时，为了提高树木的成活率，我们还可在树苗的周围、水平阶的侧面铺种草皮，以稳固地盘，保持水分。

为了弥补山地建筑对环境植被的破坏，提高景观质量，人们常常在山地建筑形成以后，采取一定的人工绿化手段。

由于山地建筑具有不定基面的特征，屋顶往往被用来作为基面，在其上种植各种绿化树木是必然的，根据所选植物的不同，覆土的深度应有所变化。一般说，种植草本植物，有 20～30 厘米的土层即可，种植灌木，需深 50～60 厘米的覆土，而如果是乔木，覆土的深度则需达到 150～200 厘米。

屋顶、平台上覆土种植绿化，应注意排水组织，同时在土壤的下层适当铺垫松散材料，如卵石、粗沙等，以防止黏土阻塞排水管。

综上所叙，对于坡地生态系统而言，不管是基地外部微观环境，还是基地内部微观环境，其所遵守的基本法则是一致的。

以上四节，对于具体的坡地区域，应从科学角度进行水文地质灾害评估报告，对特定的区域进行更进一步的科学论证。为了更具说服力，也是因为这个内容是坡地别墅环境的一个重要内容。这里，以江苏省镇江某项目为例，如何进行项目水土生态保持研究，见本章附件。

第五节　坡地挡土墙工程技术保障

在坡地别墅建筑及其人为环境（如道路、广场、停车场）的形成过程中，对自然地形的改变不可避免。为了维护山地微观环境的平衡，保证山地建筑及其周围环境的稳定，我们一方面需要采取适当的水土保持措施，如绿化、水文组织等；另一方面还需以一定的工程手段对山地边坡采取一些防护措施。

边坡防护的工程措施一般包括以下几种类型：喷浆法、抹面、干砌片石、浆砌片石、护墙及挡土墙等。其中大部分措施只适用于坡度较缓、地质条件一般的地段，而在坡度较陡、地质不良地段则必须使用挡土墙。

在坡地别墅开发建设过程中，挡土墙担当了重要角色，挡土墙的种类有许多，其各自的结构形式、施工方式和适用范围不尽相同。

挡土墙的设置，对于山地建筑的影响是多方面的。一方面，它使山地边坡得到了有效的保护，可以大大缩小山地建筑与山体坡顶和坡脚的距离，提高了基地的使用效率高；另一方面，它还对山地建筑的空间形态和景观产生一定的影响。因此，位于山坡侧面的挡土墙既可以成为环境立面的组成部分，又是空间围合的重要手段。

（一） 挡土墙的基本类型

当然，要想灵活运用各种形式的挡土墙，首先要对挡土墙的构造有所了解。挡土墙是用以承受山坡侧压力的墙式构造物，它大致包括重力式、薄壁式、锚固式、垛式和加筋土式等类型。

A. 重力式：重力式挡土墙大多采用片（块）石浆砌而成，主要依靠墙体自重抵抗墙后土堆的侧压力。它的断面尺寸大，要求地基承载力高，但结构简单，取材较易，施工方便。

B. 薄壁式：薄壁式挡土墙是由钢筋混凝土就地浇筑或预制拼装而成。它的墙身断面较薄，所承受的侧向压力主要依靠底板上的土重来平衡，其主要形式有悬臂式、扶壁式和柱板式等。

C. 锚固式：锚固式挡土墙是由钢筋混凝土墙板和锚固件连接而成。它依靠埋设在稳定岩土层内锚固件的抗拔力支撑从墙板传来的侧压力。这类挡土墙属轻型结构，占地较少，工程量省，不受地基限制，有利于机械化施工。

D. 垛式：垛式挡土墙通常采用在钢筋混凝土预制框架内填土石的方式。它是靠自身重量来抵抗墙后土体的推力的，因此，它其实也是一种重力式挡土墙，只是更适应地基的沉降，施工速度快，修复较方便。

E. 加筋土式：加筋土式挡土墙是一种竖直面板、水平拉筋和内部填土三部分组成的加筋体。它通过拉筋与填土间的摩擦作用，拉住面板，稳定土体，然后而依靠其自身抵抗墙后填土所产生的侧压力。该种挡土墙构件轻巧，施工简便，柔性较大，抗震性好，且造型美观。

（二） 挡土墙排水

挡土墙的安全性在很大程度上取决于其排水设计的合理性。如果没有有效的排水系统，大多数挡土墙很可能在大雨后，因背后水压与土压的增加而发生倒塌。挡土墙的排水可分为地表排水和背面排水。

地表排水的目的是为了防止地表的水渗入背后填土部分。其主要的手段是在墙体前面和填层顶面做好排水、防水处理，例如设置截水沟、夯实地表土和铺筑封闭层等。对于非浸水加筋土挡土墙，应在墙前地表处设置宽度不少于 1.0 米的混凝土或浆砌片石散水坡，其表面做成向外倾斜 3%～5%的横坡。

背面排水是对地表排水的必要补充和完善，因为，地表排水仍无法把全部的降水排走，并且在很多情况下，挡土墙的北面会有地下水的存在。为了保证背面排水的有效性，我们首先应注意选择墙后的填料，尽量采用砂砾、碎石等遇水后不膨胀和非冻胀性的材料；其次应根据汇水情况在墙身的适当高度布置泄水孔，其大小可为直径 50～100 毫米的圆孔或面积相当的方孔，其间距多为 2～3 米（干旱地区可适当增大，渗水量大可适当加密），为保证顺利泄水和避免水流倒灌，泄水孔应向外倾斜，最下一排水孔底部应高出地面 0.3 米，泄水孔的布置，既要注意排水要求，又要考虑艺术处理的需要；此外，还可在墙体背面设置排水层，通过集水管和排水孔排出水分，其中，对于集水管的设置，应至少保证在 3 平方米内设一内径 75 毫米的排水导管。

第六节　坡地别墅防水技术保障

在山地环境中，由于地形高差变化频繁，许多建筑的部分层面会低于原有山体地表，为了抵御地表水和地内水渗透及侵蚀，保持建筑内部的干燥，必须运用防水措施，特别是紧靠山体的侧墙防水。此外，对于大多数的挡土墙而言，出于减小侧向水压力、提高挡土墙安全性的目的，排水措施的选择也非常重要。

当建筑与山体岩壁、挡土墙之间没有发生接触时，我们只需采取一般的排水措施，依靠岩壁或挡土墙下部的截水沟和散水坡组织排水。

当建筑的部分墙面紧贴岩壁时，为防止山体岩层中的裂隙水渗入建筑，我们可以采取“堵”或“疏”的方法进行处理。“堵”就是在建筑靠岩壁一侧建造防水墙，做法与地面建筑的地上室防水处理相似；“疏”就是在建筑靠岩壁一侧建隔墙，即在岩壁与建筑隔墙之间形成一个空腔，在这个空腔内设泄水盲沟，将岩壁中渗出的裂隙水从盲沟排出。当然，除此之外，还应将建筑隔墙朝岩壁的一侧做防水砂浆粉刷，并使泄水盲沟的标高低于建筑室内地面的标高，以防止盲沟内的积水透过地面渗入室内。

第七节　坡地别墅工程防范措施

坡地别墅在其施工工程时，和规划建筑设计一样，一般没有标准模式，个性很强，工种多，而且每道工序施工时间快，如：

1. 除别墅建筑外，一般有道路桥梁工程、道路挡土墙工程、边坡支护工程、水保工程、景观绿化配套工程。

2. 别墅各层平面错台多（标高多、无标准层）。

3. 施工工序：场地土石方开挖—水保施工—边坡挡墙防护施工—基础孔桩平台脚手架搭设—孔桩开挖施工—平台脚手架拆除—承台开挖土方转运及桩头处理—砖胎膜及挡土墙砌筑抹灰—基底及结构层施工—园林周边及外装饰施工。

4. 防雷：别墅坐落在岩石上，每栋别墅、每层设置均压带（外墙门窗均接地）；室外泳池设置400乘600毫米网络式等电位扁钢连接，小区每栋别墅的接地网络连成一体，建筑物避雷接点设置在工程中采用了顶层避雷器和暗敷避雷带相结合的做法。

5. 边坡支护工程主要采用的形式有：挂网喷锚支护、框架梁加毛杆（索）支护、人工拉孔砖加预应力锚索支护等。

以上工程防范措施，是工程师同工人在项目现场施工时的经验教训，可能不很全面，但这几个方面有一些重要的参考作用。

附件 以江苏省镇江某项目为例，进行项目水土生态保持研究

（一） 主体工程水土保持分析与评价

1.1 主体工程布置制约性因素分析与评价

项目所在地位于镇江市丹徒区，附近无大江大河等大的水体，工程布置及施工范围内无泥石流易发区、崩塌滑坡危险区，无全国水土保持监测网络内的水土保持监测站点、重点试验区，未占用国家规定的水土保持长期定位监测站点，满足《开发建设项目水土保持技术规范》(GB50433—2008)关于对主体工程选址约束性规定的要求。

1.2 项目选址及总体布局评价

1.2.1 项目区选址及平面布置分析

项目平面布置充分利用了现有地形，建筑物依据地形进行布置，项目总平面布置建筑密度低、绿地率高，使建筑物平面和空间布置与周围环境相融洽。项目总体布局合理，其建设对周边生态环境的影响较小。

项目区交通便利，临山靠水，风景优美，场地无不良地质现象，适宜项目建设。本项目填方大于挖方，相对原有地形破坏较小。

1.2.2 防洪影响分析

本项目属房地产建设项目，项目区东侧为扬溧高速公路，西北侧紧依十里长山生态风景区，西北高，东南低。防洪主要为本项目区内的自然雨水及厂区西北侧山坡来水。项目建设保留原有水系，并结合项目区整体设计，对项目区内水系及水库进行改造，改造过程中确保长山灌渠排灌水量不低于 7. 2 立方米/秒，充分考虑水库的防洪设计标准，满足防洪排涝要求；厂区西北侧山坡下道路旁建有泄洪沟，能分流一部分山坡来水，另外厂区整平后的地势西北高东南低，汇集的自然雨水一部分经雨水管道排出，一部分沿地势经项目区出入口排出，因此基本不存在防洪危险。

1.2.3 综合评价

项目平面布置对原有地形进行了平整，对较高的部位进行削平，低洼部位进行填土垫高，平整后地形西高东低，建设区雨污水出水口设置在地势较低的项目区出入口，经处理达标后排入市政管网。项目总平面布置建筑密度较低、绿地率高，使建筑物平面和空间布置与周围环境相融洽。项目总体布局合理，项目建设对周边生态环境的影响较小。

项目规划设计中已经考虑绿化景观、排水系统等有效措施，但是项目建设仍不可避免存在一定的水土流失因素，因此在建设过程及建设完成后都需特别注意水土保持工作，防止水土流失。

1.3 土石方平衡分析

工程建设总土方量为 44.3 万立方米，其中挖方 21.6 万立方米、填方 22.7 万立方米，项目区建设需另

购土方 1.1 万立方米。建设单位与供土方将签订协议，明确供土方的水土保持和环境保护责任。根据土方平衡分析，不仅土方挖填总量平衡，且考虑了各分区间挖填的平衡流动，使开挖土方尽快回填到位，避免松散土方长时间裸露堆放，有效减少水土流失。地表清理的腐殖质土层土方不作为基础、基槽回填土方使用，另外单独堆放，全部作为植物绿化措施的覆土，为植物提供了便利的生长条件，能够促进植物生长，减少水土流失。

由于需要外购土方，建设单位需注意在运土过程中要挡护封闭，以免运输过程中造成对环境不利影响。

1.4 施工工艺评价

根据项目施工组织设计，项目区交通便利，水电供应充足，能够满足工程施工需要。施工生产区设置在绿化改造区，搭建临时设施，不另外占地，减少破坏植被、扰动地表的面积。

工程施工过程中采用机械和人工配合进行，不适宜机器施工或扰动过大的采用人工操作，减少地表扰动强度；施工过程中的施工组织科学合理，能够保证资源的投入和优化，合理地安排施工建设顺序。在施工准备过程中结合小区永久道路布置完成临时施工道路的基础铺设，铺设施工临时道路同时为以后的永久道路铺设做好基础。施工过程中土方开挖渐进施工，土方回填也采取层层压实的工艺，暂时裸露的地面也采用机械压实，有利于边坡稳定和保证回填质量，减少水土流失。土方施工机械挖、运、填紧密结合，有效减少了临时堆土的数量。

项目区房屋基础和管道等土方开挖采用机械和人工相结合，与构筑物留出一定距离，就近堆放挖土；因需外购土方，建设单位与供土单位签订合同；设立临时堆土场，采取临时挡护措施，避免造成水土流失；在主体工程设计中，道路两侧设计有路牙；边坡、高差较大的地段，设有浆砌石防护措施，可达到水土保持防护效果。供排水管线采用暗管形式，开挖土方临时堆放在管线的一侧，在管线埋设后应及时回填并平整压实，尽可能减少水土流失。

整个项目施工工序安排合理，施工单元划分科学，保证工程质量和进度，避免地表大面积、长时间裸露，相应也就减少了水土流失量。在施工过程中特别是基坑开挖过程中注意边坡稳定，建议采取台阶式分层开挖，填土时应注意边坡的稳定，减少水土流失；在考虑渣土处理时，需会同相关水土保持人员在用地范围内选定渣土场，使弃土、渣土等尽量在用地范围内进行平衡处理，避免渣土、建筑垃圾等外运造成二次污染。

1.5 主体工程中具有水土保持功能的措施及评价

在主体工程中，出于对主体工程安全、美化的需要，已经考虑部分防护措施，在满足主体工程需要的同时，也具有水土保持的效果。在水保方案设计中，需要对主体工程设计中拟采取的防护措施进行分析和评价，论证措施的防治能力，以进一步完善工程水保防治措施体系。

(1) 排水系统

小区排水设计采用雨污分流。建筑物雨水采用内排水系统，屋面雨水经雨水斗收集排至小区雨水管道，地面道路雨水经雨水口窨井收集排至小区雨水管道，最后在小区出入口排至市政管网。

(2) 绿化景观设计

小区内除硬化区域（建筑物、道路、广场等）外，建筑物周围、道路两侧、广场内外等区域的非硬质地面均进行了园林式设计，种植乔灌木、绿篱及草坪等，整个小区的绿化面积达到 21.5 公顷，能够最大限度地实现自然格局的完整连续。水库及灌渠周围，在与整体设计相协调的原则下，打造滨水观光带，绿化面积约为 4.03 公顷。整个项目区绿地率高，对水土流失防治起到十分重要的作用，主体项目设计中仅提出绿化面积及绿地率等指标，没有对绿化景观设计进行详细的规划。在本案中针对水土保持对绿化进行相应布置，供设计部门下一步深化景观设计时考虑实施。

(3) 道路广场

小区内道路采用硬质护砌路面，两侧均设有绿化带，减少了降雨对道路两侧坡面的冲刷，有利于项目区的水土保持。小区内主干道沿等高线布置，道路总体纵向跨越高差较小，因降雨、重力等原因产生水土流失的可能性较小，对项目区水土资源保护有利。

(4) 边坡挡土墙及护坡

项目设计在坡度较陡区域采用挡土墙进行防护，防止发生土体滑坡灾害。

小区内设计挡土墙是防治坡面发生水土流失的有效措施。在道路、建筑周围边坡较陡区域采用混凝土进行护砌，坡度比较缓、高差较小的坡面采用草皮护坡，减小水力侵蚀的危害程度，有效防治水力、重力侵蚀的发生。

(5) 土方平衡

场地平整期和基础施工期，土方项目按照就近原则和场地内土方平衡原则进行挖填，整个项目区占地面积较大，弃土弃渣不出场地，填土不足部分外购。能够有效地避免对项目区外区域的扰动，改造后的场地地势更加平顺，无高边坡，陡坡，发生严重水力、重力侵蚀的可能性较小，有利于项目区水土保持。

1.6 综合评价

综上所述，项目建设过程对周围不会产生明显的不利影响，但存在一定的水土流失因素，需特别注意水土保持工作，采取水保措施，防止水土流失。

根据土方平衡分析，项目建设区内土方挖填总量不能平衡，需外购土方 1.1 万立方米，主体工程对产生的弃土弃渣在项目区内进行处理，无弃土弃渣流出项目区。

主体工程设计中，出于对工程建筑安全与施工安全考虑，设置了相应的排水、截水设施等措施，具有较高的安全性与稳定性，既保证了工程的安全，又能够满足水土保持工程设计的要求。

整个项目施工工序安排比较合理，施工单元划分科学，能够有效缩短工期，保证工程质量和进度，工程将分期进行建设，避免地表大面积、长时间裸露，相应地减少了水土流失量。建议在施工过程中特别是基坑开挖过程中，可采取台阶式分层开挖，填土时注意边坡的稳定，减少水土流失。水库及灌渠改造施工过程中，注意做好临时防护措施，防止水土流失对水体及周边环境产生不利影响。

总体看来，项目在总体布局、主体工程设计、土石方平衡、施工组织等方面基本合理。但从水保角度看，仍需要采取进一步水保措施，如新增表层耕作土剥离用作绿化覆土、建筑物基坑防护、临时堆土区的临时防护措施、水库及灌渠改造施工期间的临时拦挡措施等。

（二）　水土流失预测

根据《开发建设项目水土保持方案技术规范》(GB50433—2008)及本项目建设特点，在查清本项目建设过程中可能损坏、扰动地表植被面积，弃土（渣）的来源、数量、堆放方式、地点及占地面积的基础上，进行综合分析论证，采用规范中预测方法，对不考虑任何水土保持措施的条件下项目施工过程中可能产生的，水土流失影响进行定量预测及评价，作为水土保持方案设计和水土保持监测的依据。

2.1 项目建设与水土流失的相关性分析

本项目属于建设类项目，可能造成的水土流失主要发生在项目建设期。因项目区原为覆盖率较高的灌木、杂草区，建设过程中将扰动原地貌和破坏地表植被，造成比较严重的水土流失。根据水土流失特点，将整个项目建设期划分为施工准备期（场地平整期）、施工期（基础施工期、主体施工期、装饰整理期）、自然恢复期（林草恢复期）。具体各时期可能产生水土流失的因素分析如下：

(1) 场地平整期

首先对原始地形按设计要求进行挖、填，结合小区永久道路布置铺设施工道路，施工材料进场等。在进行场地平整时，地面的覆盖物（植被等）被清除，原地貌土地被扰动，大面积的土地将完全暴露在外，极易导致水土流失。

(2) 基础施工期

场地平整结束后，立即进入基础施工期，进行建筑物基槽开挖。建筑物所在场地受到新的扰动，挖方和填方在时间和空间上有差距和交叉，地表大面积裸露及存在部分土方堆弃，极易产生水土流失。

(3) 主体施工期

建筑物主体进行施工，整个地块大范围内的挖填扰动基本结束，有少部分的临时堆土、石、渣及有关材料的堆放运送活动。

(4) 装饰整理期

这个时期主要进行室内装饰及室外的场地清理，裸露地表绿化。本阶段仍会引起一定强度的水土流失，但随着绿化植被的覆盖，水土流失强度逐渐降低。

(5) 林草恢复期

项目区内景观绿化工程已经结束，基本覆盖裸露地表，水土流失强度大大降低。

项目建设期可能产生的水土流失因素详见表 6—1。

表 6—1 建设期可能产生的水土流失因素一览表

建设期	建设分期	产生水土流失因素
施工准备期	场地平整期	砍伐灌木、挖填场地扰动地表
施工期	基础施工期	基础施工时地场地裸露，基槽土方开挖

续表

施工期	主体施工期	主体施工时地面裸露，临时堆土、弃土
施工期	装饰整理期	内部装饰、景观建设、材料运送
自然恢复期	林草恢复期	植被未恢复，地表部分裸露

2.2 预测范围、内容和方法

预测范围

本项目属建设类项目，扰动地表面积包括征地范围内面积 46.84 公顷（47.67 公顷去除水面面积 0.83 公顷）及租赁用地范围内 5.71 公顷(14 公顷去除水面面积 8.29 公顷)，因此确定本项目水土流失预测范围面积为 52.55 公顷。

2.2.1 预测内容

水土流失预测主要内容为：

(1)扰动原地貌、损坏土地和植被的面积；

(2)土石开挖回填量及弃土、弃石、弃渣量；

(3)损坏水土保持设施的面积和数量；

(4)可能造成水土流失的面积及水土流失总量；

(5)可能造成的水土流失危害。

2.2.2 预测方法

根据对影响水土流失的因素分析可知，项目建设过程中的水土流失除受项目区水文、气象、土壤、地形地貌和植被等自然因素影响外，还由于受各项施工建活动的影响，使施工区域内的水土流失表现出特殊性（如水土流失形式、数量发生较大变化等），从而导致水土流失随各个施工场地和施工进度的变化而变化，表现出时空变化的动态性，因此，水土流失预测也必须体现时空变化的动态性。

水土流失预测的主要方法见表 6—2：

表 6—2 水土流失预测方法一览表

序号	预测内容	技术方法
1	工程永久及临时占地，开挖扰动地表、占压土地和损坏林业用地类型、面积	查阅设计图纸、技术资料并结合实地查勘测量分析
2	土石开挖量、回填量及弃土石量	查阅设计资料，同设计相关专业配合，对挖方、弃方统计分析
3	建设期、运行期各区各时段的水土流失量	采用公式法计算
4	水土流失对工程、土地资源、周边生态环境等方面影响的可能性	现状调查及对水土流失量的预测结果进行综合分析

根据项目区土壤侵蚀的背景资料和工程建设特点，项目区水土流失类型主要为水力侵蚀，项目区水土流失量预测采用公式法。各时段各项目分区扰动地貌土壤侵蚀量可按下列公式估算：

$$W=\sum_{1}^{n} M_i \times F_i \times T_i$$

式中：W——土壤侵蚀量，t；

F_i——扰动地貌面积，km²；

M_i——扰动地貌土壤侵蚀模数，t/km²·a；

T_i——预测时间，a。

2.3 预测时段、单元划分

2.3.1 预测时段划分

开发建设项目可能产生的水土流失量应按施工准备期、施工期、自然恢复期三个时段进行预测。每个预测单元的预测时段按最不利情况考虑，超过雨季长度的按全年计算，不超过雨季长度的按雨季长度的比例计算。综合考虑施工时段、降水情况，按最不利因素确定施工期水土流失预测时段。

由于工程将分期进行建设，因此需分期预测水土流失量，工程建设期为 6.5 年，其中一期工程建设期为 30 个月，一期工程预测时段根据建设期内各个时期的施工特性划分为：施工准备期为场地平整期，2010 年 5～7 月，预测时段为 0.5 年；施工期可划分为：基础施工期 2010 年 8～2011 年 1 月，预测时段为 0.73 年。主体施工期 2011 年 2～2012 年 1 月，预测时段为 1 年。装饰整理期 2012 年 2～9 月，计算时段为 1 年；自然恢复期为 2012 年 10～2013 年 9 月，时段为 1 年。

项目其余工程预计从 2012 年 11 月开始施工建设，至 2015 年 11 月竣工。预测时段根据各时期施工特性进行划分。

2.3.2 预测单元划分

根据项目建设施工特点，项目建设区划分为：主体工程区、道路广场区、绿化改造区、临时堆土区、水库及灌渠改造区等共五个区。(1)主体工程区指组团所有建筑物工程所占区域以及进行建筑物结构砌筑、粉饰等施工活动所影响的区域，预测时以建筑物基地占地面积为准。(2)道路广场区包括小区内主次道路、广场、供排水和污水管线及其他附属设施所占的区域。(3)绿化改造区指绿化景观设计中需要进行绿化改造建设的区域。(4)临时堆土区指工程开挖土方或回填土方及弃土弃渣临时堆放区域。(5)水库及灌渠改造区以除水面外的区域为基础。

2.3.3 预测时段及项目区划分表

项目建设期水土流失预测时段及项目区划分详见表 6—3

表 6—3 项目建设期水土流失预测时段及项目区划分表

建设期		项目分区	侵蚀面积（公顷）	预测时段
一期	施工准备期 基础施工期	场地平整区	12.43	0.5
		主体工程区	3.25	0.73
		道路广场区	3.2	
		临时堆土区	0.3	

续表

一期		绿化改造区	5.68	
	主体施工期	道路广场区	3.2	1
		临时堆土区	0.6	
		绿化改造区	5.68	
	装饰整修期	道路广场区	3.2	1
		绿化改造区	5.98	
	自然恢复期	绿化改造区	5.98	1
其余工程	施工准备期	场地平整区	40.12	0.17
	基础施工期	主体工程区	8.43	1
		道路广场区	10.46	
		临时堆土区	0.6	
		绿化改造区	14.92	
		水库及灌渠改造区	5.71	
	主体施工区	道路广场区	10.46	1.17
		临时堆土区	0.6	
		绿化改造区	14.92	
		水库及灌渠改造区	5.71	
	装饰整修期	道路广场区	10.46	1
		绿化改造区	15.52	
	自然恢复期	绿化改造区	15.52	1

2.4 水土流失预测结果

2.4.1 扰动原地貌、损坏土地和植被面积预测

通过查阅有关资料和设计图纸，并进行现场实地查勘，项目区内现状主要为灌木、草丛。项目建设期征地范围内扰动原地貌、损坏土地和植被面积为46.84公顷；租赁用地范围内扰动原地貌、损坏土地和植被面积为5.71公顷。

2.4.2 土石开挖回填量及弃土（石、渣）量预测

项目建设过程中存在大量的土方开挖、回填及建筑物砌筑、道路修建、管线铺设等活动不可避免地要产生弃土、弃渣。因此在建设期尽可能做到挖填平衡，减少弃土、弃渣量，合理堆放处理弃土、弃石、弃渣是防止水土流失的一个重要环节。

在场地平整阶段，在各分区内土方平衡情况如下：在该阶段工程填方需求量经各区间调节平衡后不产生弃土弃渣。随着施工进程推进，建筑物基槽开挖土方及地下室余土、管沟余土等土方补充，最终挖方

21.6 万立方米、填方 22.7 万立方米，需要另行购置土方 1.1 万立方米。项目建设产生的弃土、弃渣均在项目区内进行处理，无弃土、弃渣运出项目区以外。

2.4.3 损坏水土保持设施面积预测

水土保持设施是指包括原地貌、自然植被在内的具有水土保持功能的一切事物的总称。本项目建设过程中损坏的水土保持设施主要为灌木、草丛等。在建设期，项目内的原地貌、植被大部分被扰动，建设成住宅、道路广场、绿地等。建设期损坏水土保持设施面积共计 52. 55 公顷。

2.4.4 可能产生的水土流失量预测

a. 原地貌水土流失量预测

参照《土壤侵蚀分类分级标准》（SL190—2007）项目区属南方红壤区丘陵区，容许土壤侵蚀模数 500t / km² • a。根据《江苏省土壤侵蚀遥感调查报告》，江苏省水土流失类型主要是水力侵蚀，项目区水土流失形式主要以微度水力侵蚀为主，水力侵蚀强度的大小主要受区域气候类型、地形地貌、土地利用类型及植被覆盖情况等因素的影响，通过对项目区水文气象资料、地形地貌情况以及通过实地查勘调查，对照《土壤侵蚀分类分级标准》，参照同类型工程经验，确定项目区原地貌的侵蚀强度和土壤侵蚀模数。项目区平均土壤侵蚀模数取 400t/km² • a，属微度水力侵蚀。

项目扰动区原地貌水土流失量（水土流失量背景值）预测采用土壤侵蚀模数背景值进行估算。

原地貌水土流失量=原地貌土壤侵蚀模数背景值×项目区面积×预测时段

根据各建设期项目分区，用上式计算各项目分区水土流失量背景值，成果见表 6—4

表 6—4 项目分区水土流失量背景值计算成果表

建设期		预测单元	侵蚀面积（公顷）	侵蚀模数背景值	预测时段	水土流失量背景值
一期	施工准备期	场地平整区	12.43	400	0.5	24.86
	基础施工期	主体工程区	3.25	400	0.73	9.49
		道路广场区	3.2	400		9.34
		临时堆土区	0.3	400		0.88
		绿化改造区	5.68	400		16.59
	主体施工期	道路广场区	3.2	400	1	12.8
		临时堆土区	0.6	400		2.4
		绿化改造区	5.68	400		22.72
	装饰整修期	道路广场区	3.2	400	1	12.8
		绿化改造区	5.98	400		23.92
	自然恢复期	绿化改造区	5.98	400	1	23.921
其余工程	施工准备期	场地平整区	40.12	400	0.17	27.28
	基础施工期	主体工程区	8.43	400	1	33.72
		道路广场区	10.46	400		41.84

续表

其余工程		临时堆土区	0.6	400		2.4
		绿化改造区	14.92	400		59.68
		水系改造区	5.71	400		22.84
	主体施工区	道路广场区	10.46	400	1.17	48.95
		临时堆土区	0.6	400		2.81
		绿化改造区	14.92	400		69.83
		水系改造区	5.71	400		26.72
	装饰整修期	道路广场区	10.46	400	1	41.84
		绿化改造区	15.52	400		62.08
	自然恢复期	绿化改造区	15.52	400	1	62.08
合计						661.79

b. 新增水土流失量预测

(l). 地表扰动土壤侵蚀模数确定

扰动后土壤侵蚀模数的获取采用资料调查方法和类比工程法。其中建设期各防治分区的扰动地貌土壤侵蚀模数通过类比《江苏某项目水土保持方案报告书》，类比特性见表 6.5。

表 6.5 各阶段土壤侵蚀模数表

类比项目	江苏某项目	江苏另某项目
地理位置	江苏省镇江市	南京市江宁区
气候	北亚热带季风气候区	北亚热带季风气候区
多年平均气温	15.7℃	15.4℃
多年平均降雨量	1081.9毫米	1026.4毫米
地形条件	平原	平原
土壤特性	粉质黏土	粉质黏土
工程可能造成水土流失	开挖、扰动、占压、堆弃	开挖、扰动、占压、堆弃
侵蚀类型	水力侵蚀	水力侵蚀

根据《江苏某项目水土保持方案报告书》确定的土壤侵蚀模数，结合实际调查扰动地面水土流失情况及各个建设时期水土流失特征，确定本工程的土壤侵蚀模数。

自然恢复期，地面设施工程已经完成，场内道路、硬化、拦挡、排水、绿化等设施建设基本完成，宜绿化区域处于植被恢复期，虽然植被未完全恢复．仍存在一定程度的水土流失，但强度已较小，项目在建设期各时段各分区土壤侵蚀模数分析确定成果表 2.6。

(2) 建设期各分区水土流失量估算

根据上述项目在建设期各时段各分区土壤侵蚀模数分析确定的成果，按公式法进行建设期各时段各分区水土流失量估算，成果见表 6.6。

表 6.6 建设期各分区水土流失量计算成果表

建设期		预测单元	侵蚀面积（hm^2）	侵蚀模数背景值（$t/km^2 \cdot a$）	预测时段	预测水土流失量(t)	水土流失量背景值	新增流失量
一期	施工准备期	场地平整区	12.43	6000	0.5	372.9	24.86	348.04
	基础施工期	主体工程区	3.25	7000	0.73	166.08	9.49	156.59
		道路广场区	3.2	7000		163.52	9.34	154.18
		临时堆土区	0.3	8000		17.52	0.88	16.64
		绿化改造区	5.68	3500		145.12	16.59	128.54
	主体施工期	道路广场区	3.2	5000	1	160	12.8	147.2
		临时堆土区	0.6	8000		48	2.4	45.6
		绿化改造区	5.68	3500		198.8	22.72	176.08
	装饰整修期	道路广场区	3.2	3500	1	112	12.8	99.2
		绿化改造区	5.98	3500		209.3	23.92	185.38
	自然恢复期	绿化改造区	5.98	500	1	29.9	23.921	5.98
其余工程	施工准备期	场地平整区	40.12	6000	0.17	409.22	27.28	381.94
	基础施工期	主体工程区	8.43	7000	1	590.1	33.72	556.38
		道路广场区	10.46	7000		732.2	41.84	690.36
		临时堆土区	0.6	8000		48	2.4	45.6
		绿化改造区	14.92	3500		522.2	59.68	462.52
		水库及灌渠改造区	5.71	7000		399.7	22.84	376.86
	主体施工区	道路广场区	10.46	5000	1.17	611.91	48.95	562.96
		临时堆土区	0.6	8000		56.16	2.81	53.35
		绿化改造区	14.92	3500		610.97	69.83	541.15
		水库及灌渠改造区	5.71	5000		334.04	26.72	307.31
	装饰整修期	道路广场区	10.46	3500	1	366.1	41.84	324.26
		绿化改造区	15.52	3500		543.2	62.08	481.12
	自然恢复期	绿化改造区	15.52	500	1	77.6	62.08	15.52
合计						6924.54	661.79	6262.76

根据上表估算成果可以看出，建设期项目扰动区水土流失总量为6924.54吨新增水土流失量为6262.76吨。自然恢复期末平均土壤侵蚀模数基本能降低500t/km²・a。

2.4.5 水土流失危害预测

在项目建设中，将破坏地表、植被，若不采取有效的防护措施，可能造成以下主要方面的水土流失危害：

(1) 恶化生态环境

该项目建设过程中如不采取有效的防治措施，存在过多的裸露地面，不仅造成严重水土流失，还会使区域空气中悬浮的沙尘大量增加，影响周边生态环境。

(2) 对旅游资源的影响

本项目区是发展生态旅游的场所，如对该区域风景资源整合不好，将严重影响该区的风景旅游资源发展，因此，不仅建设期重视水土流失防治措施，而且在植物措施配置上要求更高的美化和园艺化。

2.5 水土流失预测结果综合分析

(1) 项目建设区域植被覆盖率较高，但项目在建设过程中的场地平整、基础开挖和破坏地表植被等活动，将造成和加剧水土流失。由预测结果可以看出，在不采取任何防治措施的前提下，项目建设期新增水土流失量约为6262.76吨。

(2) 本项目水土流失主要发生在项目建设期，水土流失主要发生在场地平整期、基础施工期以及主体施工期，应有针对性地采取有效措施防止水土流失，合理安排工期，土方大开挖应避免雨季施工，并采取临时防护措施。场地平整期、基础施工期、主体施工期为水土保持监测重点时段。

(3) 项目区水土保持防治措施如防护不到位，将可能造成较为严重的水土流失，对周边环境产生不利影响。因此，必须制定相应的水土保持防治方案，采取水土保持措施，控制水土流失。

(4) 应做好项目工程范围内排水工程系统，分散径流，归槽排泄，减少水土流失；同时还需要注意对临时堆土区的临时挡护和排水措施，减少堆土区水土流失；注意水库及灌渠改造施工期间临时拦挡措施，减少对水体及周围环境产生不利影响；分期工程竣工后，裸露地表应及时绿化，植树种草；特别注意对住宅、道路等开挖坡面采取工程防治措施，使土体稳定，避免滑坡和塌坡。

(5) 根据水土流失变化特点，在场地平整期对坡面较陡区域布置临时排水系统；在基础施工期对基坑需要采取支护措施，防止坡面坍塌；对临时堆土区采取临时围挡措施，并加强挖、填面施工衔接，及时将余土回填到填土区；在主体工程施工期，应注意土方及时回填，减少临时堆土方量，对建筑材料堆放，如沙料应采取临时挡护，其他材料应有秩序整齐码放，尽量减少对地面的扰动。

由于项目地处丘陵地区，该工程在下阶段竖向设计时不仅要考虑建筑物场地平整要求，还要以就近平衡挖填土为原则，结合地形减少土方量，对削坡的山坡要进行坡面防护和排水设计，同时要考虑山区地形排水、防洪的要求。

（三）　水土保持监测

3.1 监测目的

(1) 通过监测及时掌握建设生产过程中的水土流失，掌握水土流失的控制状态，提出相应的对策；

(2) 及时掌握施工活动过程中水土流失动态变化，了解各项水土保持措施实情况和防护效果，尽可能控制和减少水土流失量；

(3) 为水土流失治理提供依据；

(4) 水土保持监测反映了建设过程中水土保持“三同时”制度的落实情况，是工程竣工验收的重要依据。

3.2 监测原则

(1) 监测点一般按临时点设置。监测点应对工程项目具有整体控制性，监测点布设密度和监测项目控制面积根据防治责任范围面积确定，重点地段实施重点监测。

(2) 对水土流失及其防治效果的监测，应分时段制定监测计划。监测方法、监测时段和频率，根据工程施工时序和可能造成的水土流失特点确定。

3.3 监测内容

3.3.1 水土流失因子监测

根据《水土保持监测技术规范》，结合工程建设的特点，主要对临时堆土场、施工道路、绿化改造区和开挖坡面等扰动面进行水土流失观测。监测因子包括降雨、风、地面坡度、坡长、地面组成物质，建设过程中水土流失强度、特点及其危害，植被类型及覆盖度、水土保持设施数量和质量变化等。

3.3.2 水土流失状况监测

水土流失量的监测包括以下三个方面：

(1) 水土流失现状监测

结合工程的特点，对坡度较陡的区域、临时堆土区、施工道路等进行水土流失形式、水土流失面积、水土流失强度、植被类型、植被覆盖度及水土保持设施（面积、数量）等项目进行监测。

(2) 弃土动态监测

主要监测弃土量、弃土类型、堆放情况（面积、堆渣高度、坡长、坡度等)、措施等。

(3) 水土流失量动态监测

针对工程建设不同时段、不同地表扰动类型的流失特点，对不同地表扰动类分别采用标桩法、侵蚀沟样方测量法、简易径流小区法进行多点位、多频次监测，经综合分析出不同扰动类型的侵蚀强度及水土流失量。

3.3.3 水土流失危害监测

在汛期降雨产流期监测工程建设造成的水土流失变化趋势和水土流失对工程建设的影响，主要包括项目区水蚀程度、生态环境被破坏的程度、重力侵蚀的情况、已有水土保持工程和设施破坏情况以及项目区地貌改变情况等。

3.3.4 水土流失防治措施实施效果动态监测

水土流失防治动态监测包括水土保持工程措施和植物措施的监测。

水土保持工程措施：临时防护措施实施数量、质量；防护工程稳定性、完好度、运行情况；工程措施的效果。

植物措施：不同阶段林草种植面积、成活率、生长情况及覆盖度；扰动地表林草自然恢复情况；植被措施效果。

3.4 监测方法

根据项目区水土流失特点，初拟 3 种监测方法，分别为定点监测法、宏观监测法、综合分析法。

3.4.1 定点监测法

利用地理坐标或标志物定位，在同一地点，进行一定时间跨度的连续观测，记录水土流失因子，作为水土流失分析的基础资料。本方案采用沉砂池体积法对沙土含量进行监测，对坡面较陡区域采取桩测的方法测量侵蚀沟等。

3.4.2 宏观监测

在整个水土流失监测范围内，通过定期巡查，抽样调查或通过调查组了解情况，以及根据线索进行实地查勘等形式，调查了解水土保持措施（工程措施、生物措施）的运行状况；跟踪调查新增水土流失发生地点、地段、原因，及时发现水土保持方案的不足之处，采取补救措施。

3.4.3 综合分析法

在对各项水土流失监测结果进行分析的基础上，综合分析评定各类防治措施的效果、控制水土流失、改善生态环境的作用。

3.5 监测时段和频率

工程区所在区域降雨主要集中在 5～9 月，降雨量大、持续时间长，因此，以 5～9 月为重点监测时段。根据工程进展情况和工程区降雨规律，监测工作分为工程准备期、工程施工期和自然恢复期三个时段：

工程准备期：全线调查，主要是对工程区的各监测点背景进行 1 次监测；

工程施工期：重点进行基本扰动类型侵蚀强度监测，同时进行各种防治措施调查等监测。根据工程进度和水土流失预测情况，每半个月监测 1 次，若遇最大 1 日降雨量≥30mm，需加测 1 次。

林草恢复期：重点进行植物措施监测、堆土处理效果监测等。重点监测地段为绿化改造区。

3.5.1 布设原则

(1) 典型性原则：结合新增水土流失预测结果，选取交通、场地等便于监测的典型场所进行监测。同时对临时堆土场、施工道路等区域以及坡度较陡的地段进行重点监测。

(2) 可操作性原则：紧密结合项目区水土流失特点布设监测点，力求经济实用、可操作性强。

(3) 有效性原则：监测点的建立以能有效、完整的监测水土流失状况、危害及防治效果为主。因此，在监测点酌布设时，应选择能够保留一定时段的开挖断面或地段进行监测。

3.5.2 监测点布设

针对江苏沃得房地产开发有限公司沃得前亭山庄项目的特点，项目共布设 8 个监测点，其中主体工程区布设 2 个监测点，道路广场区布设 1 个监测点，临时堆土区、绿化改造区布各设 2 个监测点，水库及灌渠改造区布设 1 个监测点。

（四）　水土防治措施为例

4.1 水土流失防治措施总体布局

防治措施的总体布局，依照方案编制的原则和目标，以防止新增水土流失和改善区域生态环境为主要目的。结合主体工程已有的具有水土保持功能的工程项目，以水土流失预测为科学依据，合理配置各防治区的水土保持措施。在防治措施上做到开发与防治相结合，点线面相结合，形成完整的防护体系。分区治理主要包括以下两方面：主体工程中具有水土保持功能的设计和本方案新增水土保持设计。水土流失防治体系总体布局详见表 6—7。

表 6—7 水土流失防治措施总体布局表

防治分区	措施类型	措施内容	备注
主体工程区	工程措施	表土剥离	方案新增
	植物措施	无	
	临时措施	施工期间布置临时排水、临时沉砂池、临时挡护措施	方案新增
道路广场区	工程措施	排水系统	主体工程
		表土剥离	方案新增
	植物措施	无	
	临时措施	施工期间布置临时排水、临时沉砂池、临时挡护措施	方案新增
绿化改造区	工程措施	土地整治	方案新增
	植物措施	绿化景观设计	方案新增
	临时措施	无	
临时堆土区	工程措施	土地整治	方案新增
	植物措施	绿化	方案新增
	临时措施	施工期间布置临时排水、临时沉砂池、编织袋土填筑	方案新增
水库及灌渠改造区	工程措施	土地整治	方案新增
	植物措施	滨水观光带景观设计	方案新增
	临时措施	编织袋土填筑挡护	方案新增

4.2 分区防治措施设计

4.2.1 主体工程区

(1) 工程措施

施工时，对建筑物及硬化场地进行表土剥离，作为后期绿化覆土，将表层耕土集中堆放，临时堆土区设置在绿化改造区。

(2) 临时措施

为保证场地内的排水通畅和减少施工期间的水土流失，在主体工程建设的主工程区布置临时排水设施，在每幢建筑物基坑周边开挖临时排水明沟，梯形断面，底宽 0.3 米，深度 0.3 米，坡比为 1∶1，土质断面，有条件时可简单防护，水明沟主体工程区合计总长度约 7200 米。排水沟出口处设置沉砂池，共 3 座，池容 4.5 立方米，用混凝土砌筑。

由于本工程施工将经历雨季，因此一定要注意采取防雨措施，尽量避免破坏用地范围之外的自然植被和排水系统，施工前做好施工建设区域内临时排水系统的总体规划，注意保护挖、填土方边坡的稳定。用基槽开挖时，边坡坡度应适当放缓，用人工或小型机具配合进行施工。

4.2.2 道路广场区

(1) 工程措施

本工程排水管网主体工程已设计。排水管采用为直径为 300～800 毫米的 HDPE 双壁波纹管，满足厂区排水设计要求，本方案不需单独设计。

施工时，对场地进行表土剥离，作为后期绿化覆土．将表层耕作土集中堆放，临时堆土区设置在绿化改造区。

(2) 临时措施

项目区内施工道路结合永久道路进行布置，最终在装饰整理期铺设道路面层及排水设施。在项目施工阶段，为防止道路及坡面冲刷，在项目区主干路、社区次路两侧开挖临时排水沟，底宽 0.3 米，深 0.3 米，坡比为 1∶1，总长约 10800 米。临时排水明沟在项目区雨水排放系统建成之前使用，最终将被项目总体设计的排水系统替代。在道路排水沟出口处设置沉砂池，共 3 座，池容 4.5 立方米，用混凝土砌筑。

4.2.3 绿化改造区

(1) 工程措施

在主体工程施工结束后，将对绿化用地实施表土回填并进行土地整治，以满足种植植物的要求。该分区将进行土地整治面积 20.6 公顷。

(2) 植物措施

绿化改造区总面积 21.5 公顷，其中包括临时堆土区 0.9 公顷。植物种类选择根据当地气候特点，以立足于改善小区环境，保持水土，兼顾提高小区生活质量为目的，适地适树、适草，做好小区绿化，绿化改造区参考项目区景观绿化设计，结合水土保持相关要求在场地平整后移栽花草树木。

结合水土保持相关要求在场地平整后移栽花草树木。绿化改造区植物措施布设见下表 6—8。

表 6—8 绿化改造区植物措施布设表

地点	类型	数量
绿化改造区	乔木	种植香樟、广玉兰、银杏、桂花、榉树等乔木共计17302株
	灌木	种植红花继木、大叶黄杨、红叶石楠、海桐等灌木共计1591713株
	草坪	百慕大草坪共129600平方米
	绿篱	珊瑚绿篱9318米

4.2.4 临时堆土区

临时堆土区设置在挖填运输便利的预留绿化用地，总面积为 0.9 公顷，设置在填方量较大的区域，开挖和回填土方在整体平衡的基础上，及时调出多余土方，减少堆放量。临时堆土场应根据土质和使用功能分堆堆放，如表土含腐殖质可用作移植回填，作为基础回填、弃土、建筑垃圾等都应该分开堆放，另外需采取防风、防雨覆盖塑料薄膜等措施。

(1) 工程措施

在主体工程施工结束后，将实施表土回填并进行土地整治，以满足种植植物的要求。该分区将进行土地整治面积 0.9 公顷。

(2) 临时措施

设计临时堆土断面为梯形，边坡不陡于 1:1；堆土高度控制在 2.5 米以内；堆土区一侧留出运土车进出口；在土堆周围用编织袋土填筑作为临时防护，呈“品”字形堆筑，高度在 0.3～0.5 米，共 750 立方米。编织袋外侧设计梯形断面的临时排水沟，边坡 1:1，底宽 0.3 米，深 0.3 米，总长 900 米。临时排水沟与道路排水沟相连通。设置 4.5 立方米沉砂池 3 个。临时堆土区防护措施见下表 6—9。

表 6—9 临时堆土区水土保持措施布设表

序号	类型	工程措施
1	临时防护	采用编织袋土填筑等措施进行挡护共计750立方米
2	临时排水措施	临时排水沟，总长度约900米，边坡4：1.0，宽度0.3米，深度0.3米。设置4.5立方米沉砂池3个
3	堆土覆盖	为防止风蚀，采用苫布遮盖、表面喷水等措施，避免表土随风迁移

4.2.5 水库及灌渠改造区

该区域为租赁用地，主体工程建设的同时，将对租用的丰产水库及长山灌渠进行改造，打造滨水观光带，土地整治面积 4.03 公顷，绿化面积 4.03 公顷。施工过程中，应做好临时挡护措施，编织袋土填筑挡护 600 立方米，避免水土流失对水体及周边环境产生不利影响。水库及灌渠改造区水土保持措施情况见表 6—10。

表 6—10 水库及灌渠改造水土保持措施布设表

类型	数量	
工程措施	平整土地	土地整治面积4.03公顷
植物措施	乔木	种植香樟、广玉兰、银杏、桂花、榉树等乔木共计1922株
	灌木	种植红花继木、大叶黄杨、红叶石楠、海桐等灌木共计377537株
	草坪	百慕大草坪32400平方米
	绿篱	珊瑚绿篱1036米
临时措施	编织袋土填筑	编织袋土填筑挡护600立方米

4.3 植物措施设计

1 .植物选择原则

根据本工程的自然环境，结合工程的实际情况，本着“因地制宜、适地适树、适地适草”的原则，建造水土保持植被。在植物措施布设时，树种、草种的选择还应遵循以下原则：

(1) 为提高绿化成活率，尽量使用乡土的树种、草种或者在当地绿化中已推广使用的树种、草种；

(2) 充分考虑与项目区周边相一致的原则，与周边丛林相协调原则；

(3) 草种要选择有较强的固土护坡功能。根系发达、生长迅速，能在短期内覆盖地面，且能抵抗杂草；草层紧密。具有多年生的习性，耐践踏，扩展能力强，对土壤、气候条件有较强的适应性。病虫危害较轻，栽后容易管理。

(4) 绿化品种满足低密度住宅区景观、园艺需要。

根据当地自然条件、绿化目的和保护目标的具体特点，最终确定选择草坪种类、树种，并选用花卉进行点缀。

2.植物措施典型设计

(1) 大叶黄杨绿篱抚育管理典型设计整地方式：

平整土地种植季节和方法：春秋季均可种植，方法为条铺法。

抚育管理：在干旱季节每周浇水 1 次或 2 次.

苗木规格：冠径 30 厘米。

(2) 草坪抚育管理典型设计

整地方式：平整土地。

种植季节和方法：5～8 月间种植，条状铺植，施肥量为 25 千克/亩。

抚育管理：草坪生长期间宜保持土壤湿润，施两次全元素复合肥，及时拔除杂草，在夏季 3～4 天浇灌一次。

草坪规格：30 至 40 厘米宽度，条状。

(3) 香樟抚育管理典型设计

整地方式：穴状

种植季节和方法：春秋季，带土球移栽，株距 5 米。

抚育管理：适应较强，在移栽成活前要适量浇水，修剪少量弱枝。

苗木规格：胸径 30 厘米。

(4) 广玉兰抚育管理典型设计

整地方式：穴状

种植季节和方法：春秋季，带土球移栽，株距 5 米。

抚育管理：适应较强，注意病虫害防治。

苗木规格：胸径 18 厘米。

（五）　方案实施的保证措施

为保证水土保持措施顺利实施，落实“建设项目的水土保持设施，应该与工程同时设计、同时施工、同时投入使用”的法律要求，水土保持必须采取组管理和技术等措施，通过行政、法律手段确保工程的实施。

5.1 组织领导机构

建设单位是水土保持措施实施的领导机构，在统筹整个工程建设的同时，设专人负责本项目建设过程中水土保持工作的组织和落实。

5.2 管理措施

(1) 水土保持工程项目的建设采用国内竞争性招标方式选择具有相应资格和能力的施工单位和建设监理单位。

(2) 工程实施中采取建设项目法人制、监理制，加强质量、进度、资金的监管。

(3) 成立本工程水土保持质量监督、验收机构，配合当地水行政主管部门责任范围内的防治方案的实施进行严格的监督，对水土保持项目进行阶段验收竣工验收。

5.3 技术保证措施

(1) 在工程施工阶段，进行相应的水土保持施工图设计，施工图经审查批准后，施工单位必须严格按照设计要求施工。若建设单位提出设计变更要求，在最短时间内提交设计部门，以确保设计部门的认证或合理周期。

(2) 通过招标选择有相应资质、经验丰富、技术力量强的施工单位和监理单位进行项目的施工和监理，以确保水土保持工程施工进度和施工质量，水土保持工程未经验收或验收不合格，主体工程将推迟投入使用。

(3) 水土保持监测单位应具有水土保持监测资质和监测经验，并按方案监测要求由监测单位编制监测计划并实施，监测成果定期向水务行政主管部门汇报，并在水土保持设施竣工验收时提交监测报告。

(4) 对于施工中出现的技术难题，开展相关的水土保持技术研究。

5.4 资金来源及管理使用办法

5.4.1 资金来源

根据《中华人民共和国水土保持法》，建设过程中发生的水土流失防治费用从基本建设投资中列支。本工程的水土保持措施所需资金均来源于工程建设投资，与主体工程建设资金同时调拨。

5.4.2 资金管理使用办法

水土保持资金实行由业主负责管理与定期检查的管理使用办法，设立专门账号，做到专款专用。根据工程的施工进度要求拨款，主管部门进行监督和审计。

5.5 监督保障措施

本方案经水务行政主管部门审查批复后，具有法律效力。项目建设单位应主动与工程涉及的有关市、县水土保持主管部门取得联系，自觉接受地方水土保持部门监督检查。建议地方水土保持部门应确定专人负责该方案实施情况的监督，采取定期与不定期相结合的检查办法，来检查水土保持的实施进度及施工质量。

5.6 竣工验收

按水利部第 16 号令和第 24 号令的要求，开发建设项目土建工程完成后，应当及时开展水土保持设施的验收工作。验收内容、程序按《开发建设项目水土保持设施验收规范》执行。

（六）　结论和建议

6.1 结论

6.1.1 项目区水土流失现状

项目建设区地面植被覆盖良好。现状土壤平均侵蚀模数为 400t/(km^2.a)，属微度水土流失，该区域侵蚀类型是以水力侵蚀为主，项目区范围为省级水土流失重点监督区。

6.1.2 水土流失预测结果

在项目建设过程中，由于地基开挖、土地整治等，将扰动和破坏原地貌，损坏原有植被，将不可避免发生新的水土流失。项目建设区面积 61.67 公顷，其直接影响区面积 1.04 公顷，防治责任范围面积 62.71 公顷，征地范围内扰动原地貌、破坏土地和植被面积 46. 84 公顷，租赁用地范围内扰动原地貌、破坏土地和植被面积 5. 71 公顷，扰动地表面积共计 52. 55 公顷，破坏原地貌、土地及植被面积共计 52. 55 公顷。建设期项目扰动区水土流失总量为 6924.54 吨，新增水土流失量为 6262.76 吨。

6.1.3 水土保持工程措施及效果

水土保持措施以植物措施为主，与主体工程的工程措施相结合，使本工程所造成的水土流失区域均能得到有效地治理和改善。通过本方案的实施，各防治区除永久建筑物和道路外，施工裸地植被得到有效地恢复，植被覆盖度45.1%以上，植物措施面积25.53公顷，林草植被恢复率达到98%以上，拦渣率达到98%以上，土壤流失控制比到植被恢复期末达到1以内，扰动土地整治率达到95%以上，水土流失总治理度达90%以上。使得工程建设区生态环境得到改善，减少了坡面径流冲刷，促进生态系统向良性态势发展，具有良好的经济效益、社会效益和生态效益。

6.1.4 土保持投资估算

根据投资估算成果，本方案水土保持工程总（静态）投资为7423.06万元，其中：主体工程中具有水土保持功能措施投资为1934万元；本方案新增水土保持工程投资为5489.06万元，其中水土保持设施补偿费70.26万元。

6.2 建议

(1) 为避免工程建设过程中造成环境破坏，产生新的人为水土流失，建议工程建设单位与当地有关部门配合，做好水土保持各项措施的管理和监督工作，落实开发建设项目水土保持“三同时”制度，并开展水土保持监理工作，对水土保持措施的实施进度、质量和资金进行监控管理，保证工程质量。

(2) 在工程建设期和运行期，建立水土流失监测机制，对监测资料进行收集、整理，为合理制定水土保持方案提供科学的依据。

(3) 建设单位需要重视项目区的污水防治，任何时候都不能将污水排入附近水体，并对各级排水系统和景观湖进行定期清理，以防各种垃圾和泥沙排入水体。

(4) 建设单位应充分重视本方案报告书的实施工作，严格按照审批后的水土保持方案实施。

第七章　坡地别墅价值理论在平地别墅设计中的应用

前面第三、四、五章分析了坡地别墅价值，主要通过坡地与别墅的结合、坡地别墅景观特点，以及坡地别墅的交通特征来挖掘与提升其价值。

第二章和第六章则着重在自然因素对坡地别墅的影响和其基地所在的工程技术保障而阐述剖析坡地别墅的价值实现的可行性和可能性。

这一章着重再挖掘平地别墅的价值提升，以期将坡地别墅的价值理论在平地别墅开发建设中得以运用，进而提升平地别墅的固有价值。

主要表现在总平面布局中的特色打造、单体设计中地面能和地下能的挖掘、院落景观的错层设计以及交通入口特色等方面。

第一节　组团总平面设计提升价值

在平地别墅总平面的设计中，对于居住区级和小区级的总平面设计，一般应遵循现行正常的规划设计。但可以在组团总平面的设计中将其价值有所提升。

也就是说，在平地别墅总平面的布局中，制造一个个小型坡地，以“线型空间串联型”的方式组合成独特的平面设计中“魂”的元素。这也是最常见的坡地别墅的总体空间组合形式，组团的各个组成部分可相对独立，可整体为坡地组团，也可部分为坡地组团。组团的各个组成部分可相对独立，整体布局比较自由。

打造组团平地别墅坡地化，可结合小区公共停车库或人造土坡，也可以单独打造单栋别墅的平地别墅坡地化。以上海浦东张江的一个别墅区为例，这是一个平地别墅坡地化的实例（见图 7—1 至 7—5），通过立面图 7—3 可以看出别墅地面 3 层，地下室为完全地下室，计算容积率好但地下室不理想；通过立面 7—4 可以看出别墅地面 3 层，地下室为完全地上，地下室理想但地面容积率大；通过立面 7—5 可以看出别墅地面 2 层，地下室为一个完全地下室，则地下室理想，容积率也理想。

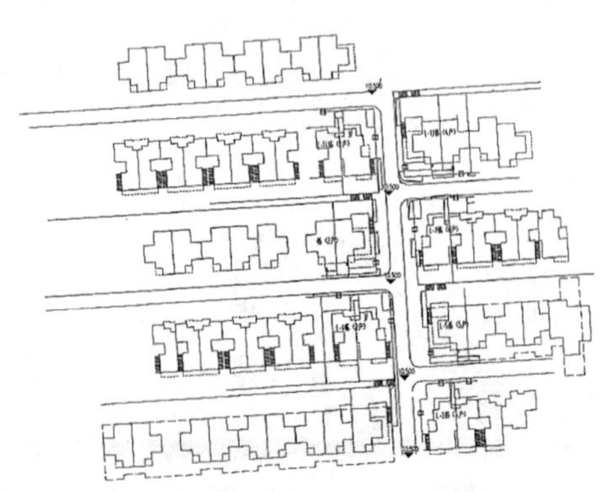

图 7—1 原规划平地组团总平面图

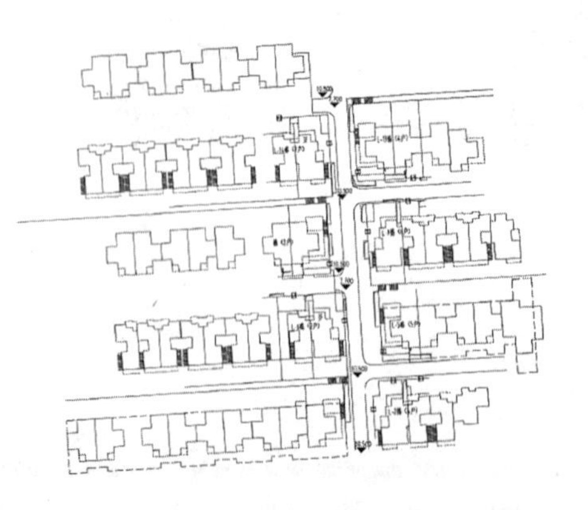

图 7—2 平地别墅坡地化组团总平面图

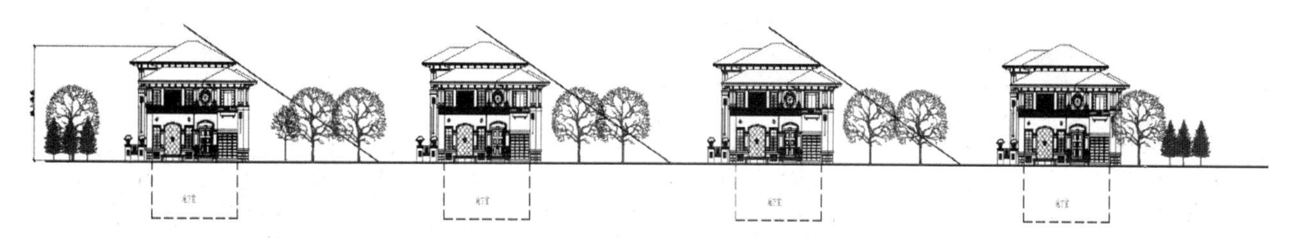

图 7—3 尺度好、暗地下室的别墅示意图

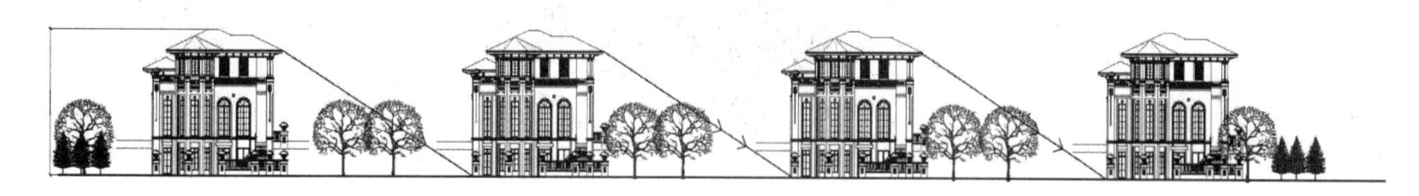

图 7—4 尺度不好、采光地下室的别墅示意图

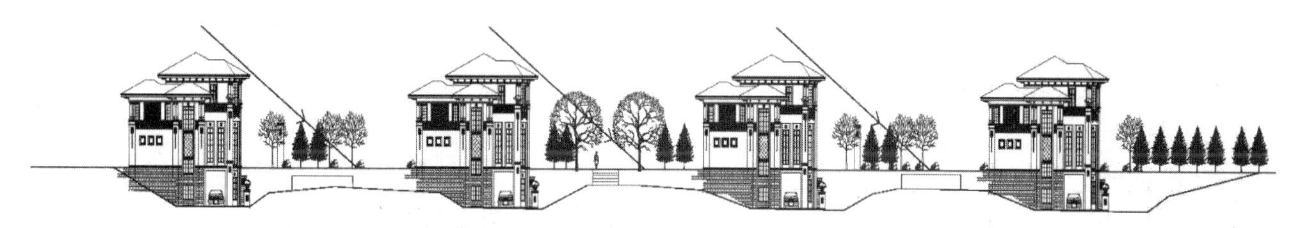

图 7—5 平地别墅坡地化组团立面面图（尺度好、采光地下室）

从图 7—1 至 7—5 特别是图 7—5 可以看出，由于平地组团平面坡地化，交通上体现别墅居住区“通”而“不畅”以及人车分离；日照可以带来建筑面积的增加或者舒适度提高；因此带来经济、适应和创新，进而提升其价值。其中图 7—7 为其组团的侧面车库照片；图 7—8 和 7—9 为其组团的侧面人行踏步和坡地道路照片；图 7—10 为其组团的人行道路照片。

图 7—6 坡地化别墅区道路

图 7—7 坡地化别墅的车库入口

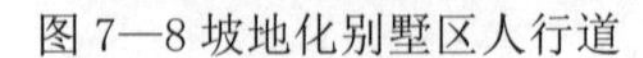

图 7—8 坡地化别墅区人行道

图 7—9 坡地化别墅区的道路

图 7—10 坡地化别墅区人行道

第二节 单体建筑空间的变化提升其价值

以江苏镇江市李公馆（作者住宅）为例，如图 7—11 至 7—15 所示，因为增加了半地下室，其中四分之三围护墙在提高的围土中，而四分之一围护墙采用自然采光门窗以及二个地下室车库的门直接对外，这就具备了坡地别墅的“外象”的表现，于是该建筑就变成了平地中的“坡地别墅”。图 7—11 所示出，南部储藏室在一层客厅之下（自然标高的半地下室加上提高的围护土因此成了全地下室），北部的工具间窗户直接对外采光，两个半地下车库直接对外。

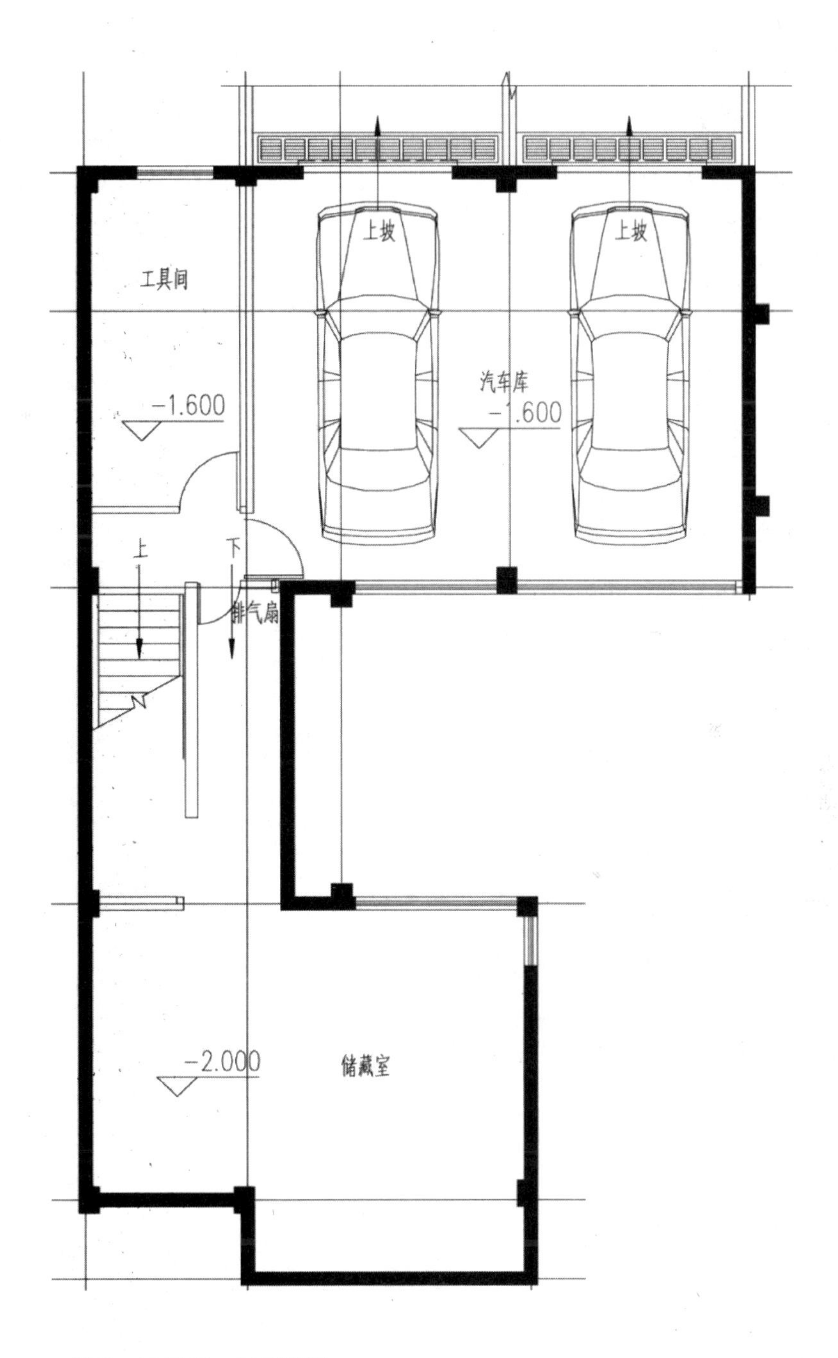

图 7—11 地下一层平面图

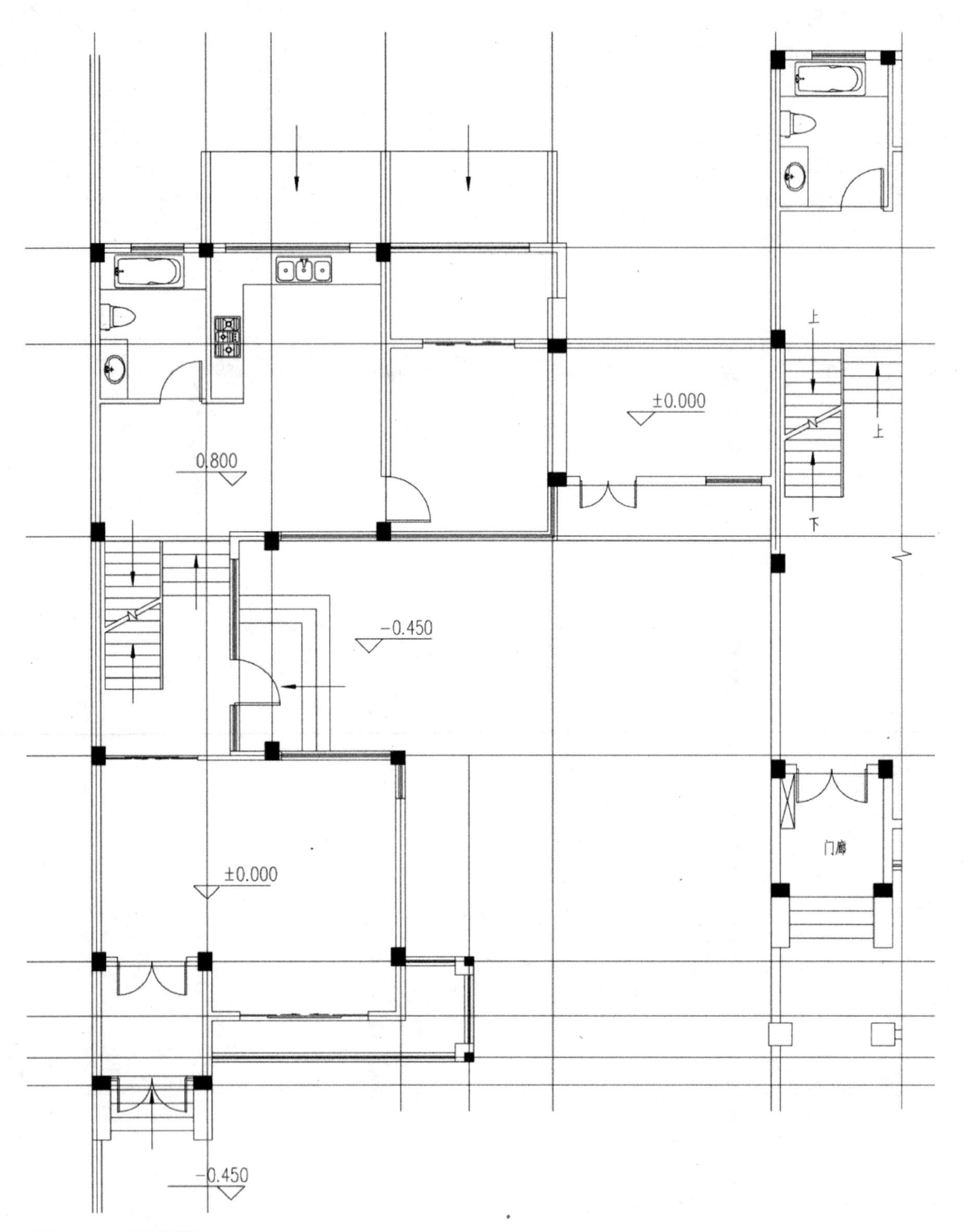

图 7—12 一层平面图

图 7—12 中，南部一层与提高的围护土持平，北部的厨房、餐厅和卧室则再增加 80 厘米，这样既增加坡地别墅的不同面标高，增加了南部客厅的空间高度，同时也产生了北高南低的好态势。图 7—13 中，二层则将 3 个房间设计在一个平面，其中主卧室增加了工作室和衣帽间。图 7—14 中，三层主卧室增加走入式衣柜和卫生间，同时增加东侧的室外平台以及南侧的家庭平台。

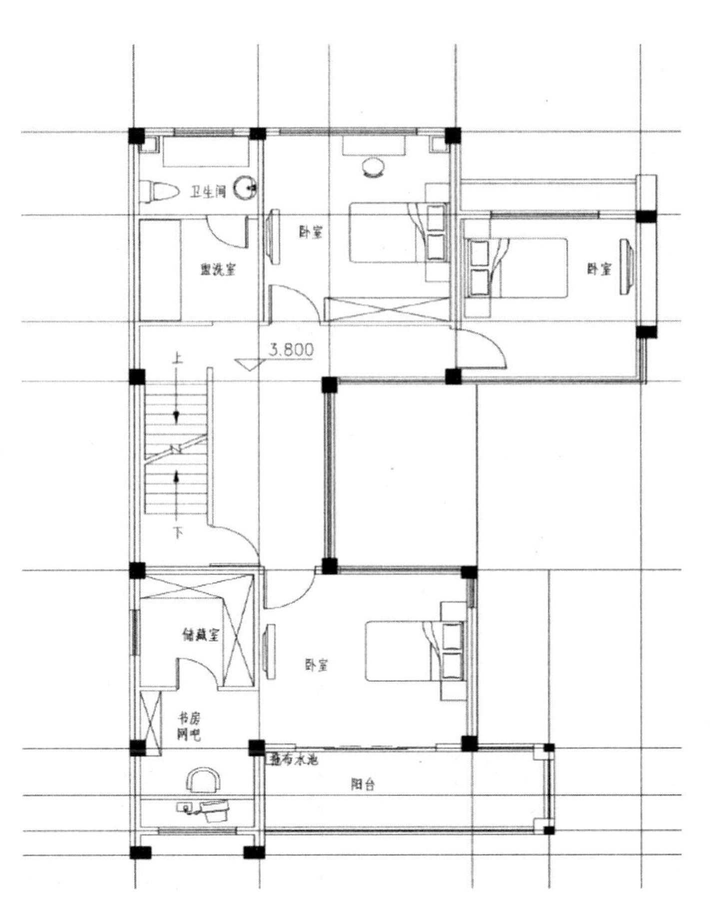

图 7—13 二层平面图

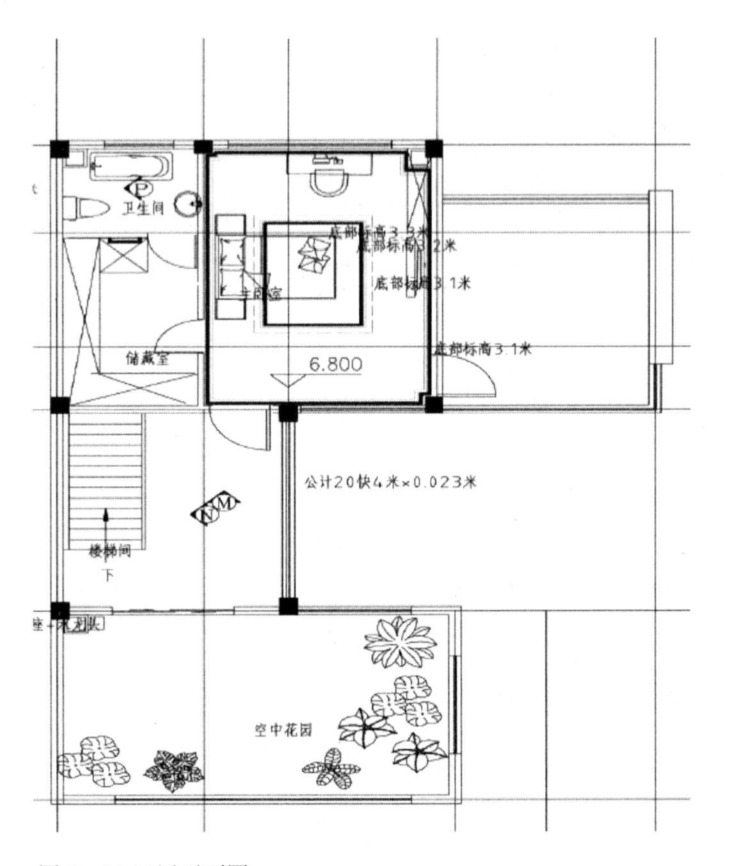

图 7—14 三层平面图

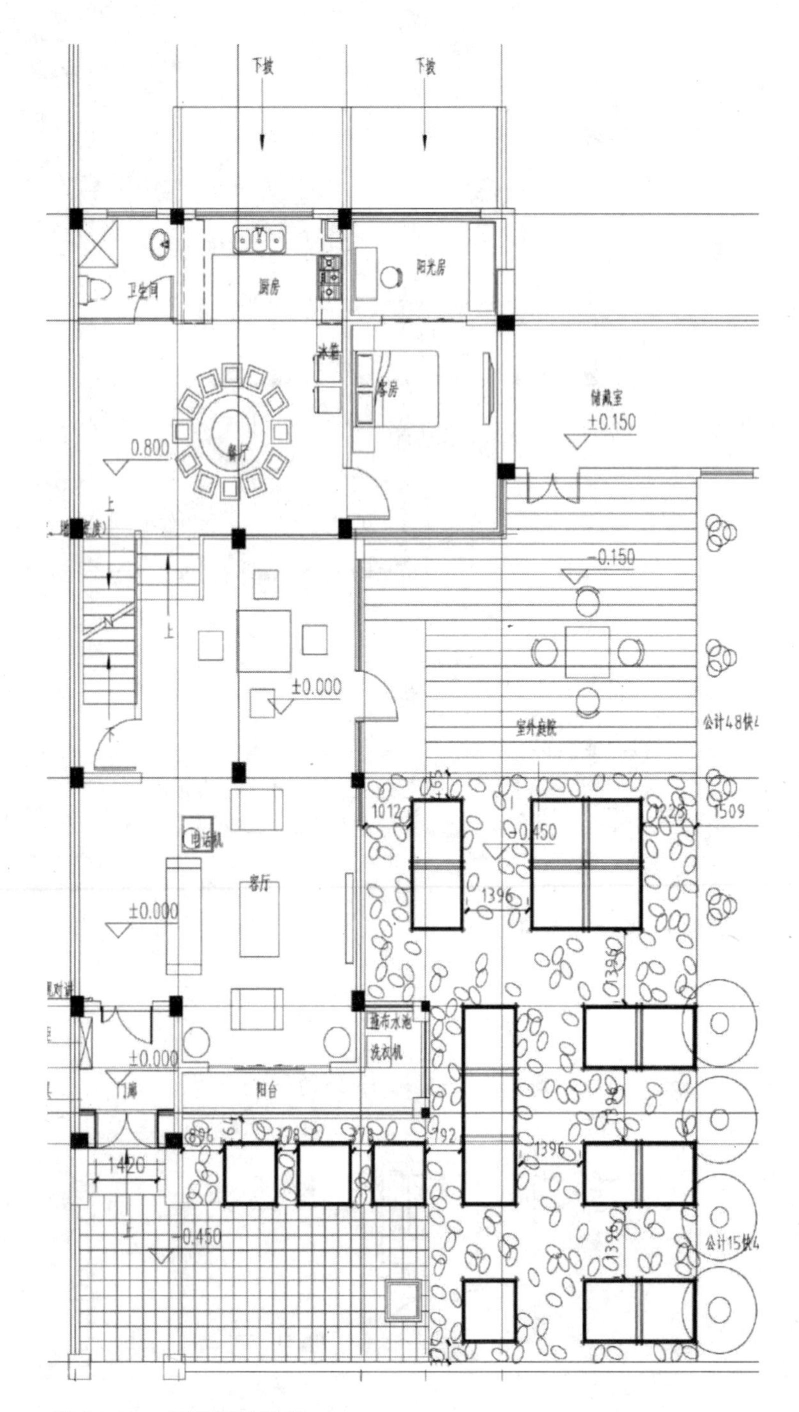

图 7—15 一层平面改进图

图 7—15 是一层平面改进图，图中入口从南部进入客厅（比市政道路高 0.9 米），另一个入口是进入庭院，而客厅一个是上 5 步，以期和客厅空间相呼应；二是下 15 步，以期和地下室空间相呼应，也使地下室为半开放地下空间。

地下室的设计由于其部分在地下，部分在自然采光状态，不仅在“外象”上表现为坡地别墅，而且在地能的利用方面打下伏笔，因为坡地别墅地下室的接地面积增加了，所以地能的利用也增加了，这是平地别墅坡地化的实质性内容之一，进而提升其价值。

而客厅标高又比餐厅和厨房空间低 1.3 米，这样客厅高度为 4.5 米。而餐厅的高度为 3.2 米，这样的客厅高度在经济型别墅设计中非常符合，而不必用两层空间高度去做客厅（一般为 6.4 米，过高了）。而餐厅下面则为 2.2 米高度（其地平面即与市政道路持平）。

这里，主要做三个改变，一是大门前面加一道不加锁玻璃门（防雨但不影响灰空间）；二是封闭下地下室的楼梯（主入口有景观，而不是一进门就往下走）。另外，对于节约能源将是一个利好，这里，通往二楼及以上也有墙和门封闭。这也不影响客厅的气派，因为其面积在 70 平方米，客厅中有上二楼的楼梯存在；三是扩大客厅面积，同时也使餐厅和客厅可以有分有合（见图 7—16 至 7—18）。而且北高南低的好态势一目了然。

图 7—16 装饰前由入口向内看

图 7—17 装饰前由内向入口看的照片

这种情况极易形成南高北低的态势，如一进门就进入地下室（如图 7—17）。所以，当平地别墅变坡地别墅时，而且是南高北低时，入口客厅空间的底标高一定要比北部的餐厅和厨房底标高要低。形成室内北高南低的好态势（如图 7—19）。

图 7—18 装饰后由内看入口的照片

图 7—19 装饰后由入口向内看的照片

第三节 其他

（一）　庭院景观

图 7—20 围墙外看院落

图 7—21 三层东侧平台看院落夜景

图 7—22 三层南侧平台看院落夜景

图 7—23 三层东侧平台看院落夜景

图 7—24 三层南侧平台看院落夜景

图 7—25 三层南侧平台看院落夜景

如图 7—20 至 7—25 所示，这样的庭院景观设计可以是平地型的，也可以是坡地型的，相关内容已在本书第四章中有详细叙说，这里不再赘言。但这里要说的是蔬菜庭院景观，一是解决居住者适当的务农体能锻炼，也是农业乡村生态景观进入都市的一种有效的探索；二是蔬菜作为景观的一种，不仅可以观赏，还可以食用，可以肯定的是，这是真正可以保证的无化肥、无农药的，100%绿色环保食品。值得一提的是，随季节变化而变化，可以是绿油油的青菜、韭菜；也可以是五颜六色的西红柿、南瓜、丝瓜、扁豆和豇豆；还可以是红薯、萝卜，但由于格局的规矩，即使是黄土，也是一种另类的景观。对于这一类景观设计，也要看别墅所处环境，因为这是都市别墅，住在外围极好的绿化之中。当然，好的平面布局设计和必要的工艺材料，也是必不可少的，又由于夜景灯光的加入，提升别墅价值是必然的。

（二） 坡地别墅主入口方位与坡地的组合形态

主入口的方位决定着建筑内部和外部交通的本质，如别墅主入口和车库主入口可以结合，也可以分开。这在本书第三章和第五章中有详尽描述。这里的例子所描述的是人车分流，即北部是车行入口，而南部是别墅人行主入口。

图 7—26 简欧式别墅入口

图 7—27 别墅主入口夜景

（三） 坡地别墅整体立面分析

如图 7—28 至 7—30 所示，这里的整体立面有的时候是平地别墅立面效果，也有的是坡地别墅立面效果，这也已在第三章中详细叙说，这里不再多言。但无论如何，由于坡地的加入，其立面效果也比单纯的平地别墅有所出彩。

图 7—28 别墅西立面照片

图 7—29 别墅南立面照片

图 7—30 别墅北立面照片

总而言之，平地别墅坡地化主要是利用坡地别墅的提升价值原理，通过有限的土地资源，进行尽可能地个性化设计，创造尽可能多的价值因素来提升别墅的应有价值而使其价值最大化。

第八章　专家谈自然因素与坡地别墅价值的关系

戴复东

1952年毕业于南京工学院（东南大学）建筑学专业；
同济大学建筑与城市规划学院名誉院长、中国工程院院士、博导、教授；
东南大学上海校友会会长。（本书作者李华彪先生是东南大学上海校友会秘书长）

与戴复东院士谈坡地别墅

作者：戴院士，你作为中国工程院院士、著名设计大师、建筑教育家，对于现在中国建筑有很多独到的见解，能否就坡地别墅谈一点自己的看法？

戴院士：可以，我就用我的一个考察体会来回答你的提问。这个考察的题目是："挖"、"取"、"填"体系——山区建屋的一大法宝。

1983 年 1 月，我在贵阳市参加贵阳城市规划论证会。当参观未来的科教区龙洞堡地形时，汽车停到路旁一幢孤零零的小石板屋旁，这幢房子立刻引起了我的注意。

它孤孤单单地站立在公路东面一个小的岩石高地坡坎边，一面墙还借用了这坡坎。屋前后有自家用石板围墙围住的前院和后院，前院是一块完整的岩床。房子基地的东面和北面是住户自家的菜地。由于这幢房子是贵阳附近独特的石板建筑，正是我要研究的内容，于是我匆匆勾画了它的平面草图，拍摄了几张照片，就离开了。

晚上，我把图纸整理了出来，立刻好几个问题充满了我的脑海：

1. 为什么这幢房子孤零零地造在小高地坡坎边？而周围相当一段距离内却没有用这种材料建造的房屋？它的材料是哪里来的？如果是其他地方运来，建房主人是怎么考虑材料运输费的？

2. 在这块宅基附近都是些很矮和坡度平缓的小山丘，为什么在这里有一个被开挖的岩石坡坎？

3. 在我摄影、勾画平面草图时，看见一位衣衫较破旧的妇女从门里走出来，好像经济并不宽裕，他们是怎么负担昂贵的建屋费用的？

苦思一夜，我悟出了这些问题的回答。我发觉到，这幢房子虽是一个普普通通的穷苦人家的住房，但它的建造却包含着深刻的哲理。

这里原是公路边一个贫瘠的荒地小坡。这座房子的主人想要建造一座栖息所，可他没地、没钱、没材料，怎么办？他充分地运用了他的大脑和双手，选中了这块地方。首先他划定了一个范围，一家人把岩石面上较薄的表土移到所划定范围的东面、北面，这样东、北两块薄土层的地就变成厚土，成为他家可以种蔬菜的用地。然后再把表土下暴露出来的薄层石灰岩一层层地开凿掉，就开出了一块约 10 米宽、20 米长的露出平整岩床的平地，于是从没有宅基到有了宅基。而开凿下的薄层石灰岩石片，就是他家造房子用的、就地取来、不费分文的主要建筑材料——石块、石板，从瓦片到墙体到围墙用的就是它们。他做到了不花什么钱却一箭三雕：自留地、宅基、建屋材料，一切取之于地，动了脑筋、花一些劳动就解决问题。这和平原地区的农民造房非花很多钱不可，而又占用农田的情况，形成多么鲜明的对比！

它的总体布局也很有特色，主屋与附屋之间位置很好，关系紧凑，主次有序，空间变化。厕所做在室外，既便于过往行人使用，同时又帮助这户人家收集肥料。我仔细地端详着这张总平面布局图，赞叹不已。我想，请一位很有水平的建筑师来设计也不过如此，这是一位多么高明的“非建筑师”的建筑师啊！

过去我认为，在山坡地造房子，开挖土石方越少越好，最好不开挖。但事情也不应当那样绝对，有时还应当或必须开挖，这就是一个活生生的例子，给了我新的启发和理解。当然，我们还是应当坚决反对那些在建筑组合上片面讲求气派、对称或其他不必要的东西，或不去适当结合地形，而对土石方做硬性甚至破坏自然景观或环境的开挖。

接下来我又到关岭县、安顺市、镇宁布依族苗族自治县、贵阳花溪地区等地调查，发现这一带地区石山很多，可耕地少，山上都是石灰岩，土层很薄。居民盖房子很多都利用坡地，在山坡上开挖一小块平地，就地取石，再将山坡适当填平一部分（有一部分留作牲口圈），这样就有了宅基地、道路和建筑材料，就可以建造房屋。

有很多家庭（包括在职职工），利用陡坎、坡地，就地或在附近开挖山石，建造住宅。据了解，建屋人往往只出一些木材、瓦片费用，和帮忙的人的饮食费用，花费不大。镇宁县双山坝一户新建屋居民（该居民是木工）介绍，建造一个三开间(每开间 3.3 米)和 8 米进深带二层阁楼的住宅，自己花 900 个工（700 石工、100 木工、100 砖瓦工，不算钱），只有材料、饮食费约 2000 元。贵阳阿哈（幸福——布依语）湖畔一位船舶司机建屋情况大体相似。

这种挖山、取石、填平的建屋方法，我把它归结命名为“挖”、“取”、“填”造屋体系。我认为这是一种很科学、有较大实用价值和很好经济效益的建屋体系。特别是在我们这个丘陵地多、平原少的国家，党的十一届三中全会后农村经济发展，农民富裕起来，建屋要占用土地的问题矛盾尖锐。在这一情况下，贵州各民族劳动人民，经过千百年与顽石斗争所创造的这样一种方法，在节约可耕地、节约砖瓦（烧砖瓦也要用农田的土）、节约资金等方面有非常大的优越性，应当在全国类似地理地质条件的地区加以大力推广。同时发展小型钢筋混凝土预制构件，以代替木材，把原有立贴木结构改成山墙承重结构，这样就可以发挥更大的优势。在这一点上，我认为应当像在计划生育中，号召一对夫妇只生一个孩子一样，给以同等重视，也具有同等重要的意义。

但人们的认识往往是很曲折的，住在这一带的居民很多人认为这种房子“土”'，希望造砖瓦房、“洋房”，甚至不惜花很多钱，用很多汽油到外省去运砖瓦。这是不对的。材料的“土”有地方气息，问题是如何设计，使其符合今天的要求。

看来，地质工作者、材料工作者、结构理论工作者，最好能将我国各地区的岩石大体分成几类，确定各类的材料性能，并制定相应规范，使这一“挖”、“取”、“填”体系更为科学化，能得到更健康的发展（注：地震地区尤以较烈地区应当慎用）。

吴林奎

1939年9月出生，上海市人，地球科学副研究员，中国文学副研究员，中国地质作家协会终身会员。1959年9月毕业于南京地质学校（并入东南大学）矿产地质与勘探专业，分配到上海市人民委员会地质处工作。1960年6月加入中国共产党。参加了上海石油、天然气、金属矿床等地质普查勘探和上海早期地铁选线工程地质勘探。东南大学上海校友会常务副会长、常务理事。

与吴林奎教授谈坡地别墅与地质

作者: 有人说你是上海地面沉降可控的发现人，这是为什么？

吴教授: 那是 1962 年初，国家列项研究控制大城市地面沉降世界地质难题。于是，我们上海地质工作者开始研究。

1970 年 3 月，我撰写的上海地面沉降控制成果报告，得到了毛泽东主席和周恩来总理的重视和肯定。上海市水文地质大队运用人工回灌自来水方法控制上海地面沉降，全市平均回升 6 毫米，局部地区回升 37 毫米，“上海成为世界上第一个不沉的大城市”一文，从《解放日报》编印入《内参》。

毛泽东主席见报告后笑了，要求写关于地面沉降的文章，向世界宣传。周恩来总理于 1970 年 11 月 23 日，在人民大会堂接见全国地质工作会议代表，先问“上海水文地质大队代表来了没有？”宣布：“上海水文地质大队运用人工回灌自来水方法，控制上海地面沉降，这是一件大事！”

1972 年 4 月，许杰副部长召开吴林奎出席的部专家会议宣布：上海水文地质队吴林奎的《论中国上海地面沉降的控制》论文，周总理批准为国家代表团出席 24 届地质大会的论文，也是新中国总理批准的第一篇出席国际地质大会的论文。

上海地面沉降控制成果报刊发表后，国内国外，四面八方，参观取经，求教邀请，络绎不断，震动了世界！

1991 年吴林奎撰作中篇纪实报告《不沉的上海》——上海地面沉降研究工作全过程现实报告。

作者：确实不简单，那何谓地质？

吴教授：地质学的研究对象是地球。地球包括固体地球及其外部的大气。就工程建设问题而言，一般研究工程地质学和构造地质学工程地质学的研究目的在于查明建设地区或建筑场地的工程地质条件，分析、预测和评价可能存在和发生的工程地质问题及其对建筑物和地质环境的影响和危害，提出防治不良地质现象的措施，为保证工程建设的合理规划以及建筑物的正确设计、顺利施工和正常使用，提供可靠的地质科学依据。

作者：大概可概括为几个主要方面？

吴教授：可概括为 4 个方面：①研究建设地区和建筑场地中岩体、土体的空间分布规律和工程地质性质，控制这些性质的岩石和土的成分和结构，以及在自然条件和工程作用下这些性质的变化趋向， 制定岩石和土的工程地质分类。②分析和预测建设地区和建筑场地范围内在自然条件下和工程建筑活动中发生和可能发生的各种地质作用和工程地质问题，例如：地震、滑坡、泥石流，以及诱发地震、地基沉陷、人工边坡和地下洞室围岩的变形和破坏、开采地下水引起的大面积地面沉降、地下采矿引起的地表塌陷，及其发生的条件、过程、规模和机制，评价它们对工程建设和地质环境造成的危害程度。③研究防治不良地质作用的有效措施。④研究工程地质条件的区域分布特征和规律，预测其在自然条件下和工程建设活动中的变化和可能发生的地质作用，评价其对工程建设的适宜性。

作者：刚才所述的构造地质学又是怎么回事？

吴教授：构造地质学是研究岩石圈内地质体的形成、形态和变形构造作用的成因机制，及其相互影响、时空分布和演化规律的地质学分支学科。构造作用或构造运动常是其他地质作用的起始或触发的主要因素，因此，构造地质学说通常也就成为地质学的基本学说。泰勒 1910 年讨论了欧亚大陆第三纪山脉弧形向南突出，1912 年魏格纳有关大陆起源的论述，使大陆漂移思想形成了大陆漂移说。因此，在 20 年代前后，在地质学中开始了以地槽学说为代表的垂直论，与以大陆漂移说为代表的水平论有关主要构造运动方式之争，并把垂直论与大陆位置相对固定相联系，称为固定论，而水平论固有大陆长距离漂移的认识，称为活动论。构造地质学也研究由构造作用决定的原生构造现象，如造山带的位置和形态、盆地的形态和分布，各种层次的变质作用与分带，不同成因的岩浆岩侵位和喷出活动条件等的本身特征，都由构造环境所决定，是由先期构造造成而又成为后继构造作用的基础。

作者：就坡地别墅而言，什么样的地质状态是不适合建坡地别墅的。

吴教授：三种情况：就坡地别墅而言，主要的是工程地质和结构地质以及地质水文。

第一种：第四纪坡地，即由于地表堆积而成的坡地，因为这种坡地极不稳定，而且不可预见性很强。

第二种：易风化岩石层的坡地，这样的坡地极不稳定，所以不适合进行建筑活动。

第三种：地下水位较高的第四纪坡地区域，这样的坡地地基已形成地下暗流，地质水文极不稳定也不易进行建筑活动。

作者：以上三种情况，如何进行判断？

吴教授：首先是现场勘察，其次是地质勘探工程地质分析，结构地质分析和地质水文分析，然后可以进行土层分析就可以判断。

作者：以上三种情况，若是通过一定的地质处理后还可以进行建筑活动吗？

吴教授：前两种情况还可以，但第三种情况是绝对不可以的，因为那样的代价太大，而且危险的可变性也有增加的可能。对于第二种，如果有足够的缓冲区疏通洪水，理论上而言，其下的坡地建筑活动是可进行的，但从实际角度出发，坡度的规模不宜太大，对于第四种情况，如果结合基础处理和有一定深水的排水沟的活动，可以进行一定的建筑活动。

作者：那么，什么样的地质适宜建筑活动？

吴教授：基本没有以上三种情况，坡地生态地质层和较年轻的岩石层的原生态结合方式的坡地区域适合进行建筑活动，当然，也包括坡地别墅的建筑活动。另外，对于具体的坡地区域应从科学角度进行水文地质灾害的评估报告，对特定的区域进行更进一步的科学认证。

作者：地质对建筑活动还有其他危害吗？

吴教授：还有氟水和放射性元素，有的地方山泉有氟，要注意检测；最重要的是检测放射性元素，这是看不见的危害，而且见效快。

作者：能否用简单的办法注意放射性？

吴教授：放射性元素仅存在于花岗岩（天然的）。

巫黎明

1986年毕业于河海大学陆地水文专业，毕业后一直在江苏省电力设计院工作至今，主要从事发电厂及变电站工程的前期选址、防洪设计、抗风设计工作，其中220kV兴化变电站防洪设计成为行业内经典工程，有十多个工程的防洪设计获得省部级奖项，被称为“电力工程风水师”。

与巫黎明高级工程师谈坡地别墅与水文

作者：何谓水文？

巫黎明：水文学（hydrology）是地球物理学和自然地理学的分支学科。研究存在于大气层中、地球表面和地壳内部各种形态水在水量和水质上的运动、变化、分布，以及与环境、人类活动之间相互的联系和作用。是关于地球上水的起源、存在、分布、循环、运动等变化规律，以及运用这些规律为人类服务的知识体系。

工程水文学是水文学的一个分支，是为工程规划设计、施工建设及运行管理提供水文依据的一门科学。其主要内容包括水循环与径流形成；水文资料的观测、收集与处理；水文统计基本知识；水文学的基本原理和方法，设计洪水，流域分析计算，水质及水质评价；设计年径流及径流随机模拟；由流量资料推求设计洪水；流域产流、汇流计算；由暴雨资料推求设计洪水；排涝水文计算；水文预报；水文模型；古洪水与可能最大降水及可能最大洪水；水污染及水质模型；河流泥沙的测验及估算。

对于坡地建筑水文而言（当然也包括坡地别墅建筑），就是需要研究分析水在坡地地表和地表以下的运行规律对建筑物的影响。

作者：就坡地别墅而言，什么样的水文状态是不适合建坡地别墅的？

巫黎明：以下五种情况：

第一种：“洪积扇”山口坡地

洪流一边侵蚀沟床、沟坡的同时也将大量的碎屑物质搬运到沟口或山坡低平地带，因流速减小而迅速堆积形成扇状堆积体，体积较大而坡度较小者称为洪积扇。

洪积扇由暂时性流水堆积成的扇形地貌，又称为干三角洲。洪积扇由山口向山前倾斜，扇顶部坡度5°～10°，远离山口则为2°～6°，扇顶与边缘高差可达数百米。分布在干旱、半干旱地区的河流多为间歇性洪流，有的虽为经常性水流，但其水量变幅较大，也具有山区洪流的性质。同时山地基岩机械风化作用激烈，提供了大量粗粒碎屑物。由于河流出山口后，比降显著减小，水流分散形成许多枝杈，因气候干旱，分散的水流更易蒸发和渗透，于是水量大减，甚至消失，因此所携带的物质大量堆积，形成坡度较大的扇形堆积体。在扇体的边缘一般有泉水出露，成为干旱区的绿洲。组成洪积扇的堆积物叫做洪积物，通常扇顶物质较粗，主要为砂、砾，分选较差，随着水流搬运能力向边缘减弱，堆积物质逐渐变细，分选也较好，一般为沙、粉沙及亚黏土。

洪积扇沿山麓常形成一片，构成山前倾斜平原。该地貌在我国分布很广。很明显，洪积扇坡地在山口及扇顶区域不易建别墅。因为该区域易受洪水冲击，也不稳定，不可预见性很强。

第二种：山沟或山凹两侧的坡地

山沟或山凹一般由山洪长期冲刷而成，在暴雨期间，山洪会沿山沟漫流冲击而下，有时还夹带沙石，在这样的坡地上建别墅易遭受山洪的冲击，所以不适合进行建筑活动。

第三种：风化岩石层的坡地

由于岩石风化，山体上会出现大小不同的孤石，这样的坡地极不稳定，在暴雨期间易发生滚石或泥石流，对山坡下部的建筑形成撞击，所以不适合进行建筑活动。

第四种：地下水位较高的坡地区域

由于地层构造原因，在远处山区的雨水下渗的地下，然后沿岩层走向，流渗到山下坡地溢出地面，也不易进行建筑活动。

第五种：在雨季有山泉出露的坡地

作者：这样的坡地底下可能会有地下暗河或溶洞，不易进行建筑活动。作者：以上五种情况，如何进行判断？

巫黎明：首先可以通过现场勘察，洪水汇流计算进行初步确定，必要时可以通过地质勘探进行判断。

作者：以上五种情况，是否通过一定的水文地质处理后还可以进行建筑活动呢？

巫黎明：第一种、第三种和第五种这三种情况一般是不可以的，因为那样做的代价太大，而且风险难以控制。对于第二种，如果有足够的缓冲区疏通洪水，理论上而言，其下的坡地建筑活动是可进行的，但从实际角度出发，洪水沟的规模不宜太大。对于第四种情况，如果结合景观水池和开挖一定深度的排水沟进行截流疏水，可以进行一定的建筑活动。

作者：那么，什么样的坡地适宜建筑活动？

巫黎明：基本没有以上五种情况，坡地植被覆盖较好，适宜人住的坡地区域适合进行建筑活动，当然，也包括坡地别墅的建筑活动。另外，对于具体的坡地区域应从科学角度开展水文地质灾害评估，对特定的

陆耀祥

1963年于南京工学院（现东南大学）建筑系建筑学专业毕业，曾在北京市建筑设计院从事建筑设计，上海交通大学土建系与建筑设计院从事教学与建筑学专业以及建筑设计事项工作，另又从事过房地产开发与设计工作。在上海赵巷别墅板块，对总用地390亩150栋容积率为0.25的《御宫》艺墅进行风水等前期筹划。

与陆耀祥教授谈坡地别墅与风水

作者：许多人在谈到住宅，尤其是别墅设计时，都谈到风水，如何理解坡地别墅风水？

陆耀祥：风水，是人居环境的一门学问，在远古时期，人们只能认识和适应所居住的环境，如“和风则悦人，而狂风则避之，细雨柔水似有情，但洪水、倾盆大雨则应避之”。人们经过长期的总结，得出居住在一个怎么样的环境才是最好的居所。别墅，作为高档的住宅之一应关注风水；坡地别墅，由于坡地和山水环境的加入，其风水的研究尤为重要。

作者：提到风水，往往使人想到迷信，这是怎么回事？

陆耀祥：因为风水来源于《周易》，周易既有哲学的成分，也有巫术的成分，这里，有的是人们不理解，而宣传者又有故弄玄虚的成分，但我们现在主要是汲取其科学的成分。风水实质是以环境选址作为准绳，对地质、水文、日照、风向、气候、景观等一系列自然环境因素作出优劣的评价和选择，以及提出所需要采取的相应规划设计措施，从而得到趋吉避凶和长期居住环境。

作者：就坡地别墅而言，如何关注风水？

陆耀祥：这里分三个方面，一是整个项目所在的风水环境，一般应北靠山脉，前有开阔的地域，左右有无山水则不是很重要。所以这样的地块以山坡的东南和南向为最佳，西南则次之，显然，北向和西北以及东北均不好；二是单栋别墅的风水环境，不要有路冲、墙角对大门、客厅或主卧室等；三是别墅内部，如大门、客厅、餐厅、卧室以及厨房卫生间，包括院落环境等主要功能区的相对位置，均应符合人的行为。

作者：注重风水有什么好处？不注重又如何？

陆耀祥：作为开发商，注重风水可以提升别墅的商业价值，容易卖掉；作为设计师可以提升其作品的整体价值，作为购房者也可以心情愉快地享用。反之，则不容易卖掉，购房者心情不愉快，那设计就会出现明显的错误，就不能说这个作品的设计是成功的。

赵德良

1962年出生，1985年毕业于东南大学土木工程学院建筑结构专业，高级工程师、国家一级注册结构工程师、国家监理工程师、上海市审图工程师。现任华东建设发展设计有限公司副总工程师、第二综合所所长。多年来，在工程实践中积累了大量的工程设计经验，尤其在高层建筑结构工程设计、大空间建筑结构工程设计及钢结构工程设计方面有着丰富的经验及独特的见解。

与赵德良高级工程师谈坡地别墅结构

作者：坡地别墅建筑的典型特征是什么？

赵德良：对于坡地别墅建筑单体，最复杂的就是别墅建筑和地形的结合的地方——接地模式。复杂多变的接地方式是坡地别墅建筑的典型特征。坡地别墅建筑的接地模式大致有以下几种（见图8—1）：

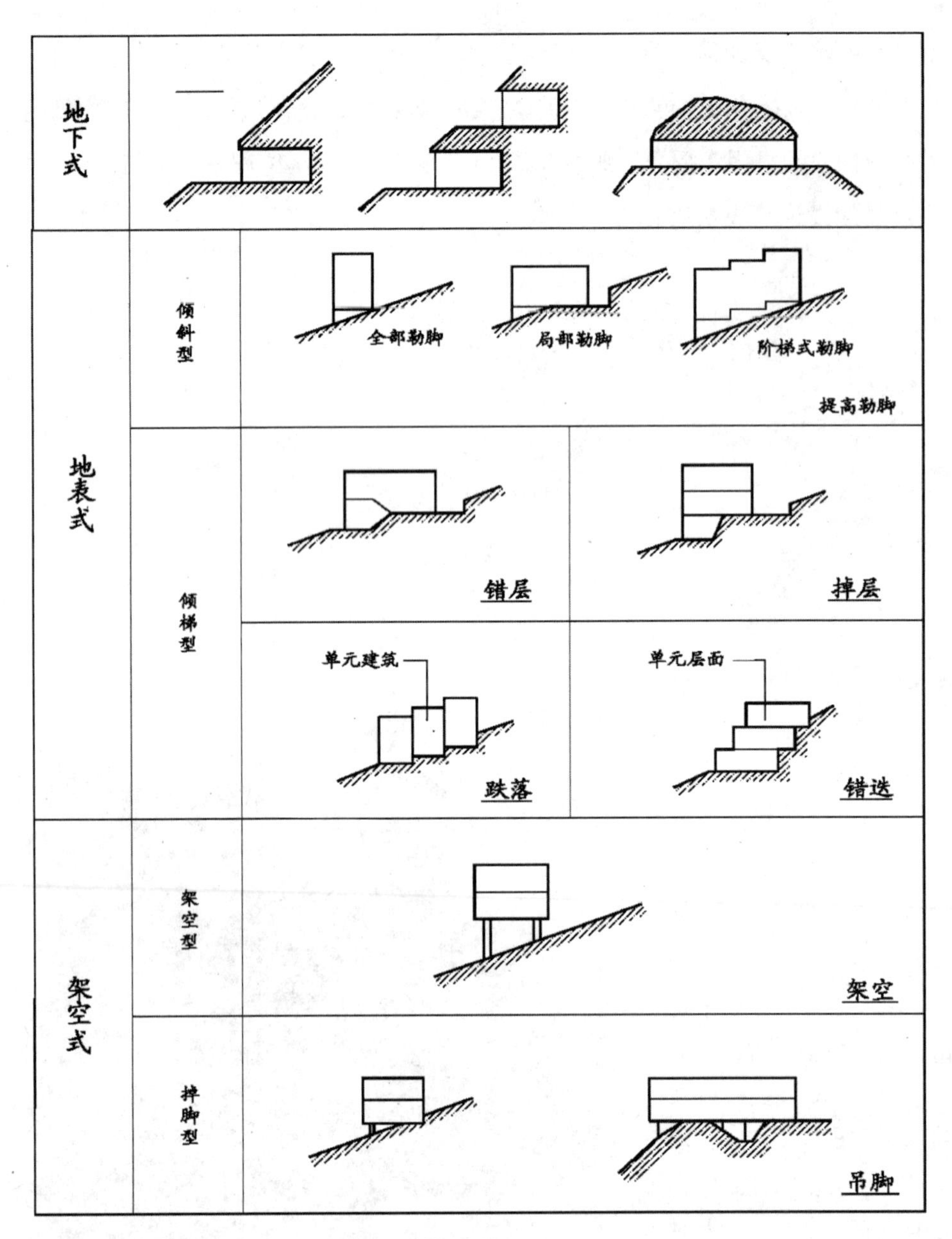

图 8—1 坡地别墅建筑和地形的结合模式

作者：坡地别墅结构设计的难点是什么？

赵德良：坡地别墅结构设计因建设场地起伏，坡地别墅建筑和地形结合模式的多种多样，建筑物和建筑体形的不规则等特殊性，带来了一系列关于计算层数、计算高度、嵌固点选取以及结构计算机辅助设计软件的模型建立问题，给结构设计带来很大的困难。坡地别墅结构设计的难点和关键点在于底层计算长度的确定、底层嵌固点的选取等。在确定合理的结构布置方案后，主要工作应是如何真实的构建计算模型和采取必要的构造措施，以确保结构的安全，实现建筑美学和结构力学的有机统一。

作者：坡地别墅结构设计应注意什么问题？

赵德良：对坡地别墅结构设计应特别注意的是结构扭转问题，即使建筑平面均匀对称，但坡地对结构的约束高度不同以及挡土墙的刚度不同等，加大了结构的扭转。目前，对坡地别墅建筑主要是通过营造局部平地环境消除坡地对别墅建筑的影响，就是在别墅建筑的迎坡面设置永久性挡土墙，将坡地与别墅建筑脱开，避免结构的扭转。对未经“营造局部平地环境”处理的坡地别墅建筑，目前尚没有很好的计算办法，一般采用包络设计的方法来估算坡地建筑的扭转。

作者：坡地别墅建筑结构设计如何控制挡土墙成本？

赵德良：挡土墙这方面也是做坡地别墅建筑无法回避的一个问题，因为挡土墙本身的造价非常高，包括挖土和填土的造价都非常高，所以对挡土墙最好就是控制其高度，避免大面积的挖土和填土工作，降低土方成本；可采用分台、顶部放坡等方法降低挡墙高度，减少工程造价；挡土墙的建筑方式要进行适当选择，力求节约成本、效果最优化；一般 6 ～ 8 米以上挡墙不宜采用重力式挡墙；另外挡土墙的建设要注重美观化，成为社区内的一道风景，当然，这是结构设计以外的题外话。常用的挡土墙形式如图 8—2：

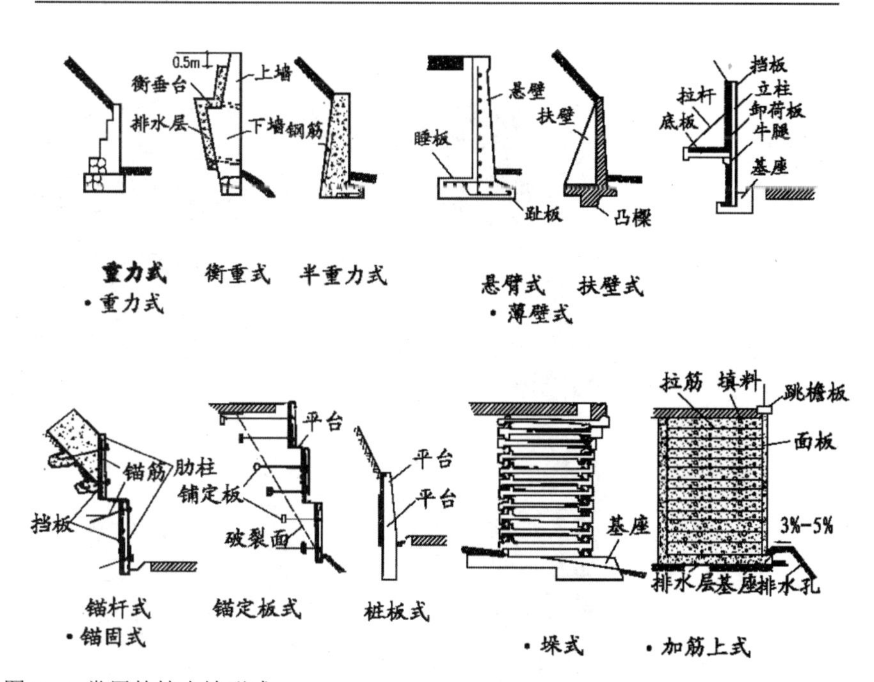

图 8—2 常用的挡土墙形式

作者：适应坡地别墅的基础形式一般有哪几种？

赵德良：坡地别墅常用的基础形式一般有以下几种：

1.浅基础方案：包括独立基础、条形基础、筏形基础等基础形式；

2.桩基基础方案：包括预制桩、钻孔灌注桩、干作业灌注桩等桩基形式；

3.岩石锚杆基础；

4.以上未列举的其他基础形式及其组合等等。

作者：坡地别墅建筑的基础设计要注意什么？

赵德良：坡地别墅建筑基础设计同山地土质地基设计一样，首先要特别考虑区域内有无滑坡、岩溶、土洞、崩塌和泥石流等不良地质现象，有无断层破碎带，若存在上述不良地质作用时，应避开或进行治理；应考虑施工过程中，挖方、填方、堆载、卸载对山坡稳定性的影响，考虑挖方后土坡的稳定性并采取必要的支护措施；应详细调查地表水及地下水的排泄及补给情况，考虑其对建筑地基和建设场区的影响；应考虑地基的不均匀性。当地基的承载力、稳定性及变形不能满足要求时，应采取地基处理或采用桩基等补强加固措施；遇到土岩组合地基时，应验算地基稳定性和不均匀变形，采用组合的基础形式，如浅基和桩、墩基结合，岩石锚杆和墩基结合，岩石部分加铺褥垫的弱化处理方法等等。

作者：坡地别墅建筑基础经济性有什么特点？

赵德良：根据实际工作情况，同一个别墅建筑基础如果处理方式和手段不同，其造价可能要相差一倍甚至更多。因此对基础及上部结构设计要有成熟的经验和进行多方案比较，方可得到较经济的效果。

朱官彦

1987 年南京工学院（东南大学）建筑系建筑学毕业，同年8月分配到北京中国航天建筑设计研究院工作。1992年9月1日取得工程师资格。1997年4月取得国家一级注册建筑师资格。天地控股嘉轩房地产开发有限公司副总经理，北京京汉置业集团股份有限公司设计总监。

与房地产开发企业总工朱官彦谈坡地别墅

作者：作为一名建筑师既从事过多年的建筑设计，现在又从事多年的房地产开发，请你谈谈对坡地别墅的看法。

朱官彦：坡地别墅是高档住宅的一种，高档住宅不仅仅是体现在建筑单体本身户型的大小及装修的豪华，更重要的是其所处的地理位置、独特的自然环境资源等方面，如或依山傍水、坡地森林，或其他人文自然优势。坡地别墅首先在环境上便具有了先天优势，具备成为高档住宅的基础条件，其地理位置的唯一性是难以复制的，对其后期产品价值的提升是显而易见的。

随着中国经济的发展，人们生活水平的逐步提高，房地产的开发已不是初期的对住宅的要求仅仅停留在户型格局、面积大小方面，而是对高档住宅的开发提出了更高的要求，这种要求就体现在对自然环境和人文环境精神方面的追求，即高档住宅是提供或引领一种新的生活方式。所以我认为选择坡地作为别墅开发是一个不错的选择。

作者：从开发商的观点来看你认为坡地别墅重点关注哪几个方面？

朱官彦：首先是选址，坡地别墅的位置与城市的距离既不要太远也不宜太近，这也与坡地别墅本身的规模有关，项目规模比较大则自身商业、医疗、文化等配套自然也会多一些，可以自成体系，离城市的距离就可以远一些，否则就应近一些，充分利用城市现有的各种配套。其次是安全，安全有二层含义：一、房屋安全，即房屋盖在坡地上是否会受到泥石流及滑坡的威胁，水文地质情况如何，是否有地下暗河溶洞等情况，应避免地陷的发生；二、人身安全，包括园区坡地道路上的行车安全及园区范围内的各种安防措施。当人们愿意花巨资购买高端住宅来改善居住环境时，这是他们首先要考虑的因素，再次才是好的规划构思和单体设计以及好的园林环境的再创造。

作者：对于坡地别墅从开发商的角度如何实现利益最大化？

朱官彦：首先对于开发商实现利益最大化这种说法我不是完全同意，没有最大化只有市场化。因为开发企业各家情况不同，不同时期市场情况不同各家资金情况不同，因而采取的销售策略不同，也许低价销售快速回笼资金；也许缓慢销售等待市场回暖。有了一定实力的开发商不会像早期那样把利益看得很重，并非一定要实现利益最大化，而是会同时兼顾社会效益和未来房主的利益。坡地别墅要想实现较好的效益，一是控制成本，二是把项目做好。土地成本这里不说，主要是向规划设计要效益。一个好的设计团队要仔细考察研究地形，充分利用地形地貌，减少土石方搬运，园区道路规划、室外综合管线设计简洁合理，减少大型树木的砍伐，尽量保存原生态再适当加以改善。单体面积不宜太大，要与当地的经济发展和人们的收入相适应，关键是要在平面功能上下功夫，而不是把精力放在抄一个流行的或经典的立面上。立面要丰富但也要统一，要有变化有细节，说到底就是要耐看。什么风格就是什么风格，不要不伦不类。再次就是要把园林做好，园林风格与建筑风格协调统一，做到处处有景，耐人寻味。只要把项目做好了，开发商的经济效益自然会好，虽然效益不一定是最大化，但至少带来了巨大的社会效益，提高了区域的品质和价值，也算是给当地城市做些贡献。

张赫

景观规划设计师。2006年毕业于西北农林科技大学。长期从事景观设计和景观现场设计服务。和作者在坡地别墅景观设计方面合作多年。

与景观工程师张赫谈坡地别墅与景观

作者：听说你是强调景观设计先行的人，请问这怎么理解？

张赫：举个例子来讲一下，为什么提倡在项目的设计中，景观设计需要先行。那是 2007 年，我们在江苏溧阳市承接了一个坡地别墅的景观设计项目。我们在介入时，项目已经进展到建筑施工图阶段，我们在拿到建筑施工图和规划总图后，从景观设计的角度，审视这个坡地别墅的项目，发现建筑单体功能布局与外部空间的功能流线存在不少问题，对于原本能够借势的很多视线观景点，原本建筑的形态和功能布局能够更好更合理的放置，但由于前期景观设计师没有介入，规划师更多的是在调整指标和流线等，容易忽略这些项目地本身非常好的景观资源的借势点。

由此，在这个项目结束后，我们做出了思考，一个项目必须由景观设计师最先主导设计控制，这对坡地别墅项目尤为重要，这样可以在同样工程预算的前提下，取得更好的实际景观效果。在展开一个新的项目前，尤其是坡地别墅项目，景观设计师必须多次、详细的勘查现场，记录待开发地的详细景观资源情况，于地形图上按照景观资源等级标注开发产品档次的分布区域，并一同标注该区域的主要视线方向，空间设计意向，为下一步的道路交通组织、建筑平面布局提出指导性意见。控制整体景观效果。

坡地类型形形色色、千差万别，但总体归纳起来在视觉造型上可以分为三大类。对于给定的景观和设计环境可选择其中之一，但在同一个工程中把几种类型结合起来也是有可能的，这三种坡地类型分别是地貌形状的造型、建筑构造的造型和自然主义的造型。

地貌形状的造型

待开发地的坡地在生态上和原来的天然景观特点融合到一起。它通过重复类似的地貌和地形构造反映形成景观的地质作用力和天然的造型。一般来说，这种类型的目的是为了保护原有地貌的特点，而使所需的再修整量最小。

建筑构造的造型

待开发地的坡地产生均匀的坡度和造型，通常几何形状非常明显。沿着各个面之间的相交线非常清晰，而不是柔和的边界。这种修整类型给人的整体印象是人力支配感强。

自然主义造型

这种类型是目前景观设计中最普遍的一种造坡方法，它用抽象的手法模仿天然地貌类似于山坡和山谷的造型，自然起伏的造型与挺拔的建筑形成鲜明的对比。这种的造型类型也是我们推荐的一种类型。按照这样的设计方法和原则，先进行地貌的合理改造，再进行建筑的布局，才能达到很好的形象与经济价值。也就是我前面谈到的“先景观，后建筑”。

作者：我插问一句，请问这些想法，有没有具体的理论支持？

张赫：有的，早在一百多年前，美国现代景观设计之父奥姆斯特德在设计布鲁克林的新公园——展望公园时，他的中心原则就是通过限制建筑上的干扰，来为游客提供一种“扩大的自由感”。

作者：就坡地别墅而言，坡地别墅与景观的关系如何处理？

张赫：首先，就如我前面讲到的，坡地景观的处理，更应该实行先景观后建筑这一设计原则。因为相比较于其他的景观形式，其自身有很大的特点，丰富的地表肌理、高低起伏的坡地形象，这些特点决定了景观设计先行更是必要的。

谈到别墅，你知道，它是一种特殊的住宅，它的特别体现在几个方面，首先是从建筑风格上，再从占有资源上来讲，占有资源又包含环境位置等，针对坡地别墅来讲，坡地要素的加入，令别墅更加的特别，坡地别墅也就是高档别墅的代名词。

我们应该看到坡地别墅有着不可复制性、唯一性，与此同时，竖向标高的不同，使得坡地别墅产品景观唯一性和别墅产品本身的唯一性有了强烈的叠加，我想强调的是，在进行方案的规划建筑之前，应该先进行景观视线、界面、高度和空间分析，就这一点来讲，景观设计先行显得更加重要。

作者：好，那谈过这些之后，你认为坡地别墅景观的基本特点是什么？

张赫：谈到基本特点，从景观设计的这几个方面谈起，在总体布局上，我们之前谈到了，现在比较多的是使用抽象的手法模仿天然地貌类似于山坡和山谷的造型，自然起伏的造型与挺拔的建筑形成鲜明的对比，即自然主义造型的布局。总体布局中，结合地势，合理布局功能区。

首先，坡地景观的公共层面：公共层面的设计核心为建造整个项目的形象核心，对于坡地项目，如项目选址中有山坳地存在，一般同时有溪流景观资源，结合该资源创造自然生态的公共开敞景观核心区域；又或项目选址于整体向阳坡面，坡度变化不大，这时公共界面的景观处理可以结合建筑造型，参考意大利台地园林的做法，创造规整、几何式的仪仗园林。

过渡空间：别墅道路体系作为社区景观骨架是公共空间及入户空间的纽带，坡地景观较为特殊不建议使用高大的乔木作为行道树，应利用多层次植物组合搭配形成形态活泼、色彩丰富、富于变化的景观骨架，同时有利于优化别墅的空间。对于小户型别墅和联排别墅，建议将入口空间做半开放处理以扩大公共景观并提升别墅社区的景观形象。

别墅的庭院：作为高档的坡地别墅，我们在庭院设计中应该注意设计的私密性。我比较倡导个性定制庭院，更能彰显出高档别墅的独特之处。在样板区推出一定量的不同装修档次产品，供客户挑选使用。即能彰显高端产品的档次个性又能保证整体项目的功能形象。

作者：庭院对于开发商来讲，做还是不做呢？

张赫：这个问题并不是坡地别墅特有的，而是高档别墅都有的。我个人认为还是做更实用一点。不统一处理庭院，在后期业主入住后，个人装修，存在施工工期、噪音、环境影响等很多现实问题。还有建成后，与建筑和小区的整体风格的搭配等一系列问题。

作者：但是，这样的话怎么解决个性化的问题呢？

张赫：个性在共性之中吧。可以由开发商提供造价不同的几款庭院产品，供业主选择，并可根据业主的不同要求，在设计风格和相关管理方便的条件下，进行个性化的定制服务。这样，应该可以解决个性化的问题。

作者：为什么讲景观设计师要注重现场服务？

张赫： 是这样的，在2007年我们接触的很多正在进行的项目，发现设计师现场服务越细致越久，建成的景观实景要大大好于那些没有设计师现场指导的项目。举个例子就很清楚了。

作者：景观设计中还需要注意什么？

张赫：通常来讲，除了设计上的不合理问题，还应特别注意当地的风俗与设计相悖。另外，坡地景观中，会出现较多的挡土墙以及放坡景观，要通过细致合理的设计放大优点，规避缺点。

后　　记

在东南大学110周年之时，为表达对母校110周年的祝贺，同时也作为对母校老师的汇报，以及增强上海校友之间的了解，东南大学上海校友会在戴复东会长的提议下，公开出版《东南大学在上海》第一册，共有15位校友13篇文章收集。

这以后，戴复东会长多次希望以不同形式公开出版第二册、第三册……这里以我论著的《坡地别墅价值论》作为《东南大学在上海》的深化版终于完成，并且将公开出版。

在这里，我衷心感谢戴复东院士对我的鞭策和鼓励以及指导，当《坡地别墅价值论》第一稿完成后，院士用三天的时间仔细进行修改使我能够较为顺利地完成此书，如书的名字是《坡地住宅价值论》还是《提升坡地低层住宅价值探索》，最后认为别墅也是住宅的一种，按现在的说法属于低层住宅，但那是高档低层住宅。但是对于论著或探索，涵盖面小，应该是比较容易深入分析。同时，我也要感谢吴林奎教授、巫黎明高级水文师、陆耀祥教授、朱官彦总工、赵德良高级结构师以及张赫景观师等同志在各自专业和我的访谈，这个访谈的重要性之一就是对此书的观点进行多学科支持。这里，我也要感谢李一泓同志，感谢她在逻辑推理方面的支持。

在这里，我也反思，为什么能完成这本书，其实，这同我的经历有很大的关系。自1987年从南京工学院（东南大学）建筑系毕业后，在江苏镇江市规划局工作10年，其中5年从事建筑方案和施工图设计、规划设计工作。后5年从事规划管理工作，从事管理规划项目选址意见书，沿街建筑方案审查，以及规划设计审查等。1997 年到新加坡，在私人公司担任房地产开发的现场工程师，从事施工现场中的设计事项和建设过程中资金的控制。1999 年被招聘到上海浦东惠南新城开发区任副总经理兼总工程师，负责 6 平方公里的规划建筑等管理工作，负责地块测算，相关批租指标，地块的合同谈判签订，以及在开发商、投资商之间建立对话，协调开发建设。同时，负责完成总用地30公顷，建筑面积40万平方米项目的规划、设计、建设、材料和资金运作（已经建成销售）。从2006年底至今从事建筑规划设计工作，这样的经历和工作，对这本书的完成具备了充分必要的条件。

如果说，第一个十年是了解规划建筑设计以及市场因素，第二个十年则是实践规划建筑设计在市场中的价值以及市场对规划建筑设计体现价值的愿望，那么，第三个十年则是主要提炼坡地别墅价值的相关心得。

一般而言，从事建筑规划设计的人员重点关心设计方案和施工图的价值；从事建筑施工的人员重点关心现场科学施工的价值；从事房地产和投资的人员重点关心销售和投资回报的价值；如何将三方面进行有机整合并加以提炼，那就要看幸运之神眷顾谁了。

参考文献

《戴复东文集》	同济大学建筑规划设计思想库主编，中国建筑工业出版社
《生态建筑设计指南》	休 罗芙【SUE ROAF】等著，栗德祥等译 中国林业出版社
《山地建筑设计》	卢济威 王海松著 中国建筑工业出版社
《宅经》	兴子著 青海人民出版社